地球ウォッチング2

世界自然遺産見て歩き

成り立ちが分かれば
「風景」が変わる

古儀君男
Kogi Kimio

本の泉社

訪ねた世界自然遺産

グリーンランド
カナダ
⑬カムチャツカ火山群
カナディアン・ロッキー
イエローストーン国立公園
㉕ヨセミテ国立公園
アメリカ合衆国
㉖グランドキャニオン国立公園
メキシコ
キューバ
プエルトリコ
ハワイ火山国立公園
グアテマラ
ニカラグア
ベネズエラ
ガイアナ
コロンビア
スリナム
ガラパゴス諸島
エクアドル
ペルー
マチュピチュ
ブラジル
ボリビア
パラグアイ
㉑ブルーマウンテンズ国立公園
イグアスの滝
チリ
ウルグアイ
アルゼンチン
㉔トンガリロ国立公園
テ・ワヒポウナム
ロス・グラシアレス

●今回訪ねた世界自然遺産
●前著『地球ウォッチング～地球の成り立ち見て歩き』で訪ねた世界自然遺産

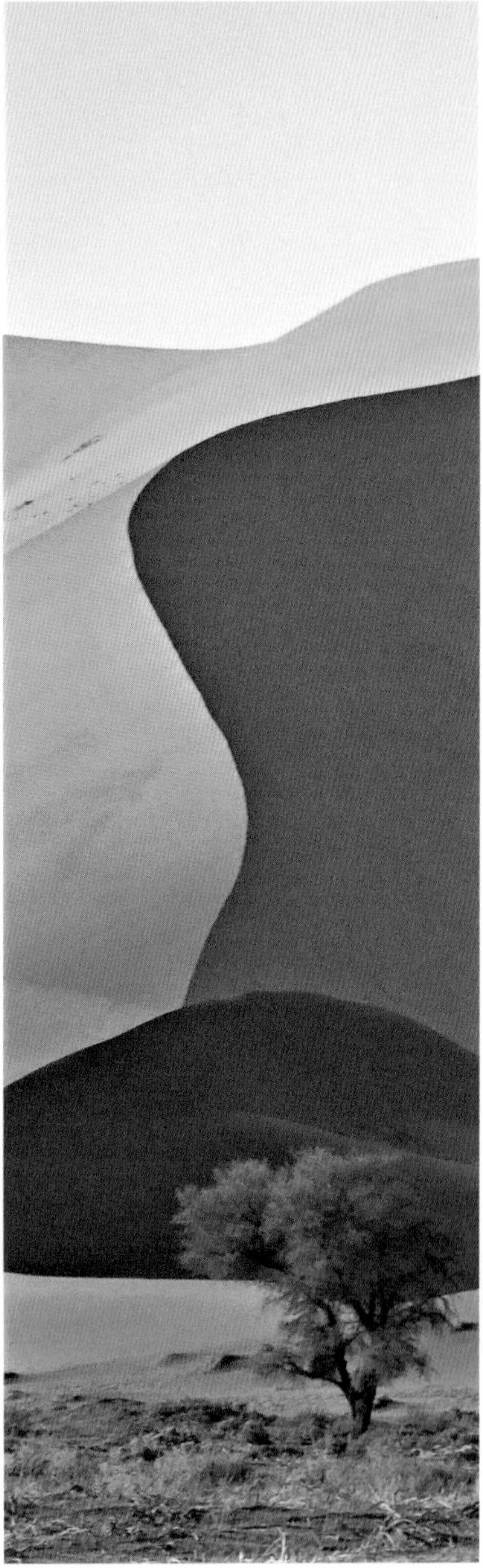

はじめに

ユネスコの世界遺産ブームが続いている。毎週テレビで紹介され旅行先に世界遺産を選ぶ人も多い。

世界遺産は人類にとって顕著な普遍的価値を持つ文化財や景観、自然などが選ばれ、文化遺産と自然遺産に分けられる。２０１９年現在、その数は１１２１件に及ぶ。内訳は文化遺産が８６９件、自然遺産が２１３件、両者合わせた複合遺産が39件となっており、文化遺産が全体の８割を占め自然遺産はわずか2割に過ぎない。

自然遺産は、特に優れた自然景観や地球史上重要な場所、独特の生態系や生物多様性に優れた場所、などが選定基準になっている。それだけに文化遺産に比べアクセスの難しいところも多い。ヒマラヤやシベリア、アマゾンの奥地、といった具合だ。その一方でオーストラリアのブルーマウンテンズ国立公園やアメリカのヨセミテ国立公園のように大都会から簡単に足を伸ばせる人気の観光地もある。

本書ではバス、電車、ツアーなどを利用すればアクセス可能な自然遺産のなかから4大陸26ヶ所を選んだ。その多くはアルプスやグランドキャニオンのように人気の観光地であり、旅行代理店のツアーに組まれたりテレビの番組で紹介されるような場所だ。ただし巻頭の地図と目次に示したように、前著『地球ウォッチング〜地球の成り立ち見て歩き』で既に紹介した12箇所については重複を避けて割愛した。マチュピチュやイグアスの滝、ガラパゴス諸島など南アメリカの自然遺産を取り上げなかったのはそのためだ。

自然の本当の姿や素晴らしさは実際に行ってみないと分からないことが多い。しかし時間や予算、体力などに制約があって誰もが気軽に行けるわけではない。本書では読者の皆さんに出来るだけありのままの自然の姿を感じ取ってもらえるように写真や図版を数多く取り入れた。それらに目を通すだけでも自然遺産のおおよその雰囲気は掴んでいただけると思う。

各場所の記載については、まず最初の2〜3ページに自然遺産の特色や成り立ちなどをまとめた。自然遺産としての価値や見どころをおおよそ掴んでいただこうという趣旨である。その後に見て歩きが続く。自然遺産のどこをどう歩いたのか、何を見たのか、私が学んだことや疑問に感じたことなどを前著『地球ウォッチング』と同じように旅行記風スタイルで著した。そして旅の楽しさや面白さを失敗談も含めて記し、単なるガイドブックでもない、旅行記でもない、その両方の要素を持たせるように意識してまとめた。

自然の楽しみ方にはいろんなスタイルがある。何も考えずにただ純粋にその雰囲気を味わい心をリフレッシュさせるのも良い。また何か予備知識や問題意識をもって自然に接するのも面白い。何の変哲もない風景でもその成り立ちが分かってくるとまた違った景色に見えてくることもあるからだ。本書を通して自然遺産の素晴らしさや価値を少しでもお伝えできればと思う。

地球ウォッチング2～世界自然遺産見て歩き〈目次〉

❶ユングフラウ、メンヒ、アイガーの３名峰とアレッチ氷河を望む。エッギスホルン展望台

白い氷河を抱く山々と緑のアルプが織りなす絶景の数々

①ユングフラウ／アレッチ氷河

スイス　2004.08 ／ 2017.09

DATA

■交通：日本からチューリッヒまで直行便で約13時間。チューリッヒからグリンデルワルトまで鉄道で約３時間

■ベストシーズン：６月〜９月

■登録：2001、2007年

■地形：Ｕ字谷、カールなどの氷食地形、4000m級の隆起山脈

■地質：中生代〜新生代の石灰岩、砂岩、泥岩など。断層、褶曲が発達

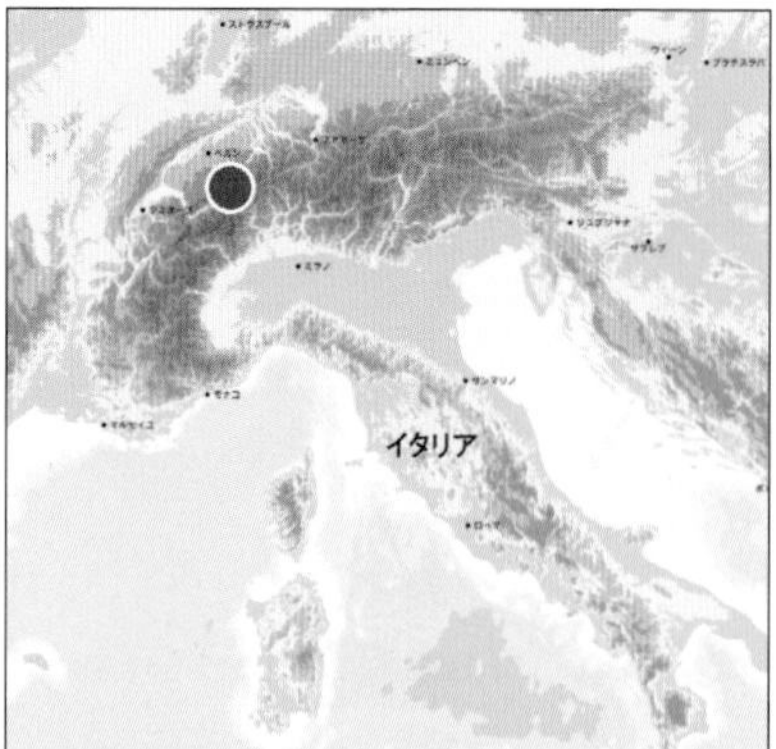

アルプスの成り立ちと氷河

白い氷河を抱く4000m級の山々の麓には緑豊かな牧草地（アルプ）が広がる❷。

世界自然遺産「ユングフラウ・アレッチ氷河」には絵葉書の様に美しい絶景を求めて世界中から毎年大勢の観光客がやってくる。ここには登山家を魅了してやまないアイガーや優美な姿のメンヒ、ユングフラウなど名峰、そして長大な氷河が含まれる❶。

ではこの美しい景観はいつどのようにしてできたのだろうか。

■アルプスの成り立ち

アルプスは主に中生代から新生代にかけて海底で堆積した地層からなる。その地層がいま4000mを超える険しい山々を造る。何か特別大きな力が働いたに違いない。

大陸どうしの衝突

長い間謎だったその力はプレート理論の登場によって大陸どうしの衝突に由来することが分かってきた。

今から3000万年ほど前のこと。南から北上してきたアフリカ大陸がヨーロッパと衝突し始めたのだ。

このとき両大陸の間には今の地中海によく似たテチス海とよばれる海があった。この海にたまっていた堆積物が大陸どうしの衝突に挟まれ大きく変形しながら隆起、高さ4000mを超える山々を形成することになる❸。

氷河の浸食

いまアルプスの麓には緑豊かな牧草地が広がる。しかし第四紀（約260万年前～現在）の氷河時代に何度も厚い氷河に覆われたことがある。

❷氷河を抱くアルプスの峰々と牧草地アルプ

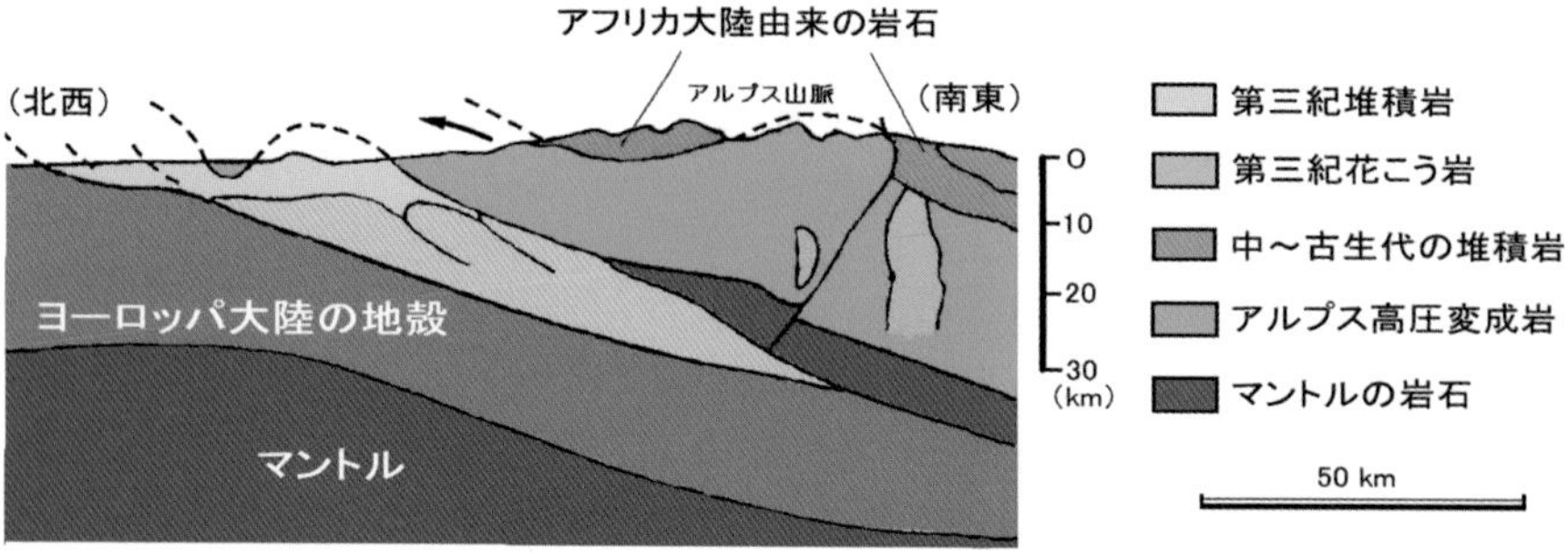

❸ヨーロッパとアフリカの大陸衝突でできたアルプス山脈。アフリカ大陸由来の岩石が見られる

一見静止している様に見える氷河も長い時間をかけてゆっくり流れ動く性質がある。アルプスの山々はこの氷河によって削られ切り立った岩壁やU字谷、カールなど独特の地形が造られたのだ。

アルプスの奥座敷 ユングフラウヨッホ

■登山電車

トップ・オブ・ユーロップとも称されるユングフラウヨッホ。標高3454m。ここにはヨーロッパで最も高い鉄道駅と展望台がある。

この日の朝、グリンデルワルトは曇り空。アイガーも雲の中だ。ところがライブ映像をチェックすると意外にも展望台は雲の上、快晴だった。大急ぎで準備し電車に乗る。

登山電車はラックレールに歯車をかみ合わせ標高差1100mをゆっくり上ってゆく。

30分ほどでクライネ・シャイディックに着く❷❹。ここで電車を乗り換えアイガーとメンヒの岩盤をくり抜いたトンネルの中を進む。

標高差1393m、全長9.3km、この鉄道を100年以上も前に造っていたというから驚く。鉄道王国スイスの実力を思い知る。

■ユングフラウヨッホ

ユングフラウヨッホの駅はトンネルの中にあった。ここは富士山で言えば8合目あたり。さすがに寒い。

❹ユングフラウ地域の概念図。手前が北、奥が南。地図：Jungfraubahnen 提供

スフィンクス展望台

エレベーターを降りると目の前に銀嶺の世界が広がった。ユングフラウの黒い岩肌と白い氷河が青空に映え美しい。

展望室の外に出ると更に眺望が開ける。白い氷河をまといどっしりと構えるメンヒ❺、山あいを縫って流れるアレッチ氷河❼。その右にはユングフラウ。雄大な眺めが広がる。

体が冷えてきたところで展望台を下りる。長いトンネルを進むと大勢の人が雪遊びに興じる雪原に出る。

雪上トレッキング

雪原に小さく点々と見える人影はメンヒスヨッホの山小屋を目指す人たちだ。

コースは雪上車で固められ、普通の登山靴でも問題はない。天気も良いので歩いてみる。氷雪がまぶしいが空気は新鮮だ。振り返ると先ほどの展望台と天体ドームが見える❻。

20分ほどでメンヒが正面の位置にくる。ここからは坂がきつく歩きづらくなる。

ゆっくり歩いて約1時間。メンヒ東腹の山小屋に着く。小屋の奥には大雪原が広がる。

山小屋のレストランで一休みし、もと来た道を引き返す。

氷の宮殿〜プラトー雪原

鉄道駅の上には氷河をくり抜いた「氷の宮殿」がある。気温−3℃。さすがに寒い。宮殿は1年に15㎝ほどずれ動くため、その都度補修される。

宮殿の奥からプラトー雪原に抜ける。ここは氷河の源頭部。黒い筋（モレーン）を見ると下流で3つの氷河が合流する様子が良く分かる❼。

❻ユングフラウ（4158m）と手前にスフィンクス展望台

❺屋外テラスから望むメンヒ。4107m

❼アレッチ氷河。２本の黒い筋（モレーン）から３つの氷河が合流し１本の氷河となることが分かる

アルプスを歩く

■メンリッヒェン～クライネ・シャイディック（2時間）

ユングフラウの3名峰を眺めながら歩く人気のコース。

メンリッヒェンへはグリンデルワルトのグルントからヨーロッパ最長のロープウェイを利用する❹。

メンリッヒェン

30分ほどで山頂駅に着く。南北に伸びる尾根の西側はラウターブルンネンの見事なU字谷❾、東側はグリンデルワルトの広い谷。そして南にはアルプスの高峰群。絵はがきのような絶景が広がる。

まずはアイガー、メンヒ、ユングフラウを正面に歩き始める。眼下にグリンデルワルト、その奥にグロッセ・シャイディック峠が見える❽。

山容の違い

グリンデルワルトを挟んで左右両側の山容がかなり違った印象を受ける❽。左（北）にファウルホルンやブスアルプなど2000m級の山々と牧草地。右にはシュレックホルンやアイガーなど4000m級の険しい岩山が屹立する。

こうした地形の差は地層の違いにある。南の山々は非常に固い中生代白亜紀の石灰岩、一方の北側は脆い泥岩や砂岩からなる❿。そのため北側の山々は浸食が進んでいるのだ。

道は広く緩やかな下り坂が続く。家族連れでも気軽に歩ける初心者コースだ。

❽中央のグリンデルワルトの村を挟んで左（北）と右（南）では地質が異なり地形も変わる

ホーネック展望台

40分ほど歩くとパノラマビューの展望台に着く。

正面にアイガー北壁、その右にメンヒとユングフラウ、左にはシュレックホルンとヴェッターホルン。氷河を抱く白い峰々が連なる⓫。トイレもありここでお昼とする。

この先はカーブの多い下り坂となり、角を曲がる度にアイガーやメンヒの表情が変わってゆく。

やがて多くのクライマーの命を奪ってきたアイガー北壁が間近に迫り黒く水平な地層がはっきり見えるようになる。北壁は傾斜がきついため雪がほとんど積もらないのだ。

クライネ・シャイディック

小さなレストランを過ぎるとクライネ・シャイディックはすぐそこだ。急な坂を上り下りする登山電車や美しい湖を眺めているうちに峠の駅に着く❷。

新田次郎記念碑

駅前の丘にはアルプスをこよなく愛し数多くの山岳小説を記した新田次郎の記念碑がある。小さなレリーフにお供えをし登山電車でグリンデルワルトへ下りる。

❿上は固いアイガーの石灰岩、下は脆い砂岩・泥岩層

❾ラウターブルンネンの見事なU字谷

⓫ホーネック展望台からのパノラマビュー。アイガーをはじめユングフラウ地域を代表する山々が見渡せる

■グロッセ・シャイディック～フィルスト（約2時間）

アイガーを眺めながら長閑《のどか》なアルプを歩くコース。

スタート地点まではグリンデルワルトからバスを利用する。坂道を40分ほど上ると標高1960mのグロッセ・シャイディック峠に着く。

アイガー

最初は広い砂利道を歩く。背後にヴェッターホルンが聳え右にたどると険しいアイガーの細尾根が見える⑬。1921年、槇有恒《まきゆうこう》が初登頂に成功したミッテルレギ稜だ。

アイガーの左奥にはメンヒ、右下にクライネ・シャイディック、そしてグリンデルワルトの村。メンリッヒエンから見た❽の景色を反対側から眺めていることになる❹。

牧草地アルプを歩く

雄大な山々やのんびり草を食む牛たちを眺めながら30分ほど歩く。すると道は二手に分かれるので展望の良いハイキングコースを取る⑫。

うねうねと続く長閑なアルプ。「カラン、コロン」時おり聞こえてくるカウベルの音に誘われのんびり歩く。

フィルスト最終時間

沢を越えるとロープウェイが目に入った。瞬間「最終時

⑫分岐点からハイキング用コースを進む。緑のアルプが美しい

⑬グロッセ・シャイディックから望むアイガーとクライネシャイディック

間」のことが頭をよぎる。ノーチェックだった。反対から来た人に尋ねると「5時30分」だという。えっ、あと8分。これはかなり厳しい。

　麓まで1100mを歩いて下りるのはきつい。日が長い夏のアルプスについ気を抜いていた。大急ぎで坂道を駆け上がる。

　17:35。フィルスト駅。ロープウェイは停止寸前だった。

■フィルスト〜バッハアルプゼー（往復約2・5時間）

　前日、時間切れで足を延ばせなかった人気のコース。

　まず麓のグリンデルワルトからフィルスト行きのロープウェイに乗る。2駅目あたりから雲行きが怪しくなる。

雪のフィルスト

　30分ほどでフィルスト展望台に着く。標高2166m。辺りは薄ら雪で覆われていた。少し寒いが雪景色のトレッキングも悪くはない。

　駅を出てすぐ10数年に同じ道を歩いた記憶がよみがえる⑮。夏空のもと緑の草原に咲き乱れる色とりどりの花々が見事だった。今回は9月も半ば。花は終わりかけだ。

　道は平坦な砂利道が続く。レインジャケットを羽織れば寒さは気にならない。

　小さな避難小屋を過ぎると雲の切れ間からアイガーが姿を見せ始めた。この調子でいけば…。しかし期待もつかの間、再び雲に隠れてしまった。

バッハアルプゼー

　フィルストからおよそ1時間。小さな丘を越えると大小2つの湖が見えてきた。バッハアルプゼーだ。

　晴れていればハイカーで賑わう湖も白い山々に囲まれ静寂が漂う⑭。湖面越しに見えるはずのアルプスの峰々も厚い雲に覆われたままだ。

　下流側の小さな湖はエメラルドグリーンの透き通った水がひときわ美しい⑭。湖畔でひと休みし、もと来た道を引き返す。

⑭青緑色の美しい湖バッハアルプゼー

⑮振り返るとヴェッターホルンが聳える。2004年8月

アレッチ氷河と周辺トレッキング

自然遺産に登録されたアレッチ氷河。ユングフラウやアイガーに源を発し、1年に180mの速さで流れ下る。全長22km。ヨーロッパでは最長の氷河だ。

ローヌ谷の田舎町フィーシュを起点にして氷河周辺を歩く⑯。

■エッギスホルン展望台

まずロープウェイを乗り継いで標高2869mのエッギスホルン展望台へ。谷底の氷河から吹き上がる風はさすがに冷たい。

しばらくすると霧が晴れ大きく屈曲した氷河が姿を現した⑰。上流にはアイガー、メンヒ、ユングフラウの3名峰、更にユングフラウヨッホの展望台も小さく見える❶。

真正面には標高4195mのアレッチホルンが聳える。その山腹に刻まれたU字谷が見事だ⑰。

縮小する氷河

氷河の表面に延々と細長く延びる2本の黒い筋がひときわ目を引く。氷河の先端や側面にできる砂礫の丘モレーンだ。アレッチ氷河は上流で3つの氷河が合流して1本にまとまったことが分かる。

展望台の説明によると厚さ900mに及ぶこの氷河も過去100年の間に2kmも後退したという。アルプスの山奥にも地球温暖化の波がじわじわと押し寄せている。

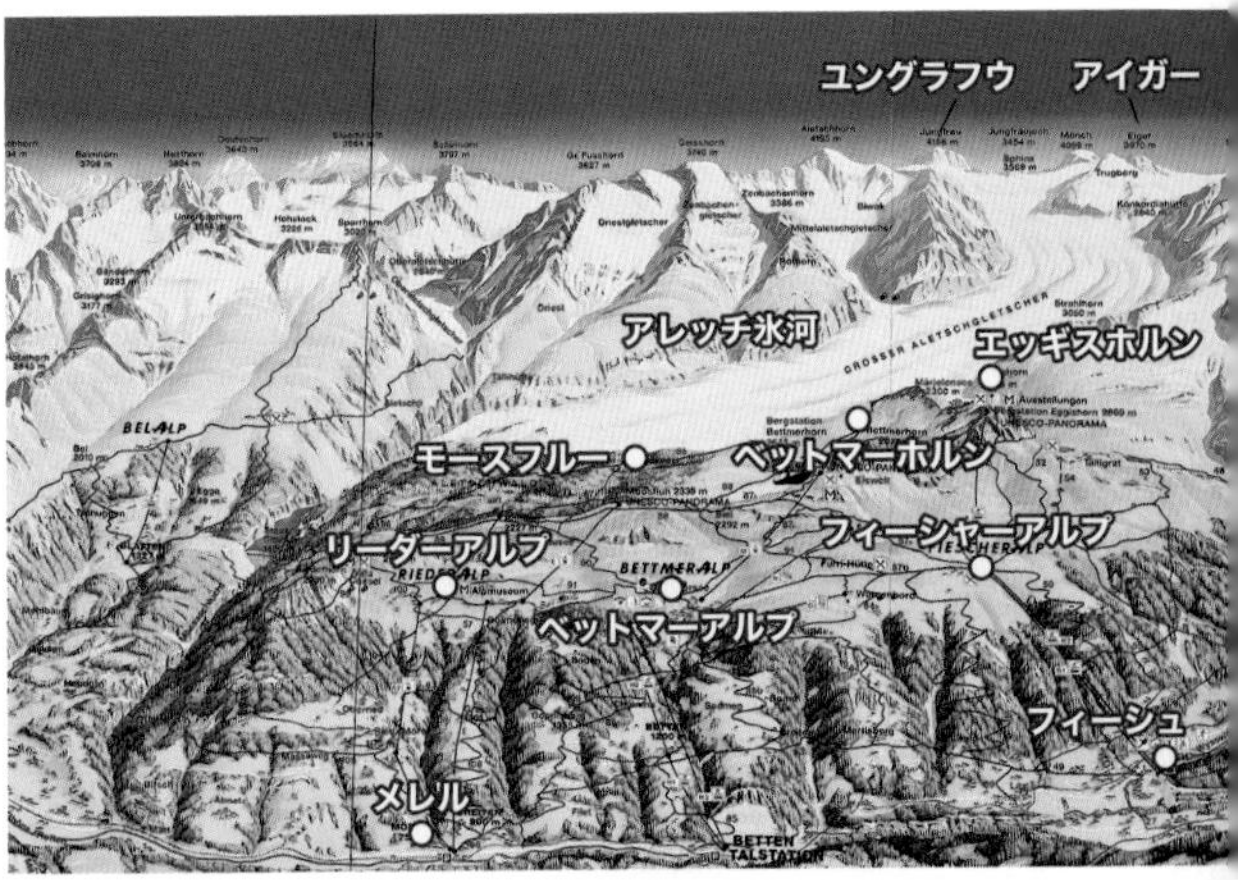

⑯アレッチ台地周辺地図。ローヌ谷と台地をつなぐ道路はない

⑰エッギスホルン展望台からアレッチ氷河を望む。真正面にアレッチホルン、右奥にメンヒが見える

■氷河周辺トレッキング

ユネスコ認定のトレイルがエッギスホルン展望台から南へ延びている。全長2.6㎞、所要3時間。アレッチ氷河と反対側のローヌ谷の両方が見下ろせる絶景ルートだ。

ユネスコ絶景ルートを歩く

歩き始めて20分、ガレ場が続く尾根に出る⑱。梯子《はしご》や鎖もある。ここは中上級者向けのコースだった。少し不安になるが白い氷河と緑の谷、両隣対照的な景色が素晴らしい。

やがて雪がぱらつき始め見通しが悪くなる。登山者は地元スイス人の3人だけ。ペンキで印されたルートを見失わないよう慎重に進む⑱。

最後の鎖場を抜けジグザグ下るとやっとベットマーホルンの駅が見えてきた⑯。

アルプの散策

標高1950ｍのベットマーアルプ。そこは青空が広がる別世界だった。ここから西へ約4㎞、リーダーアルプまで足を伸ばすことにする⑯。

しばらくローヌ谷を見下ろしながら進む⑳。今は緑が美しいこの谷も1万年前までは氷河で覆われていたのだ。

前から電気バスがやって来た。台地の上のアルプにはローヌ谷まで下りる車道がない。アルプ内を循環するバスだ。

リーダーアルプの村外れにモースフルー展望台に上るロープウェイがある。最終便までまだ少し時間があるので上ってみることにした。すると展望台からは大きく蛇行する氷河の末端が見えた⑲。

帰路はロープウェイと鉄道を乗り継ぎメレル経由でフィーシュに戻る⑯。

⑱氷河を見下ろす岩尾根。ユネスコ絶景ルート

⑲アレッチ氷河末端部。モースフルー展望台

⑳アレッチ台地の南に延びるローヌ谷とヴァリスアルプスの山々。谷は１万年前まで厚い氷河に覆われていた

❶アルプス山脈の成り立ちの謎を解くきっかけとなった衝上断層。地層の新旧が上下逆転する

アルプスの成り立ちの謎をひも解くたぐいまれな場所

②サルドナ地殻変動地域

スイス　2017.09

DATA

■交通：日本からチューリッヒまで直行便で約13時間。チューリッヒからグラールスまで鉄道で約1時間、フリムスまでは鉄道とバスで約2時間

■ベストシーズン：6月～9月

■登録：2008年

■地形：U字谷、カールなどの氷食地形

■地質：古生代～新生代の堆積岩、火山岩。大規模な衝上断層

アルプスの成り立ちの謎をひも解く大断層

■サルドナ地殻変動地域

ユングフラウやマッターホルンなど4000mを超えるアルプスの山々はどのようにしてできたのか。その謎の一端を解き明かしてくれるとっておきの場所がある。スイス東部にある世界自然遺産「サルドナ地殻変動地域」だ❷。

■衝上断層

登録名こそ堅苦しいが断層が主役だ。そこでは誰の目にも明らかな大断層、グラールス衝上断層がアルプスの由来を雄弁に語りかけている。

衝上断層は地震が起きると耳にすることがある。低角度でずり上がった逆断層のことだ❸。強い圧縮の力が働く場所で見られる。

■発見者エッシャー

この断層は1840年に地元出身のチューリッヒ工科大学地質学教室初代教授エッシャーによって発見され、大きな波紋をよんだ。と言うのもほぼ水平な断層を挟んで地層の新旧が上下逆転していたからだ❶。

当時は「上位の地層は下位のものより新しい」とする地層累重の法則を基に地質学が発展しつつあった。

そこでエッシャーは逆転する地層の境界は実は断層であり、上位の古い地層は断層運動によって別の離れた場所から運ばれて（滑って）きて新

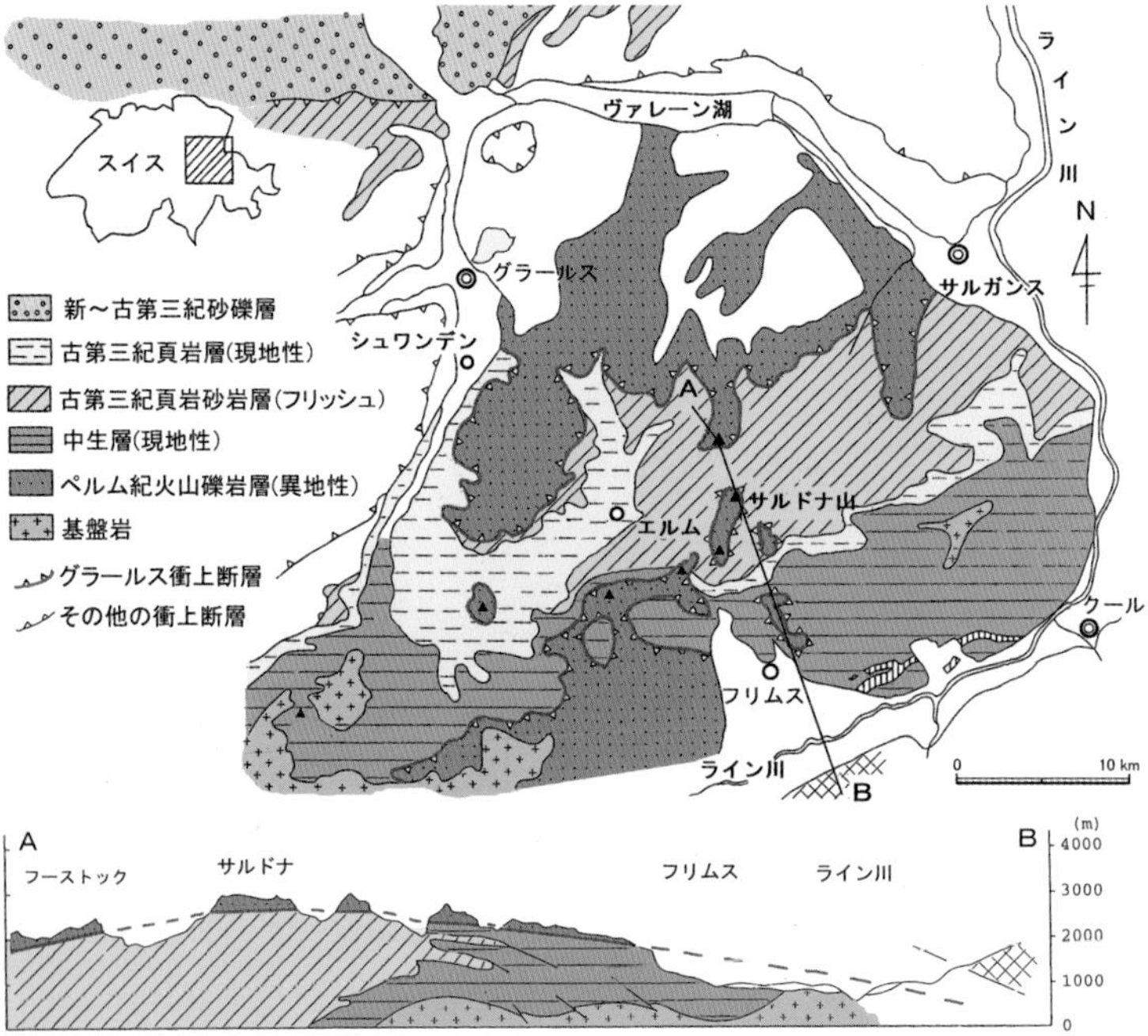

❷サルドナ地域の地質図と地質断面図。星野・他(2000)を元に作成。一部簡略化した

しい地層の上に覆い被さった、と解釈した❸。

ナップ

激しい論争の結果、最終的にエッシャーの考えが受け入れられ、低角逆断層の上に別の地層が積み重なる構造はナップ（押し被せ構造）とよばれるようになった。

ナップとはフランス語でテーブルクロスを意味する。断層の上の地層がテーブルクロスのように下の地層に覆い被さるイメージからきている。

■大陸衝突

エッシャーはこのナップの発見によってアルプスの形成過程の一端を明らかにしたのだ。地質図❷で地層名に（異地性）と付したものがナップに相当する。

当時、エッシャーの説がすんなりとは受け入れられなかったもう一つの理由は、巨大な岩山（地層）を数10㎞も移動させる力の源を説明出来なかったことにある。現在ではこの力はアフリカとヨーロッパの大陸衝突に由来することが分かっている。

世界自然遺産「サルドナ地殻変動地域」は地球のダイナミックな活動を垣間見る絶好の場所なのだ。

■世界ジオパーク

このような貴重な場所は地球についての研究や学習には欠かせない。そこでユネスコはサルドナ地域を世界遺産に加えて世界ジオパーク（地質公園）にも指定。保存と啓蒙活動を促している。

サルドナ地域の観光案内所にはハイキング用の地図に加え地質図や地質ガイドブックなどが置いてある。

また一般の人を対象にした専門ガイドを気楽に頼める制度もある。大自然のなかでハイキングを楽しみながら地球の成り立ちの一端に触れてみるのも面白い。

■アクセス

グラールス衝上断層へアクセスするにはライン川上流の町フリムスかリント渓谷の中心にある町グラールスが何かと便利だ❷。

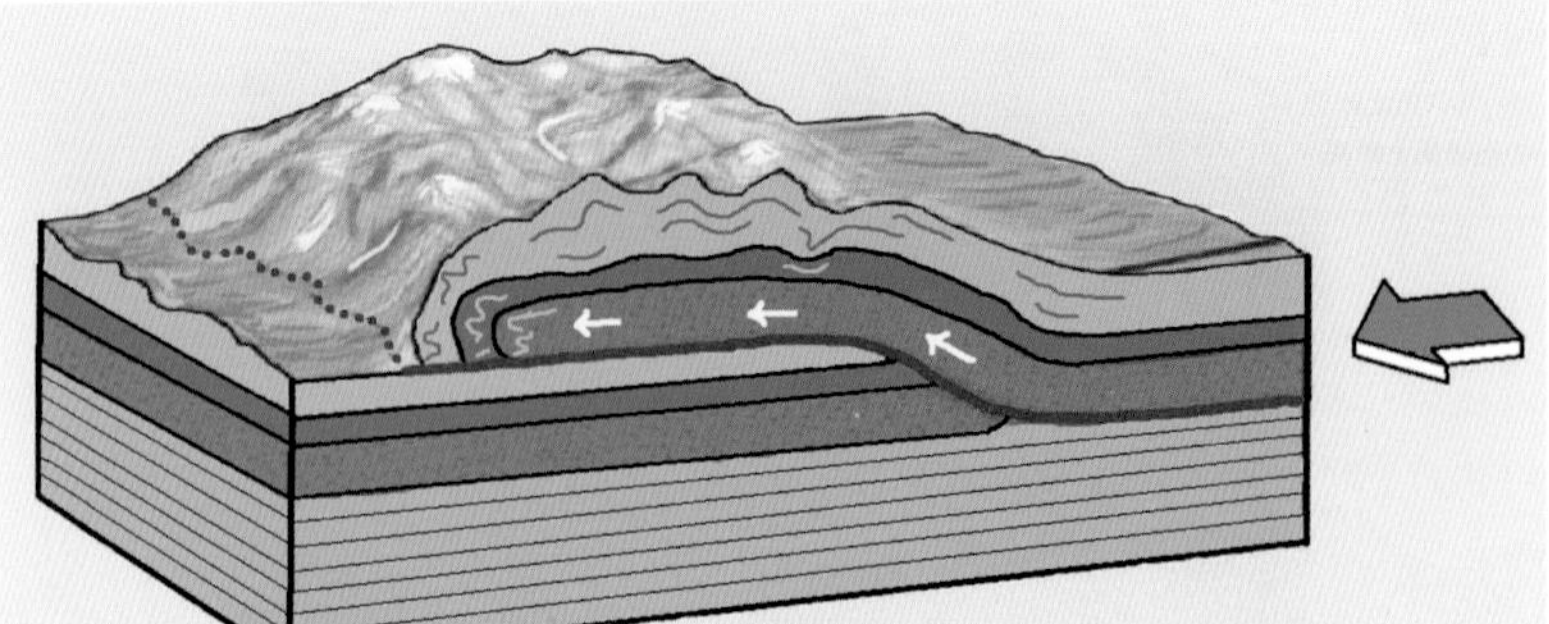

❸ナップ（押し被せ構造）のでき方。赤い線が衝上断層

フリムス側を歩く

■フリムスの町

フリムスは世界的なスキーリゾートとして知られ冬には大勢のスキー客で賑わう。

町とゲレンデの一部は1万年前に起きた大規模な山崩れの堆積物の上にあり、その傷跡は今でもあちらこちらに見られる❹。一方で山崩れは変化のある豊かな自然を生み出した。町外れにあるカウマ湖は一見の価値がある❺。

■トレッキング

この日の朝は快晴。衝上断層を間近で見るためセグネス峠（2627m）に向う❻。

9：00。ナラウス行きのリフトに乗る。午後に天気が崩れる予報があり早く出発したかったのだが始発は9時だった。

足下には美しい牧草地が広がる。波打つ斜面や大きな石は山崩れの産物だろう。サルドナ連山が朝日を浴びて美しい❼。後ろから厚い雲が近づいているのが気がかりだ。

ナラウス

9：20。ナラウス着。標高1842m。数年前まではロープウエイで更に2634mのカッソンまで上がれたのだが老朽化のため停止。

駅からしばらく急な上りを歩く。花を見ていると小学生たちが追い越していった。どこかほっとするもこの日出会ったのはこの一団だけだった。

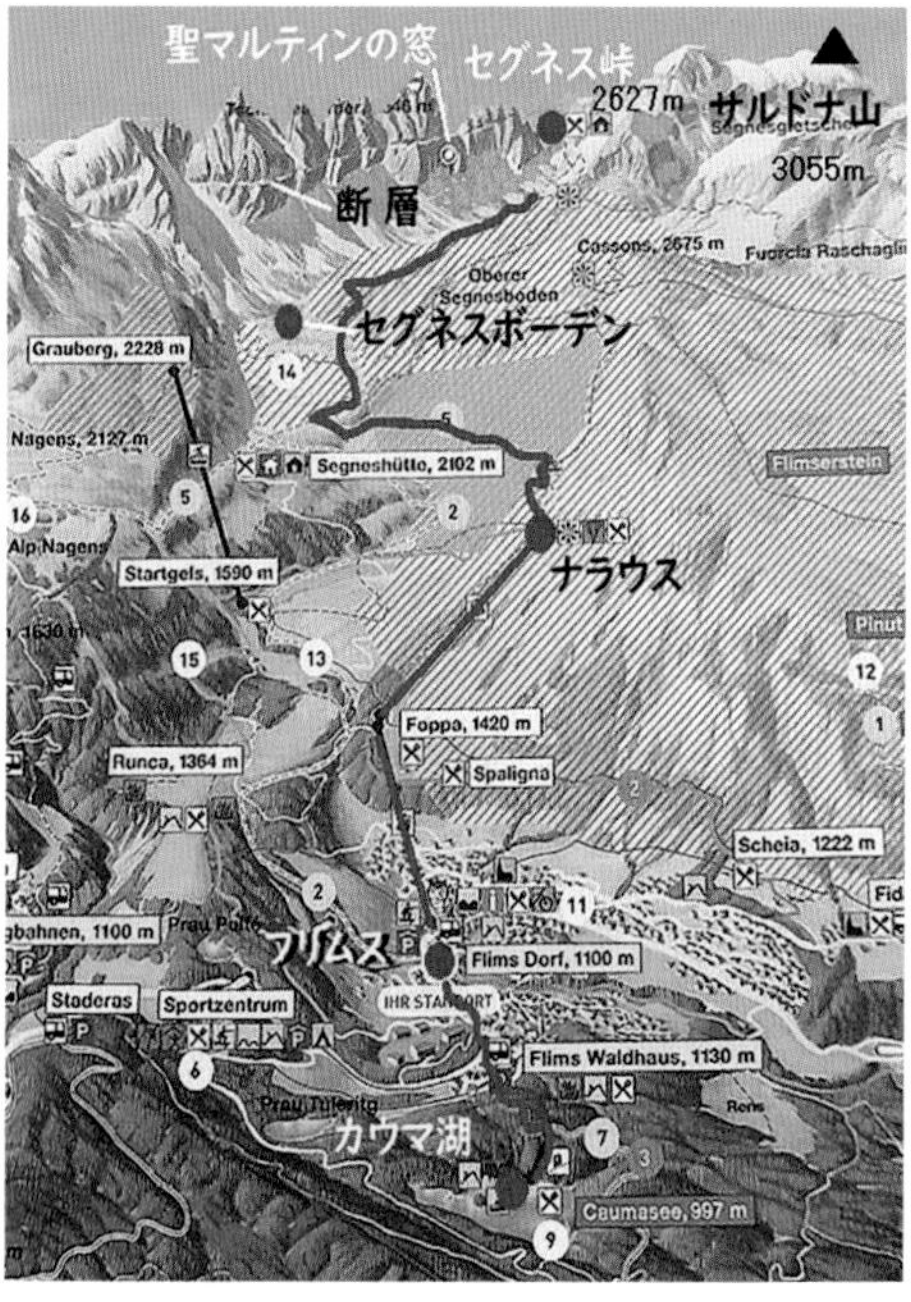

❻フリムス周辺の地図

❹山崩れ堆積物の上にあるフリムスの町

❺美しい水を湛えたカウマ湖。山崩れでできた

歩き始めて15分。サルドナ連山に雲がかかり始めた。ほんの数10分前までは快晴だったのに…。

２００ｍほど上ると道はほぼ水平になる。ペースを上げ先を急ぐ。

セグネスボーデン

10：50。セグネスボーデンの広い谷間に出る❻❽。ここからが世界遺産登録域だ。

世界が注目する衝上断層が近くに見えるはずだがほとんど雲の中。かろうじてその一部が顔を出す。断層は窪んでいるため雪が積もり白いラインとしてよく目立つ❾。

断層を挟んで上は古生代ペルム紀の火山礫岩層、下は新生代古第三紀の頁岩層。確かに上下逆転している。特に下の頁岩層は大きく傾き、曲っている部分もある。強い力が働いた証だ。

近くに落差２００ｍほどの滝があった。数段に分かれる滝は水量に応じてＣメジャーやＦの和音を奏でるという。しかしセンスのない耳にはよく分からない。

谷の奥で湿地帯に入る。そこを抜けると上り坂となる。途中で振り返ると眼下に谷を埋める沖積原野が広がっていた❽。網目状に複雑な水路ができており、周囲の山々から押し出された大量の土砂が谷を埋め湿原を造ってゆく過程が想像できる。

天気の急変

11：50。目的地のセグネス峠まであと30分ほどだ。しかし天気は悪化する一方。断層は全く見えない。迷いながらもここで引き返すことにする。

この判断は正解だった。10分も経たない間に天気が急変。強烈な雨風が吹き始めた。

大急ぎでナラウスまで戻ると今度はリフトが止まっており仰天。風雨の中、７００ｍを歩いて下りるのは厳しい。

14：10。駅で事情を話すとリフトを動かしてくれた。

❼快晴の空に衝上断層もくっきり浮かび上がる　9:10

❾セグネスボーデンとグラールス衝上断層（白い筋）

❽谷間を埋める沖積原野。セグネスボーデン

グラールス側を歩く

■エルムの断層

同じ衝上断層はフリムスの反対側の村からもよく見える。

グラールス

10：30。フリムスからバスと電車を乗り継いで約2時間、リント渓谷の中心の町グラールスに着く❷❿。中世の面影を残すこの町には断層の発見者エッシャーの生家がある。

天気は快晴。断層が近くで見えるエルムまで往復する時間は十分にある⓫。

早速、予約した宿へ。ところが管理人はまだ寝ているらしく玄関が開かない。2時間待って荷物を預ける。

エルムの村へ

13：18。グラールスから鉄道でシュワンデンへ。ここでエルム行きバスに乗り換える。

町を出ると険しい渓谷に入る。古生代ペルム紀の火山礫岩からなる渓谷だ。ところが脆い古第三紀の頁岩層に変わるころには再び広い谷となる。バスはどこかで衝上断層を横切ったはずだ❷。

やがて左手に大きく曲がった地層が出現する⓭。押し被せ褶曲とよばれる複雑な構造。巨大な圧縮力が働いた証しだ。

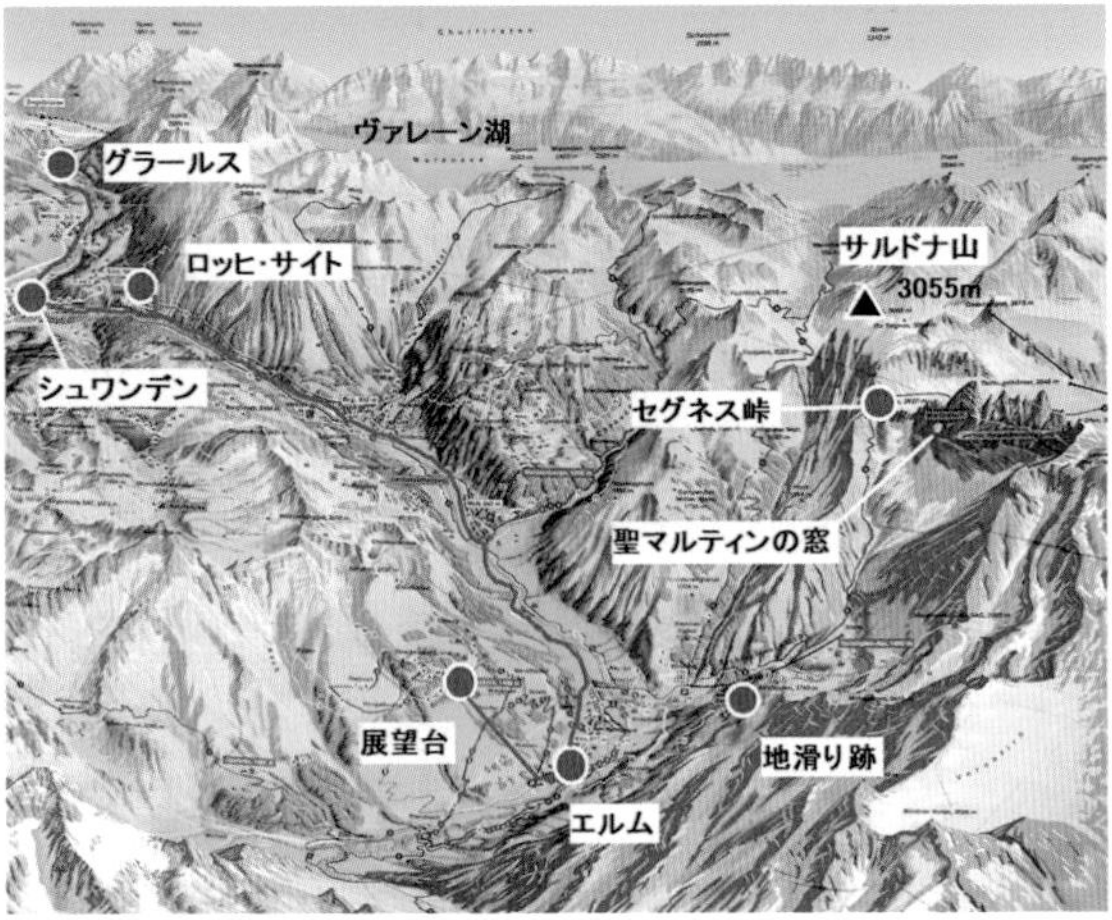

⓫グラールス～エルム周辺の地図

❿リント渓谷入口から見たサルドナ連山

⓬エルム側から望むグラールス衝上断層（矢印で示した白い筋）。この写真の範囲で長さは約6㎞

エルムの展望台

14：05。終点エルムに到着。バス停からロープウエイで標高1485mの展望台へ上る。その途中、向かい側に200人の村民が犠牲になった地滑りの跡が見える。

展望台は真正面にサルドナ連山を望む絶好のロケーションにあった。フリムスの町はこの山の向こう側だ。

しかし雲が立ちこめ断層は一部しか見えない。レストランでコーヒーを飲みながら雲が取れるのを待つ。

グラールス衝上断層

30分ほどすると少し雲が下がり断層が姿を見せ始めた。ほぼ水平に延々と6㎞も続く見事な衝上断層だ⑫。

断層の上には厚さ数百mの火山礫岩層が載っている。しかしかつては2000m以上の厚さがあったとされる。しかもこの厚い堆積物は断層の上を南から北へと30～40㎞も滑ってきたという。これは横浜から東京を越え、さいたま辺りまで移動するようなもの。驚くべき距離と力だ。

聖マルティンの窓

セグネス峠の右側の岩壁に小さな穴が開いている⑭。高さ18m、幅15m。聖マルティンの窓だ。春と秋の年2回、この穴を通過した朝日がスポットライトのようにエルムの教会を照らすという。興味深い話だ。

バスは1時間に1本のみ。5時の便に合わせて下山する。

■ロッヒ・サイト

グラールス駅の構内に小さな博物館がある。係の人に断層のことを尋ねると「シュワンデンの町外れに有名な露頭があるから是非…」という。

ロッヒ・サイトとよばれるその露頭はシュワンデンの駅から歩いて20分の道沿いにあった。見学者のためにわざわざ造られたアーチ状の洒落《しゃれ》た橋が目印だ⑮。この橋ひとつを取ってもその露頭の価値が分かる。

断層露頭

高さ10数m、幅20m。かなり大きな露頭だ。ただ断層の上の火山礫岩層が庇のように張り出しており落石への注意が必要だ⑯。

⑭聖マルティンの窓とグラールス衝上断層

⑬頁岩層が大きく曲がった押し被せ褶曲

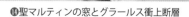

一方、断層直下の地層はもろく崩れやすい。この部分は遷移帯とよばれ複雑な構造の石灰岩と頁岩からなる。

注目の断層は明瞭で分かりやすい。火山礫岩層と遷移層の境界を通り、数mmから数cmの隙間があって粘土が詰まっている。

エッシャーの銅板

岩盤には30cmほどの銅板がはめ込まれていた。エッシャーの功績を称えたものだ。「1840年8月1日、この地でエッシャーが初めて衝上断層を発見しアルプス地質学が確立された」。図を添えドイツ語で書かれていた。

40km移動した堆積物

実際の断層を目の当たりにしてもかつてこの上を厚さ2kmに及ぶ堆積物が40kmも移動したとはにわかには信じられない。発見当時の研究者たちの驚きと戸惑いがよく分かる。

しかしある研究によると断層直下の石灰岩には流動性があるため長距離の移動が可能になるという。

静かな森の中に横たわる大断層は計り知れない地球の営みの一端をそっと語りかけてくるようだった。

⑮美しいアーチを描く橋の先に断層露頭がある

⑯グラールス衝上断層の露頭ロッヒ・サイト。かつてエッシャーら研究者たちはここで議論を重ねた

❶ドロマイト石灰岩の岩峰群とヴァエル小屋。ドロミテ・カティナッチョ連峰

ドロマイト石灰岩と氷河がつくったもう一つのアルプス

③ ドロミテ山塊

イタリア　2015.07

DATA

■交通：ミラノからボルツァーノまで鉄道で約３時間、ヴェネツィアからコルチナダンペッツォまでバスで約２時間。ドロミテ域内は鉄道やバスで移動する

■ベストシーズン：６月～９月

■登録：2009年

■地形：氷食地形、カルスト地形

■地質：古生代ペルム紀～中生代三畳紀の石灰岩、砂岩、石英斑岩

ドロミテの由来と歩き方

イタリア北部に険しい岩峰群で知られる世界遺産ドロミテがある。ここはアルプス山脈の一部でありながらスイス・アルプスとは異なる景観を見せる。タケノコや屏風の様にそそり立つ白い岩峰は優雅さを備えたスイス・アルプスと違ってどこか荒々しい❶❷。

それがドロミテの魅力でもあるが同じ山脈内でなぜ違った印象を受けるのだろうか。

■ドロミテの成り立ち

スイス・アルプスは砂岩や泥岩、変成岩、花こう岩など様々な岩石からなるのに対し、ドロミテは主に石灰岩からできている。地質の違いが景観にも反映しているのだ。

ドロマイト

この石灰岩はマグネシウムを多く含みドロマイト（苦灰岩）とよばれる❸。その名は発見者ドロミューに由来し、ドロミテの地名はこのドロマイトから来ている。

古生代末から中生代にかけて浅い海に堆積したドロマイトは非常に固く浸食されにくい。そのためドロミテは急峻になりがちなのだ。

氷河の働き

一方、1万年以上前の氷期にはこの地域は厚い氷河に覆われていた。氷河は時間をかけてドロマイトを削り、切り立った岩峰に磨きをかける。

またドロマイトには縦横無

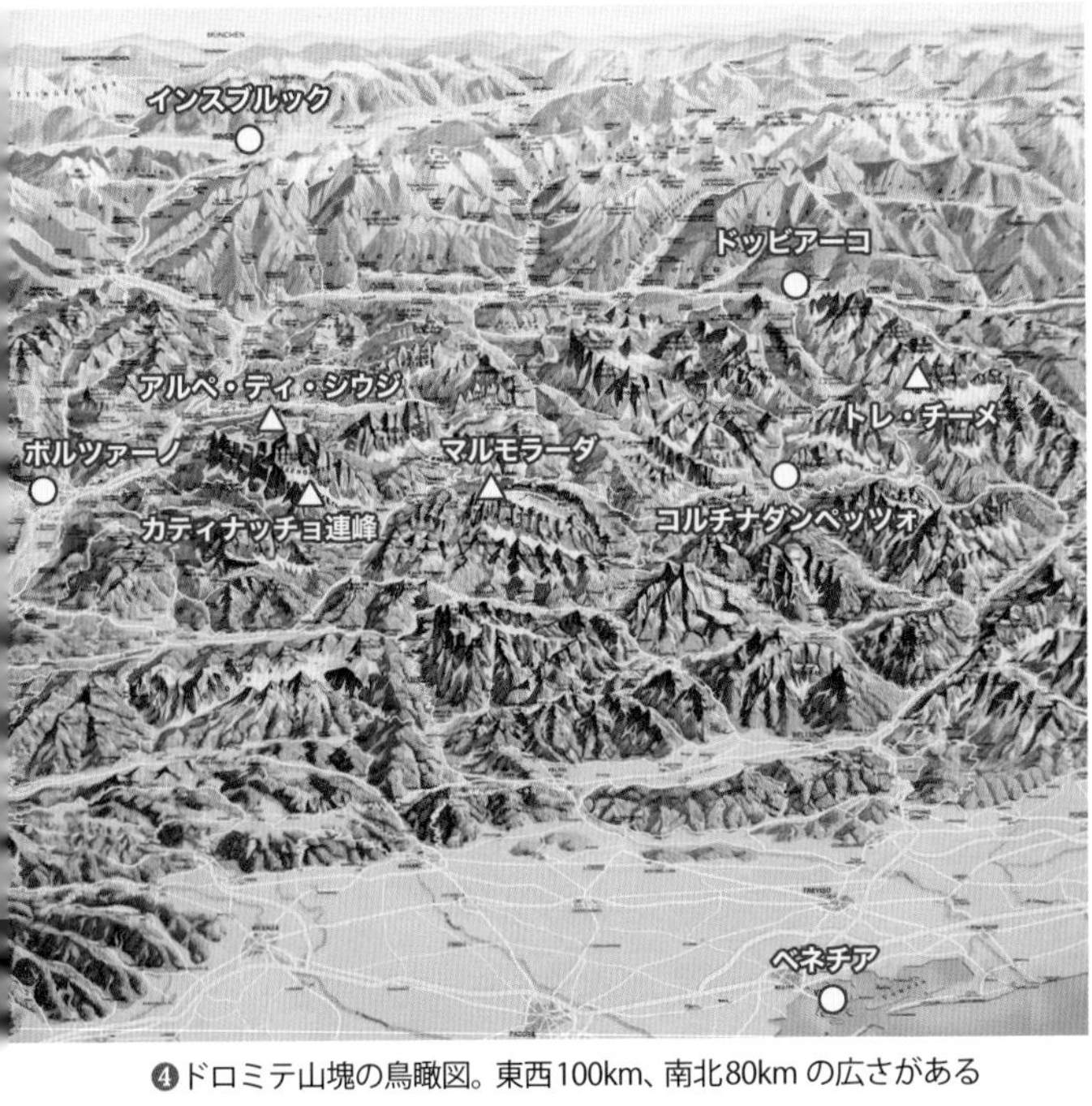

❹ドロミテ山塊の鳥瞰図。東西100km、南北80km の広さがある

❷優美な山容のスイス・アルプス

❸縦横の節理をもつドロマイト石灰岩

数の割れ目（節理）がある❸。この節理に沿った浸食作用もまた険しい岩山を造りだす。

■ドロミテの歩き方

ドロミテはおよそ東西100km、南北80km。熊本県ほどの広さがある。主な見どころを回るだけでも1週間近くかかるが、ツアーや周遊バスを利用すると効率よく廻れる。

バスと鉄道の場合は乗り降り自由のモバイルカードが便利で経済的だ（例えば7日券で28ユーロ）。しかも一部のロープウェイやリフトにも使える。

起点となる町は西部ではボルツァーノ、東部ではコルティナ・ダンペッツォかドッビアーコ❹。何れも山々に囲まれた美しい町で何かと便利だ。

カティナッチョ連峰トレッキング

ボルツァーノの東約30kmにあるカティナッチョ連峰❹。ラテマール山塊やドロミテの最高峰マルモラーダを眺めながらパノラマトレッキングが楽しめるとあって大勢のトレッカーで賑わう。

■シエスタ

12：30。ボルツァーノからバスでおよそ1時間、パオリーナに着く❺。

早速リフト乗り場へ向かうが何か様子がおかしい。人影がなくリフトも止まっている。事情を尋ねると13：30まで昼

❺カティナッチョ連峰のトレッキングコース。ヴァエル小屋は岩壁を回り込んだ先にある

休みだという。イタリアではまだ昼休み（シエスタ）の習慣が残っているのだ。

■ワシのブロンズ像へ

麓から標高2125mのパオリーナ小屋までリフトで約10分。冬はスキー場となる緑の牧草地が美しい。

小屋からは539と記された標識に従って進む❼。目的のヴァエル小屋まで約50分だ。

歩き始めは急な上り坂が続く。しかし咲き誇る色とりどりの花や美しい山々に目を奪われ、さほど苦にならない。

険しい岩山とサンゴの海

ふと見上げるとカティナッチョ連峰の岩山が屏風の様に聳える❼。右にラテマール、正面にモンゾニ山塊。雄大な山々が広がる。道はやがてお花畑からハイマツ帯へと変わりガレ場が多くなる。

ガレ場に転がる石灰岩の中にサンゴの化石があった。険しく荒々しい山々からなるドロミテもかつては暖かく穏やかな海だったのだ。

30分ほど歩くと大きなワシのブロンズ像に出くわす❻。19世紀の終わり頃、ドロミテの観光開発に貢献したクリストマンノス氏を称えたものだ。

■マルモラーダ山

ここから登山道は549番に変わり遠くにドロミテ最高峰マルモラーダ山（3343m）が見えてくる❾。切り立った岩壁が午後の日差しを浴びて明るく輝く。その落差は実に650mに及ぶ。

❻ドロミテの象徴、クリストマンノス氏を称えたワシ像

❼屏風の様にそそり立つカティナッチョ連峰。標識に従いヴァエル小屋へ向かう

ドロミテ最後の氷河

目をこらすと左肩に白く薄いものが載っている。最後に残ったドロミテ唯一の氷河だ。隣の岩山には大きなカール。1万年前まで続いた氷期にはドロミテは広く氷河に覆われていたのだ。

カティナッチョ連峰を東へ回り込むとマルモラーダに替わってセッラ山塊が姿を現す。この山のU字谷も見事だ。

■ヴァエル小屋

やがて白い岩山をバックにチロル風の山小屋が見えてくる❶。目的のヴァエル小屋だ。15：00。ヴァエル小屋のテラスでチゴレーデの山並みを眺めながら休憩❽。ここのレストランの郷土料理は美味しいと評判だ。

■帰路

帰路は標識545から547へとたどってヴィゴ・ディ・ファッサの村まで下り、そこからバスでボルツァーノに戻ることができる。しかし標高差が約900mある。往路と同じルートを引き返してもまた違った方向の眺望が楽しめる。

❽ヴァエル小屋、2280m。奥はチゴレーデの山並み

❾ドロミテ最高峰マルモラーダ山。3343m。山頂左に薄ら氷河が見える。右の凹地は氷食地形のカール

ドロミテの展望台 アルペ・ディ・シウジ

■ヨーロッパ最大の牧草地

ボルツァーノからバスで東へ40分のところに「ドロミテの展望台」とよばれるアルペ・ディ・シウジがある❹。

三方を深い渓谷が刻み背後に3000m級の岩山が聳える広大な台地⓫。それがアルペ・ディ・シウジだ。台地の上にはヨーロッパ最大とされる牧草地が広がり草原と岩山とのコントラストが美しい。

■玄関口コンパッチョ

シウジの町の手前でバスを降りロープウェイに乗り換える。台地の上のコンパッチョ駅へは15分ほどだ。午前9時、気温11℃、真夏でも肌寒い。

駅の近くにインフォメーションがある。ここでもらえる地図はとても分かりやすく眺めているだけでも楽しい⓫。

まずは見晴らしの良いパノラマ展望台へ。リフト乗り場は駅を下ったところにある。

⓾パノラマ展望台のロープウェイ乗り場

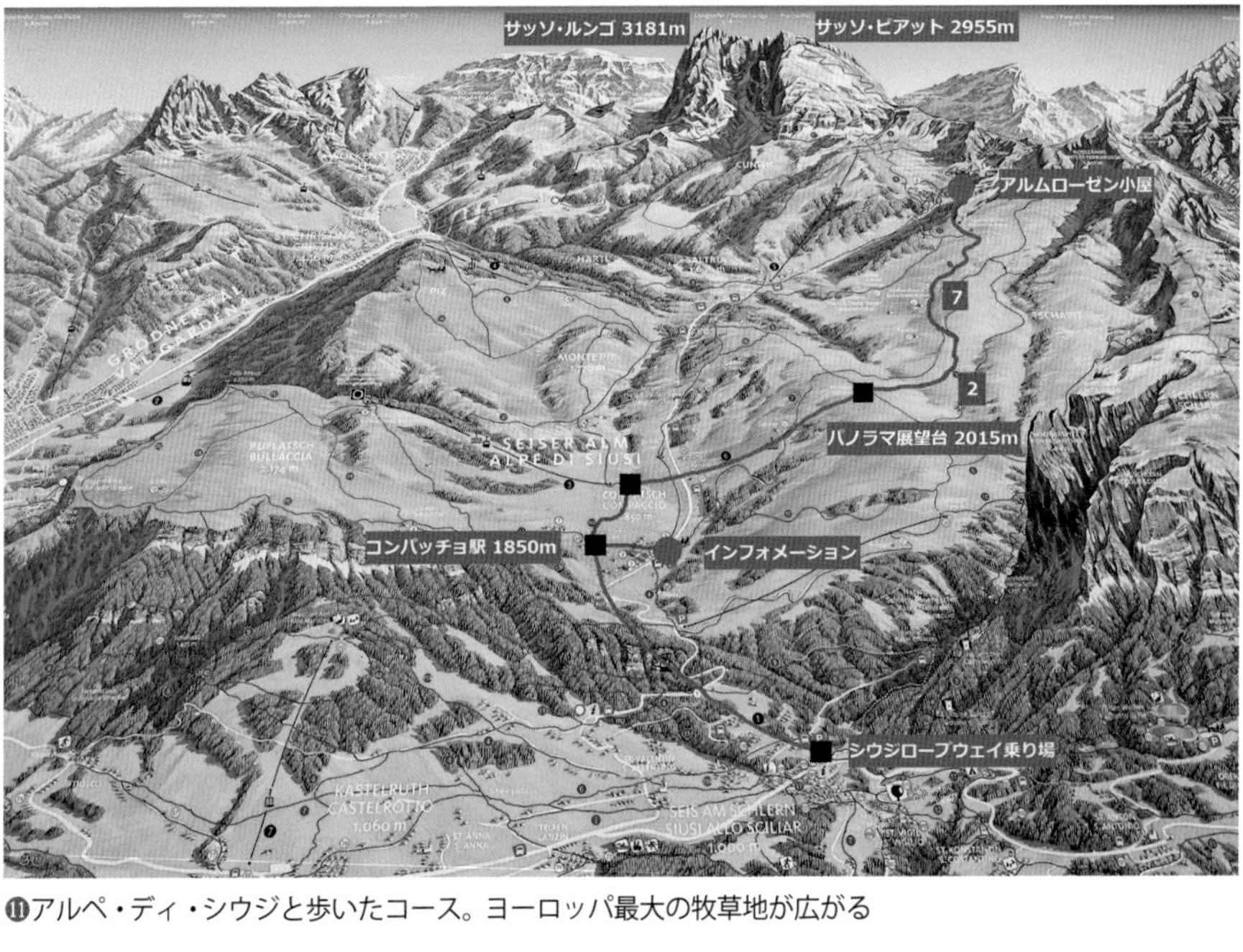

⓫アルペ・ディ・シウジと歩いたコース。ヨーロッパ最大の牧草地が広がる

■パノラマ展望台

10分ほどリフトに乗り展望台に着く⑩。すぐ目の前に広大な牧草地が広がり、刈りたての牧草の臭いが鼻をつく。

ヨーロッパ最大の牧草地といわれるだけあってさすがに広い⑬。うねうねと遠くまで続く様は爽快そのもの。まるで草の海だ。ぼーっと眺めているだけで肩の力が抜け気持ちが安らぐ。

牧草地の奥には猛々しいドロミテの山々が聳える。穏やかな草原と険しい峰々。その対照的な組み合わせが良い。

リフトを背に右（西）側で、屏風のように聳えるのがペッツ山、槍の穂先のように尖った岩山がサントネール山だ⑬。この2つの山の地層は90度傾いているのが遠目にも分かる。垂直の屏風岩や槍の穂先は地層の傾斜に沿って削られてできたのだろう。

一方の左（東）側にはアルペ・ディ・シウジで最も高い

⑫双子のサッソ山。左3181m、右2955m。手前の細長い丘はモレーン

⑬ヨーロッパ最大といわれる牧草地。屏風様の山がペッツ山（2564m）、尖った岩山はサントネール山（2411m）

サッソ・ルンゴとサッソ・ピアットの双子の山が草原を見下ろすように聳える⓫⓬。

■サッソ山麓トレッキング

広大なアルペ・ディ・シウジにはたくさんのトレッキングコースがある。まずはインフォメーションで勧められた草原の奥に聳えるサッソ山を目指す。

「箱庭」を歩く

展望台からはコース番号2の標識に従って牧草地の中を進む⓮。遠くから牧草の刈り取り機の音が聞こえてくる。

草地内には小さな丸太小屋が点々と散らばる。農機具や牧草を保管する倉庫だ。広い台地にアクセントを添え箱庭のような雰囲気を醸し出す。

15分ほど歩くと道が2つに分かれる。標識2Bの道を進むとすぐ7番の車道に出るが、そのまま車道を進む。正面に聳えるサッソ山に雲がかかり山頂が見えないのが残念だ。

道行く人は少ないが、時おり子どもや犬を連れた家族、サイクリスト、馬車に乗った老夫婦などに出会う。ここには思い思いの楽しみ方がある。

モレーン

眺めの良い池の畔で休もうと腰を下ろすと目の前に細長い丘があった⓬。モレーン（氷堆石）とよばれる砂礫の丘だ。そういえば牧草地全体がうねうね波打っている。広大な台地は氷河による浸食と堆積作用によってできたのだ。

アルムローゼン小屋

パノラマ展望台から1時間。長い下り坂の先にアルムローゼン小屋（カフェ）が見えてきた⓯。

この先でサッソ山の中腹までリフトで上れるはずだが、なぜか止まっている。仕方がないので山小屋のコーヒーでひと休みし、別ルートでコンパッチョ駅へ戻ることにする。

⓮牧草地の中をのんびり歩くトレッキング

⓯左隅の丘の上にアルムローゼン小屋がある

トレ・チーメ一周トレッキング

３つの岩峰が屹立するドロミテきっての名峰トレ・チーメ。その勇壮な姿は見るものを圧倒する⑯。

■トレ・チーメ南麓

トレ・チーメまではコルチナダンペッツォとドッビアーコからバスがある。

９：40。標高２３２０ｍのオーロンツォ小屋に到着⑯。天気はあいにくの雨だ。

オーロンツォ小屋から峠へ

10：05。山小屋で身支度を整えトレッキング開始。最初は広く平らな砂利道を行く。すぐ左にトレ・チーメの岩壁が迫り水平な縞模様の地層が目を引く。天気が良ければ岩壁に取り付くクライマーの姿が見られるはずだ。

20分ほどでラヴァレド小屋に着く。ここで道は２つに分かれるので標識１０１の道を進む。ここからラヴァレド峠の展望台までは足場が悪い。

11：00。峠の展望台に着く。晴れておれば３つの岩峰が居並ぶ迫力の姿が望めるが⑰、あいにく厚い雲に隠れたまま。しかし雨は止んでいる。

観光客の多くはこの峠で引き返す。

■トレ・チーメ北麓

ここからドライチンネン小屋までは上下２つの道に分かれるが、お花畑の美しい下のコースを選ぶ⑯。

⑯トレ・チーメのトレッキングコース。破線でトレチーメ南麓のコースを単純化して表した

ドライチンネン小屋

11：50。ドライチンネン小屋。雲の隙間から見え隠れする岩山を眺めながらここでお昼とする。少し下がったところにカルスト地形の一種ドリーネの丸い池が見える。

ここからはトレ・チーメの北麓に回り込むことになるが、分岐の標識が分かりにくい。

北麓ルート

谷を下り始めるとトレッカーを全く見かけなくなった。道を間違えたのか、少し不安になる。しかし雨は上がり雲の切れ間から姿を現した岩山が幻想的で水墨画のようだ。

30分ほどで広く平らな谷底に着く。緑の草地が美しい。

谷を横切りるときつい坂道となり150mほどを上ってハイマツ帯の高台にでる。雲が取れればトレ・チーメの岩塔が3つ横に並んで見えるはずだ。代わって足下に咲き乱れる花々が目を楽しませる。

大きく曲がる地層

小さなロッジを過ぎトレ・チーメ西側の落石地帯をトラバースするとメッゾ峠に出る。

この峠の大きく褶曲した地層は見ものだ⑱。トレ・チーメを押し上げた巨大な力の一端が感じ取れる。

長閑な牧草地

峠から先は風景が一変する。緑の牧草地が広がり牛たちがのんびり草を食む。荒々しい岩山とは対照的な長閑な光景に心が和む。

14：30。バス停に到着。トレ・チーメぐるっと一周4時間半のトレッキングだった。

⑰晴れた日のトレチーメ。©Walwegs（2007）

⑱メッゾ峠の褶曲する地層（左上と右半分）。大きな力が働いた証し

❶氷河の浸食によってできたガヴァルニー大圏谷とU字谷。中央にガヴァルニー大滝が見える

氷河が刻んだ「円形劇場」と大陸衝突の現場

④ピレネー・ガヴァルニー圏谷

フランス　2015.07

DATA

■交通：フランス・トゥルーズから車で3時間、ルルドから車で1時間。交通の便はあまりよくない

■ベストシーズン：6月〜9月

■登録：1997年(複合遺産)

■地形：氷食地形(圏谷、U字谷など)

■地質：古生代〜中生代の砂岩、頁岩、石灰岩、変成岩など

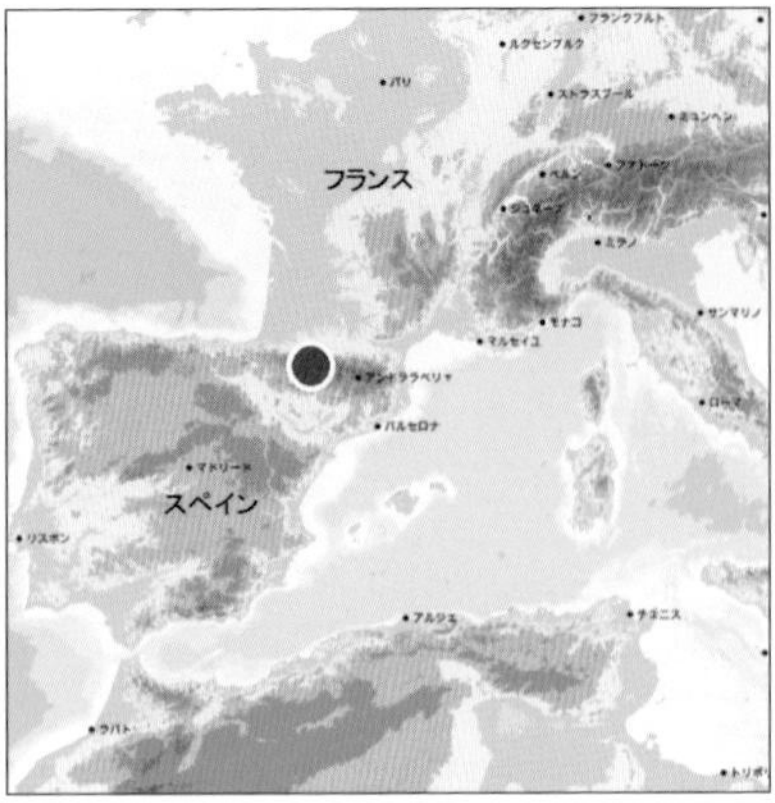

ピレネー山脈と大圏谷の成り立ち

■スペインはアフリカ?

「ピレネー山脈を越えるとそこはアフリカだった」。かつてフランス人はスペインをこう揶揄したという。スペイン側は乾燥し経済発展が遅れていたからだ。

地図を見るとスペインには高原が広がり、平野の多いフランスとはかなり様子が違う❷。さらにこの高原は地中海を越えて北アフリカへと続くようにも見える。

■ピレネー山脈の成り立ち

ピレネー山脈はフランスとスペインの国境に東西430kmにわたって横たわる。2、3000m級の山々からなるこの山脈はアルプス造山帯の西端に位置する❷。

アルプス造山帯は数千万年前に北上してきたアフリカ大陸がヨーロッパと衝突した際に形成されたもの。ピレネー山脈もその衝突境界近傍に形成された山脈だ。つまり、ピレネー山脈から南のスペインの一部はアフリカ大陸に由来すると言ってもあながち間違いではないのかもしれない。

■複合遺産と「円形劇場」

世界遺産「ピレネー山脈のモン・ペルデュ」はこの山脈の中央部にある大規模な圏谷と今なお残る伝統的な農牧民の生活様式の両方を合わせて登録されている（複合遺産）。

大規模な圏谷はフランス

❷アルプス造山帯の北限境界線とピレネー山脈。写真：NASA 提供

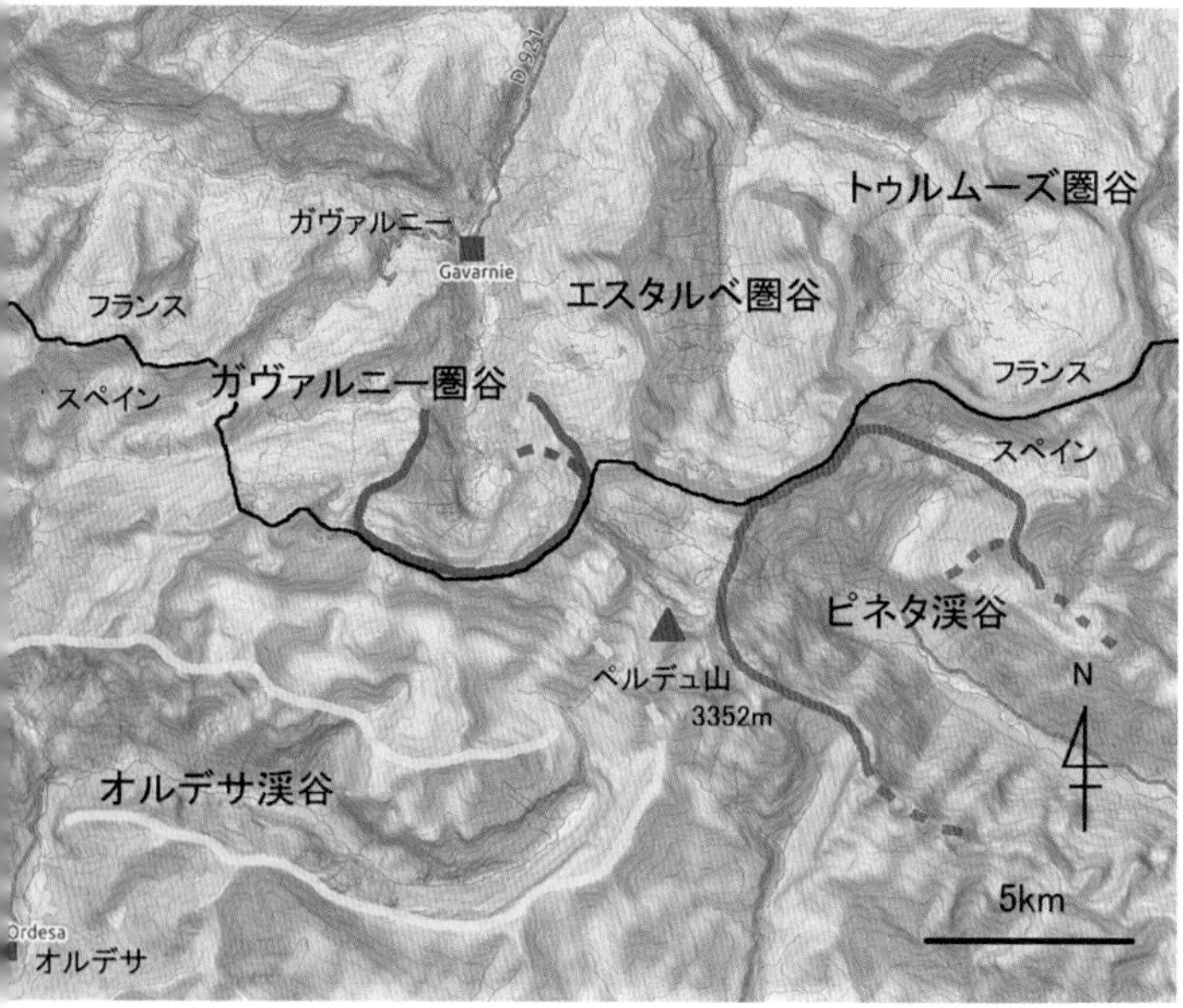

❸ペルデュ山周辺の大規模圏谷群。フランス側に3、スペイン側に2ヶ所ある

側に3ヶ所、スペイン側に2ヶ所ある❸。いずれもおよそ2万年前に氷河が山肌をスプーンでえぐり取るように削ってできたものだ。特にフランス側のガヴァルニー圏谷は直径約6㎞、深さ1700mにも及ぶ巨大なすり鉢状の谷となり、古代ローマの劇場にちなんだ「ガヴァルニー円形劇場」の異名をもつ。

　ピレネー山脈では大陸衝突が生み出した巨大な力と氷河による浸食の激しさの両方を体感することができる。

圏谷への玄関口 ルルド

■巡礼者の町ルルド

ガヴァルニー圏谷の玄関口の一つルルド。圏谷の北約40㎞にあるこの町はカトリック教徒の聖地でもある。人口わずか1万5000人の小さな町に年間500万人もの人が巡礼にやって来る。

　町に着いたのは暑い夏の午後だった。大聖堂前の広場はちょうど巡礼者パレードの最中。老若男女、大勢のカトリック教徒が集まり不思議な熱気に満ちていた❹。

■ピレネー山脈

　町の高台に上ると遙か彼方にピレネー山脈が望める❺。ゴツゴツした3000m級の険しい山容は今も隆起と浸食を繰り返し、活発な造山運動の最中にあることを窺わせる。地震が少ないフランスにもかかわらずピレネー山脈では時おり地震が発生し被害をもたらすこともその現れだ。

氷河

　およそ2万年前の氷期、長さ40㎞にも及ぶ巨大な氷河がガヴァルニーからこのルルドの町まで伸びていたという。残されたU字形の谷にその痕跡をとどめる。

❹中世の面影を残すカトリック教徒の聖地ルルド

❺ピレネー山脈。中央にペルデュ山3352mが見える

ガヴァルニー圏谷トレッキング

■ガヴァルニー村へ

朝9時。ルルド駅前からガヴァルニー行きのバスに乗る。

天気快晴。ピレネーの山並みが朝日を浴びて美しい。

しかしここ数日熱があり体調が今一優れない。できれば休みたいところだが、こうも天気が良いとそうもいかない。

U字谷を走る

道はかつて氷河が流れた谷間を進むのでカーブが少なく順調に進む。時おり白い雪渓を抱いたペルデュ山（3352m）が姿を見せる。

町を出ておよそ20分、道路際に90度傾いた地層があった❻。ピレネー山脈の中軸部からかなり離れたこの地域にまで大陸衝突の力が及んだのだろう。

ツール・ド・フランス

運転手が突然ブレーキを踏んだ。目の前を自転車が走っている。この辺りは有名な自転車ロードレース「ツール・ド・フランス」のピレネー・ラウンドのコースでもある。サイクリストをよく見かけるのはそのためだ。

1時間ほど走るとピエールフィッテ・ネスタラスの町に着く。バス停はかつての鉄道の駅舎だ。名峰ビニュマール（3298m）やコトゥレの町に向かう人はここでバスを乗り換える。

伝統的な牧畜

この先は狭い渓谷になる。小さな村ルッツを過ぎると急な上り坂にさしかかり、ところどころに水力発電所がある。山肌に張り付く木造の家屋は昔ながらの牧畜を営む農家だろうか。

中腹から上に木の生えない緑の斜面が見えてきた❼。牧草地だ。夏の間、山に羊を放つことで森林化を防ぎ牧草地を維持しているのだ。かつてヨーロッパで広く行われていた伝統的な牧畜が今もこの山奥で営まれており、世界文化遺産の対象になっている。

最後の長い坂を上りきると終点ガヴァルニー村に着く。

❼羊の放牧によって森林化を防ぎ牧草地が保たれる

❻90度近く傾いた地層とピレネーの山並み

■ガヴァルニー村

　ルルドから1時間半、ガヴァルニー村の観光案内所に着く（標高1350m）。ここで地図とパンフレットをもらいトレッキングのコースを尋ねる。体調を考えとりあえず往路は歩きやすいメインルートを選ぶ❽。

　案内所を出ると目の前に大岩壁が屏風のようにそそり立っていた❾。大圏谷（円形劇場）の東側部分、3000mを超える山々だ。

歴史ある巡礼者の村

　ガヴァルニー村はキリスト教徒の巡礼路「サンチアゴ・デ・コンポステーラ」の宿泊地としても知られる。巡礼者の多くはこの村で一休みし目の前に聳えるピレネー山脈を越えてスペイン側の聖地に向かう。村はずれの小さな教会や石畳の巡礼路に往時の面影をとどめる。

　歴史のあるこの巡礼路は1998年、日本の熊野古道に先駆けて世界文化遺産に登録された。いずれも大自然の中の険しい山道が修行の場になっている。

■U字谷を歩く

　トレッキングはバス停から圏谷内の大滝まで片道約6㎞、標高差440mを2～3時間かけて歩く。車も通れる歩道はよく整備され歩きやすい。子連れや車イスの家族も見かける。

氷河がつくった散策路

　奥深い大自然のまっただ中まで誰でも気楽に歩いて行ける。考えてみれば不思議なことだ。しかしそれはかつて存在した氷河のおかげだ。

　氷河が流れるとその浸食作用で幅が広く平らな谷底のU字谷ができる。トレッキングコースはこの谷底を進

❾観光案内所の前には大岩壁が立ち塞がる。ガヴァルニー村

❽ガヴァルニー圏谷トレッキングコース

むので傾斜が緩やかで歩きやすく見通しも良い。氷河が私たちの為にトレッキングコースを整備してくれたようなものだ。

絶景ルート

レストランや土産物屋などが並ぶ通りを抜けしばらく進むと圏谷から流れ出す小川に出る。ここは絶景ポイントの一つだ❶。小川のせせらぎを聞きながら真正面に立ちはだかる大岩壁に向かってのんびり歩いて行くのは何とも気持ちがよい。体調のことも忘れてしまいそうだ。

道は川の両側についているが、この先で合流するのでどちらを選んでもよい。

川の右岸にラ・チョーミエールというレストランがある。この手前を左に入るとU字谷の谷壁を進む周遊コースになる❽。眺めはよさそうだが急な坂道を上る必要がある。今日の体調で３００ｍの急登はちょっときつい。それにかなり暑くなってきた。

レストランから10分ほど歩くと小川に架かる石造りの古い橋が見えてくる。アーチ状に石が組まれ美しい曲線を描く橋だ❿。ここから先は1本道となる。

ピレネー国立公園

緩やかな坂道を上り高台に出る。ここから先が世界遺産のピレネー国立公園だ。とはいえゲートや料金所があるわけではなく、世界遺産を示すユネスコの石碑と地形や動植物の説明板が数枚並んでいるだけだ。

この先でこの辺りでは珍しいブナ林を下ってゆくと広い氾濫原に出て道は二つ

❿美しい石造りの橋。文化遺産として注目される

⓫道を横切るせせらぎ。ここから先は草地が続く

に分かれる。右へ折れるとベレヴュー高原経由でガヴァルニーの村へ戻ることになる❽。

迫力を増す大岩壁

村からは細い糸のようにしか見えなかったガヴァルニー大滝がかなり太くなってきた。谷の奥へと進むにつれ正面に立ちはだかる大岩壁が迫力を増すところがこのトレッキングの醍醐味だ。

前方から馬に乗った若いカップルがやって来た。馬上から景色を見ながらのんびり歩くのも楽しそうだ。観光用の馬は初心者でも村はずれの馬舎で借りられる。

道を横切るせせらぎで子ども達が水遊びに興じていた⓫。しかし雪解け水は真夏でもかなり冷たい。この先しばらく広々とした草地が続く。

褶曲する地層と大陸衝突

草地を抜けると谷はしだいに狭くなる。生い茂るマツやトウヒの間からは大きく折れ曲がった複雑な地層が見て取れる⓬。なかには断層でずれた地層もある。

こうした複雑な構造はかつてこの地域に巨大な力が働いたことの証だ。その力は中生代の終わり頃から新生代にかけて始まったアフリカとヨーロッパの大陸衝突に由来するものだ。

大圏谷は大陸衝突という地球の大事変が起きた現場でもある。

樹林帯を抜けると視界が開け、大岩壁と大滝をバックにした洒落たホテル・シルクが見えてくる。そこが円形劇場、ガヴァルニー大圏谷の入り口

⓬大陸衝突による強い力で複雑に折れ曲がった石灰岩の地層

⓭ガヴァルニー大圏谷と大滝。「円形劇場」の謂われがよく分かる

だ。

■氷河が造った大圏谷

ガヴァルニーのバス停からおよそ2時間、標高1570mのホテル・シルクに着く。ホテルは巨大な圏谷が見渡せる見晴らしの良い丘（モレーン）の上にある。

「円形劇場」

ぐるっと半円状に取り囲む巨大な岩壁。圏谷の中に足を踏み入れるとその迫力がいっ気に高まる⑬。

直径6㎞、高さ1700m。周囲にはペルデュ山を始めとする3000m級の山々が連なる。あまりにも巨大過ぎてスケール感があやしくなる。

この巨大凹地はかつて氷河が10万年の歳月をかけて削ったカール（圏谷）だが、古代ローマの円形劇場「コロッセオ」を彷彿させる。

ローランの裂け目

圏谷内からは見えないが、岩壁の右奥には有名なローランの裂け目がある。切り立った石灰岩の稜線の一部が崩れ落ち、高さ100m、幅40mの隙間ができている。この裂け目を通るとスペイン側のオルデサ渓谷へと抜ける③。

■ガヴァルニー大滝

岩壁からは雪解け水が幾筋もの滝となって流れ落ちていた⑬。その中の一つがガヴァルニー大滝（グランカスケード）だ。長さ423mはヨーロッパ最大の落差とされる⑮。

ホテル・シルクから滝を眺めると近そうに感じる。しかし往復に1時間はかかる。落石の多い圏谷内は歩きにくく大滝の直下はかなりきつい上りとなる。

滝の下は水量が少なく意外にも滝壺がない。400m以上落下する間に水しぶきとなり一部が蒸発してしまうからだろう。滝から見下ろすU字谷もすばらしい⑭。

滝でひと息入れ、もと来た道を引き返す。

⑮ヨーロッパ最大落差のガヴァルニー大滝

⑭大滝から振り返るU字谷。小さく人物が見える

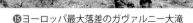

❶６角形の見事な石柱約４万本からなるジャイアンツ・コーズウェイ

４万本の石柱群が織りなす奇景と「巨人の土手道」

⑤ジャイアンツ・コーズウェイ

イギリス　2015.07

DATA

■交通：北アイルランドのベルファストから車で１時間半。鉄道とバスで２時間半

■ベストシーズン：５月～９月

■登録：1986年

■地形：約４万本の石柱・柱状節理。溶岩台地

■地質：古第三紀の玄武岩溶岩と凝灰岩。白亜紀の石灰岩

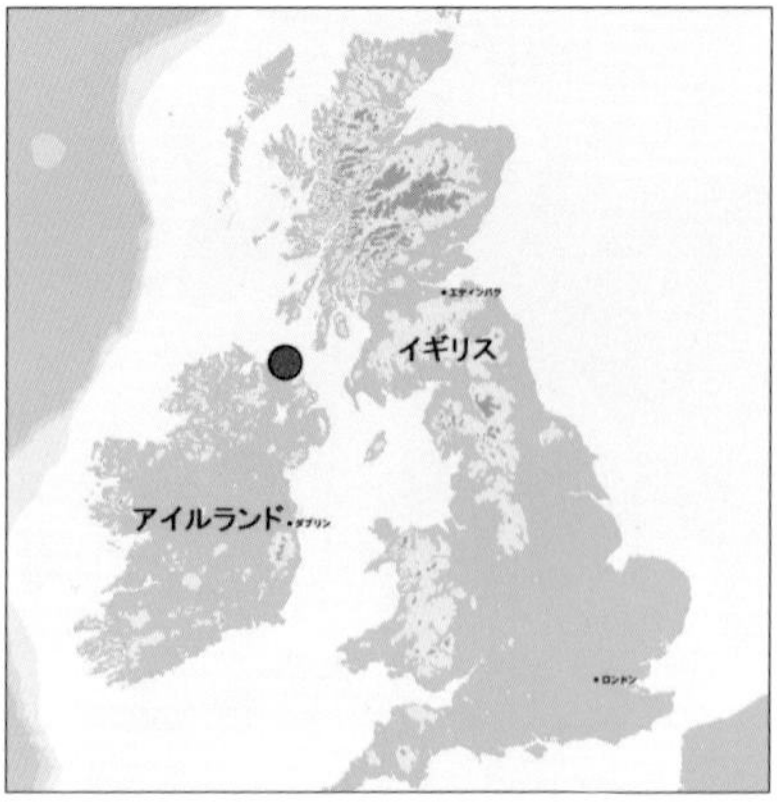

コーズウェイの成り立ち

■4万本の石柱群

北アイルランドの海岸に6角形の不思議な石柱群がある❶。その数ざっと4万本。「巨人の土手道」＝ジャイアンツ・コーズウェイだ。この奇岩に惹かれて世界中から毎年50万人もの観光客がやって来る。

巨人伝説

かつてこの石柱群を目の当たりにした人たちはあまりの数と見事な形にとても自然の造形物とは思えなかったのだろう、この不思議は巨人伝説を生み地名にもなった。

その昔、フィン・マックールとよばれる巨人が対岸のスコットランドに住む巨人との戦いに備え石柱の土手道を造ったというのだ。

■柱状節理

今ではこの様な石柱は柱状節理とよばれ、玄武岩や安山岩質の溶岩が冷え固まる際にできることは広く知られる。日本でも福井の東尋坊や兵庫の玄武洞など各地に見られ、さほど珍しいものではない。

しかしここはその規模が違う。海岸沿いに延々8㎞にわたって続く。氷河と大西洋の荒波が高さ30～80mにもなる断崖絶壁をつくり、壮大な石柱群が姿を現したのだ。

■2回の大規模噴火

最初の溶岩は6000万年前に噴火した❷。その後200万年ほどの休止期を挟んで「コーズウェイ玄武岩」が噴出。この溶岩が見事な石柱群を造り出したのだ。

大陸の分裂

この大規模な噴火は超大陸パンゲアがヨーロッパと北アメリカへと分裂し始めた頃の火山活動とされる。その痕跡はスコットランドやグリーンランド東部でも見られる。

コーズウェイを歩きながら大陸分裂の物語にも想いを巡らせてみたい。

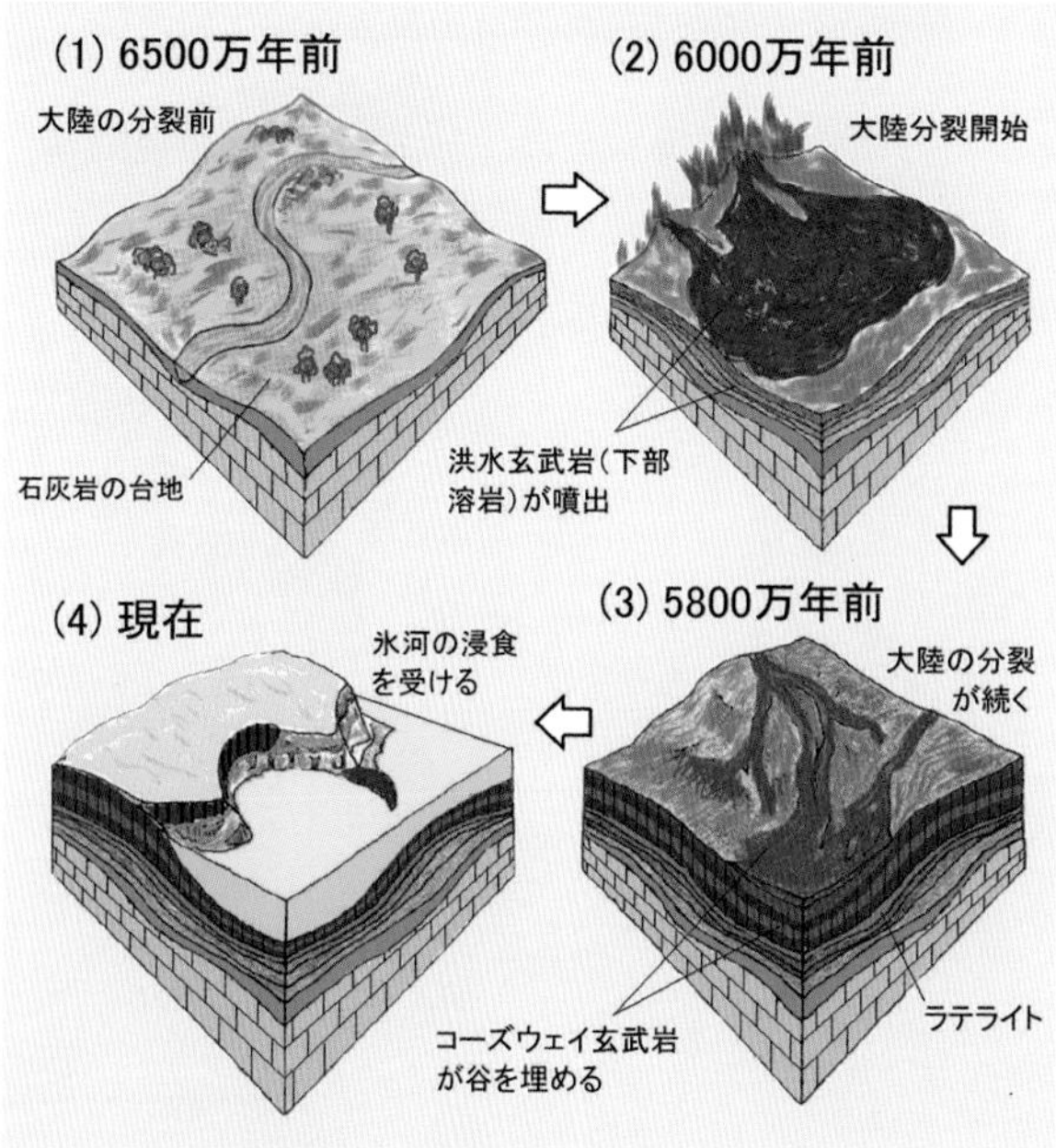

❷コーズウェイのでき方。大規模な噴火が２回あった

コーズウェイの見どころを歩く

ジャイアンツ・コーズウェイは北アイルランドのベルファスト国際空港からバスと電車を乗り継いで約3時間。ランブラーでバスを降りると柱状節理を模した黒いビジターセンターが見えてくる。

■ビジターセンター〜海岸

ジャイアンツ・コーズウェイの散策路はそのビジターセンターから始まる❹。

センターには売店やレストランがあり日本語の地図やパンフレットがもらえる。ビデオや展示はコーズウェイの成り立ちの理解の助けになる。

散策路の入口はセンターの奥にあった。ここで入場料約1500円を支払い無料の日本語オーディオガイドを借りる。

入口からジャイアンツ・コーズウェイまではおよそ1㎞。有料（1£）のバスが走っているが波風の穏やかな日には景色を見ながら歩いてみるのもよい。

ラクダの背と大陸分裂

緩やかな坂道を下って行くと左手にネイボー湾が見えてくる❹。海辺の崖をおおう緑が色鮮やかで美しい。

この辺りは最初に噴火した下部玄武岩が分布し、石柱はまだ見られない。

湾の中ほどにはラクダそっくりの小島が突き出す❸❹。板状に貫入したマグ

❸ネイボー湾とラクダの形をした岩脈（左奥）

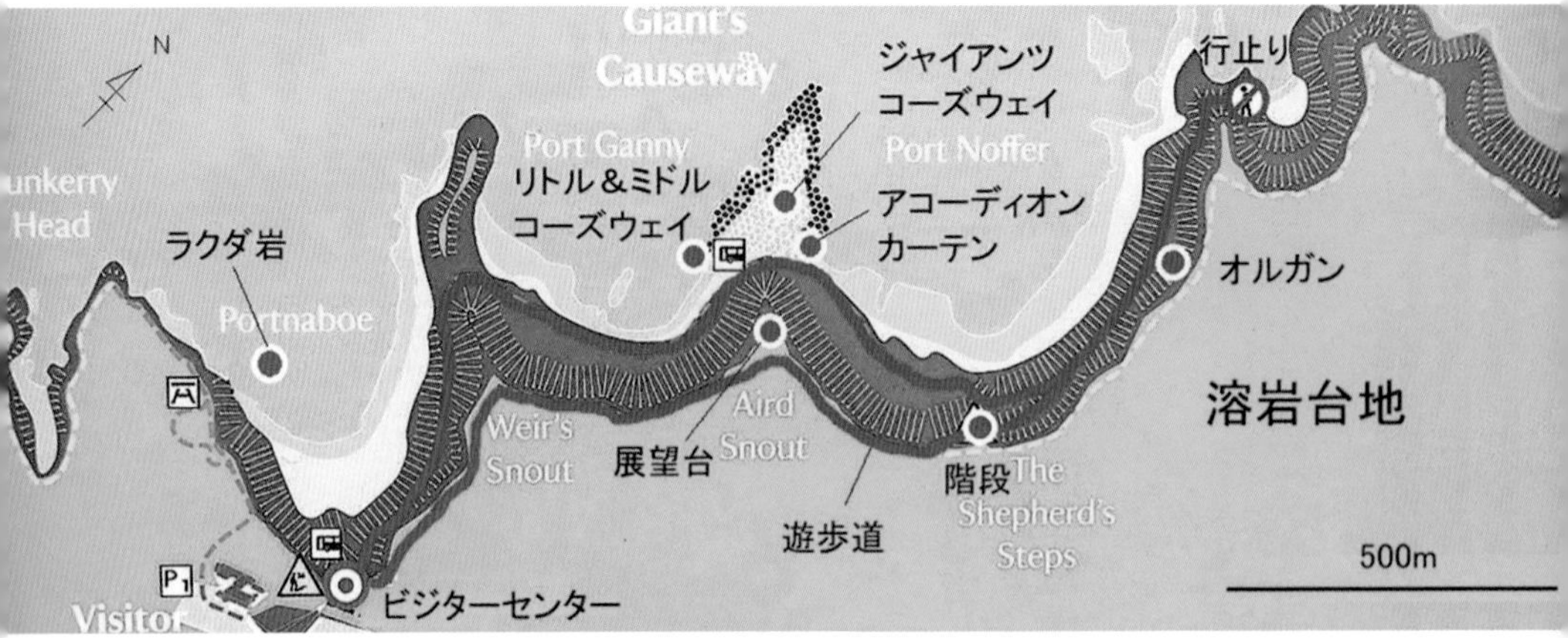

❹コーズウェイの散策路。海岸沿いと崖の上（溶岩台地）の2つのコースがある

マが冷えて固まった岩脈を波風が削ってできた自然の造形物だ。

コーズウェイにはこうした岩脈が多い。しかも大半が北西―南東方向に伸びている。

実はこの方向は超大陸パンゲアが引き裂かれたときの割れ目の方向と一致するという。コーズウェイのマグマは大陸の分裂に伴って発生し上昇してきたのだ。

ラテライトと溶岩

最初の角を右に曲がると次のギャニー湾に出る❹。この先からは石柱群が姿を現し赤いラテライトの層が目につくようになる❺。

コーズウェイでは下部玄武岩とコーズウェイ玄武岩の2種類の溶岩が見られる❻。ラテライトは鉄分に富む下部玄武岩が噴火活動の休止期間中に風化し赤くなったもので、2つの溶岩の間に挟まれる。赤は鉄サビの色だ。ラテライトを目印にして景色を眺めると溶岩の関係やコーズウェイの成り立ちが理解しやすい。

■ジャイアンツコーズウェイ

海に突き出た細長い岬に大勢の人が集まっている。その足下には無数の石柱群。ジャイアンツ・コーズウェイだ。

❺ジャイアンツ・コーズウェイ。赤いラテライトが目を引く

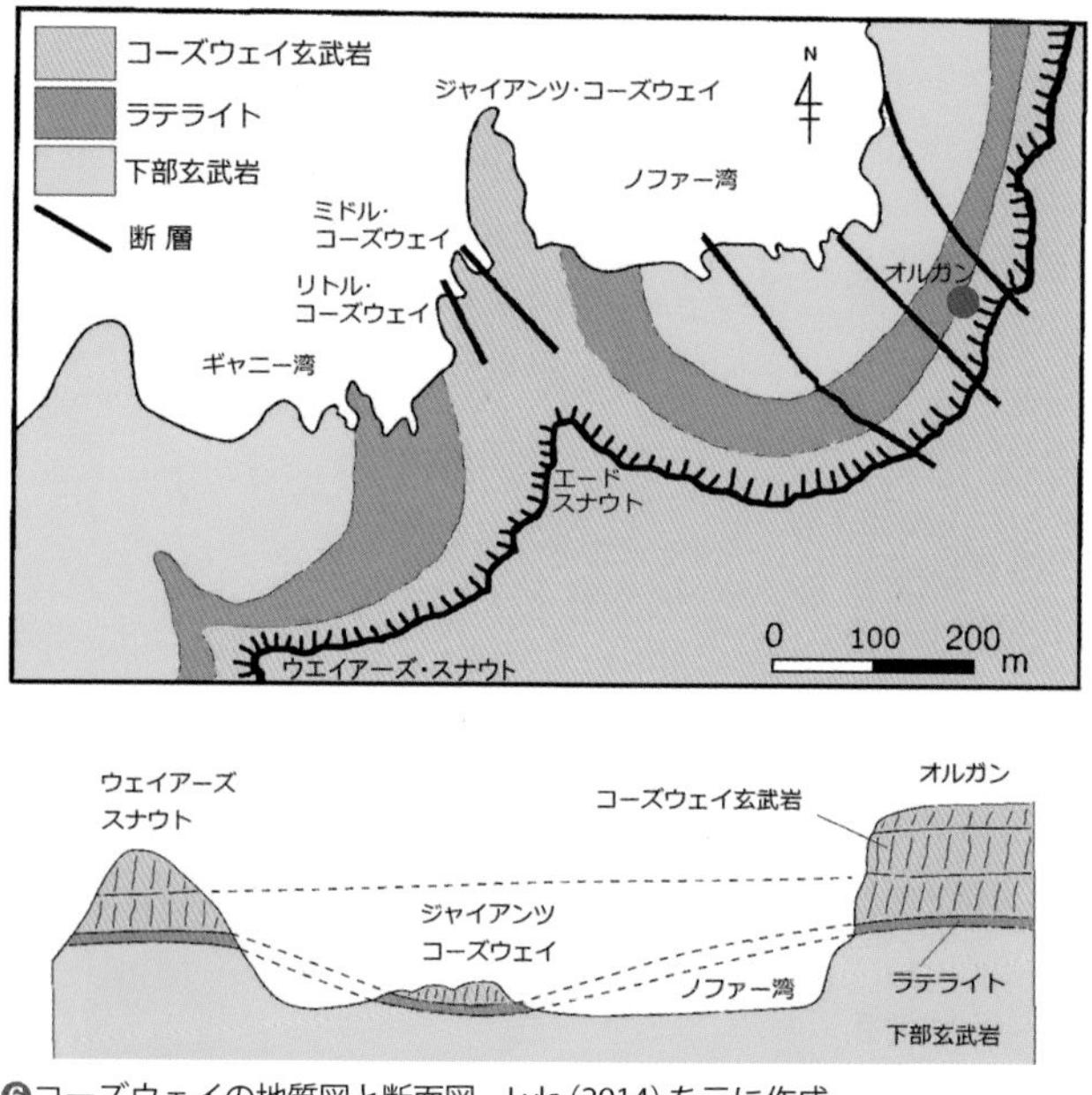

❻コーズウェイの地質図と断面図。Lyle（2014）を元に作成

谷を埋めた溶岩流

更に同じ石柱群が背後の崖の赤い層の上にも見える❺。

同じコーズウェイ玄武岩が波打ち際にも高い所にもある、その理由はガイドブックの断面図を見ると分かる。

コーズウェイ玄武岩が噴出したとき、この辺りには下部玄武岩の谷があり、溶岩はその谷を埋めるように流れた❷。その後、波風によって溶岩が大きく削られ、現在は高い所と低い所に分かれて見えているのだ❻。

一方の赤い層の下にある下部玄武岩は水平に4層、5層と積み重なり何度も噴火を繰り返したことが窺える❺。

大中小のコーズウェイ

コーズウェイは大中小3つの岬からなる❻。車道から遊歩道に入って最初の岬がリトル・コーズウェイだ。伝説では巨人がジャイアンツ・コーズウェイを造る練習をした場所とされる。規模も小さく石柱も目立たないため、うっかりすると見逃してしまう。

こんもり盛り上がった小山のような岬がミドル・コーズウェイだ❼。「蜂の巣」ともよばれ、形や大きさが整った6角形の石柱群は本物の蜂の巣にそっくり❽。見事な柱状節理だ。

ジャイアンツ・コーズウェイはそのすぐ隣にある。長さ150m、幅50m。美しい石柱群が沖に向かって延び、先端は対岸のスコットランドを指さすかのように湾曲する❾。「巨人の土手道」伝説はこの

❼ミドル・コーズウェイ。形の整った美しい石柱群からなる

壮大な眺めから生まれたのだろう。

「巨人の土手道」を歩く

石柱の上は凸凹があって思いのほか歩きにくく巨人のようにはいかない。足元に注意しないと段差に足を取られつまづきそうになる。みんなうつむいて慎重に歩いている。

しかし慣れてくると意外と楽しい。石伝いにテンポ良く小川を渡るような感じだ。とはいえ色が黒いところは波を被って濡れおり滑りやすい。

大陸分裂の名残

現在「巨人の土手道」の先には大西洋が広がる。しかしこの石柱群が出来た頃は近くに北米大陸やグリーンランドがあったはずだ。その後、6000万年の時をかけて大西洋が拡大し遠くへ去ってしまったのだ。巨人の土手道は大陸分裂の証人でもある。

■柱状節理のできかた

それにしてもこの見事な石柱「柱状節理」はどのようにしてできたのだろう。

噴出した溶岩が冷えて割れ目が入っていく様子を実際に観察することは難しい。しか

❽ミドル・コーズウェイの石柱。まるで蜂の巣のようだ

❾ジャイアンツ・コーズウェイ。幅50m、長さ150m。全て形の整った石柱からなる

しよく似た例が身近にある。水田や池などに溜まった泥だ。

　水田が干上がると泥の表面に亀の甲羅のような割れ目が入る。泥が乾燥して固まるときに収縮するからだ。これと同じようなことが溶岩でも起きると考えられる。

理想的な6角形

　高温の溶岩が冷え始めるとまず表面に3叉の割れ目ができる⑩。この割れ目と隣の割れ目がつながると4角形や5角形など様々な形が出来る。その際、6角形が組み合わさると隙間ができにくい。6角形が多いのはそのためだ。

　さらに溶岩が冷えてゆくと割れ目は下の方へも進むため石柱が造られる。同時に石柱の高さも縮むため水平な割れ目ができるというわけだ。

■変わりやすい天気

　大西洋に面したコーズウェイは天気が変わりやすい。日が差していると思っていたら急に冷たい雨が降り出した。滑りやすくなった足元を確かめながら遊歩道へ戻る。

■アコーディオンカーテン

　岬の付け根にアコーディオンカーテンのような岩壁がある⑪。高さ10m、幅30m。水平な割れ目と小さな穴がたくさん見られ、溶岩が冷え固まる際に収縮し火山ガスが抜けていった様子が読み取れる。ナットを積み上げたような石柱が見事で美しい⑪。

■「巨人のオルガン」

この先の崖道を上って行くと、中腹にパイプオルガンのような見事な石柱群がある⑫。波打ち際で見たジャイアンツ・コーズウェイの溶岩がここへ続くのだ⑥。石

⑪ジャイアンツ・コーズウェイの南東側の岩壁。アコーディオンカーテンのようだ

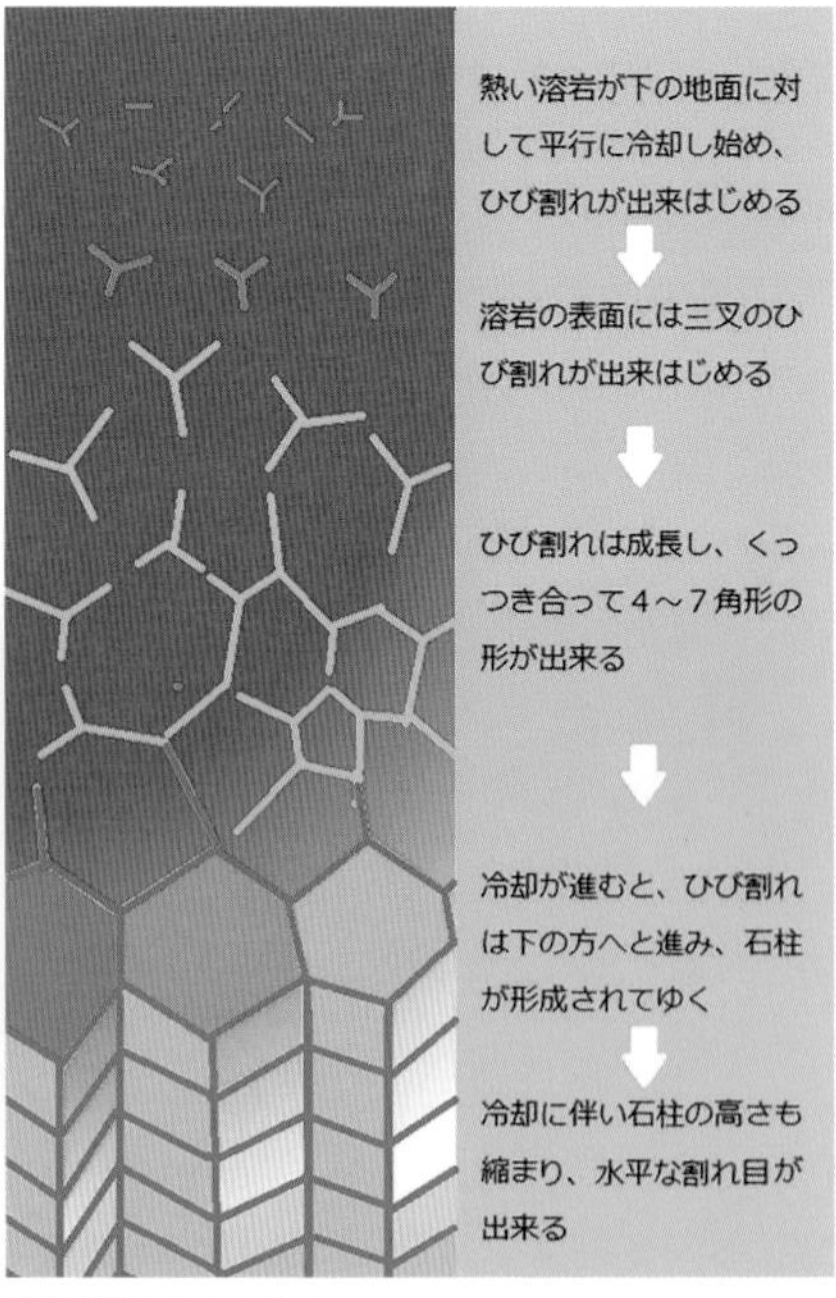
熱い溶岩が下の地面に対して平行に冷却し始め、ひび割れが出来はじめる
溶岩の表面には三叉のひび割れが出来はじめる
ひび割れは成長し、くっつき合って4～7角形の形が出来る
冷却が進むと、ひび割れは下の方へと進み、石柱が形成されてゆく
冷却に伴い石柱の高さも縮まり、水平な割れ目が出来る

⑩柱状節理のでき方

柱の上部はごつごつした溶岩の塊がオーバーハングし今にも落ちてきそうで危なっかしい。

赤いラテライト層に沿って道を進むとやがて落石のため行き止まりになる。この奥には節理の発達したコーズウェイ玄武岩が3層見える。

■緑豊かな溶岩台地

道を引き返し階段を上って行くと崖の上の遊歩道に出る。ここから見下ろすコーズウェイもまた素晴らしい❾。

崖の上には荒々しい海岸とは対照的に緑豊かな溶岩台地が広がっていた⓭。

ここから西へ進むとビジターセンターに戻る。

⓬「オルガン」とよばれる見事な柱状節理

⓭コーズウェイ玄武岩からなる溶岩台地には美しい緑の田園が広がる

❶ブルカノ島から望むエオリア諸島。中央がリパリ島、左奥がサリーナ島

7つの火山島が連なるリゾートアイランズ

⑥エオリア諸島

イタリア　2015.08

DATA

■交通：いずれも船で、ナポリから４時間、メッシーナから１．５時間、ミラッツオから１時間。冬季は便数が減る

■ベストシーズン：７月〜９月

■登録：2002年

■地形：火山地形など

■地質：新生代第四紀の火山岩。多くの島は70万年前以降の噴火でできた

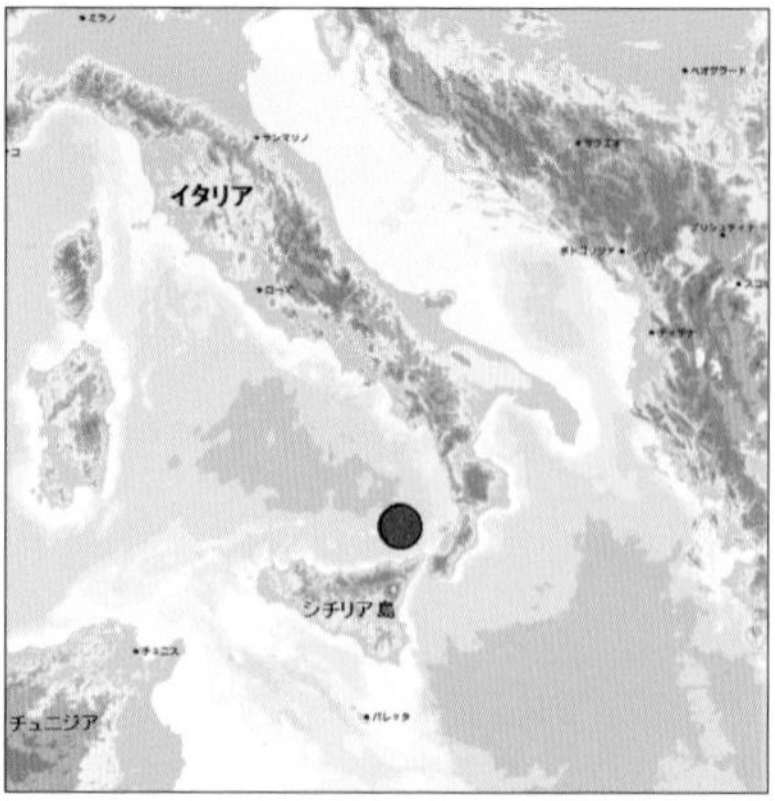

エオリア諸島の成り立ち

長靴のような形をしたイタリア。その甲の上に世界自然遺産エオリア諸島がある❸。観光客はさほど多くはなく、のんびりした雰囲気が楽しめるリゾートアイランズだ❶。

■世界の火山の代表

エオリア諸島は全て火山からなる。碧く澄んだティレニア海に加え温泉や盛んに溶岩を噴き上げる噴火も見ものだ。

ストロンボリ式噴火

なかでもストロンボリ火山は世界にその名が知られる。火山の噴火は多種多様で様々なタイプが知られるが、熱いマグマの破片を噴水のように吹き上げる比較的穏やかな噴火を一般に「ストロンボリ式噴火」と呼んでいるからだ。日本では伊豆大島の三原山などで見られる。

ストロンボリ火山は数10分に1回のペースで噴火を繰り返すため、噴火見物を目的にやってくる観光客も多い。

ブルカノ式噴火

またブルカノ島も噴石を飛ばす爆発的な「ブルカノ式噴火」のタイプ名で知られる。

■エオリア諸島の成り立ち

エオリア諸島には7つの火山島が並んでいる。実はこの配列が長く研究者を悩ませてきた。日本の火山のようには並ばず途中でYの字形に枝分かれしている。その理由が良く分からないのだ。

プレートの沈み込み

イタリアはプレート境界にあるため地震や火山が多く、エオリア諸島はアフリカプレートの衝突沈み込みによってできたと考えられる❷。しかしその沈み込み口はUの字形に大きく

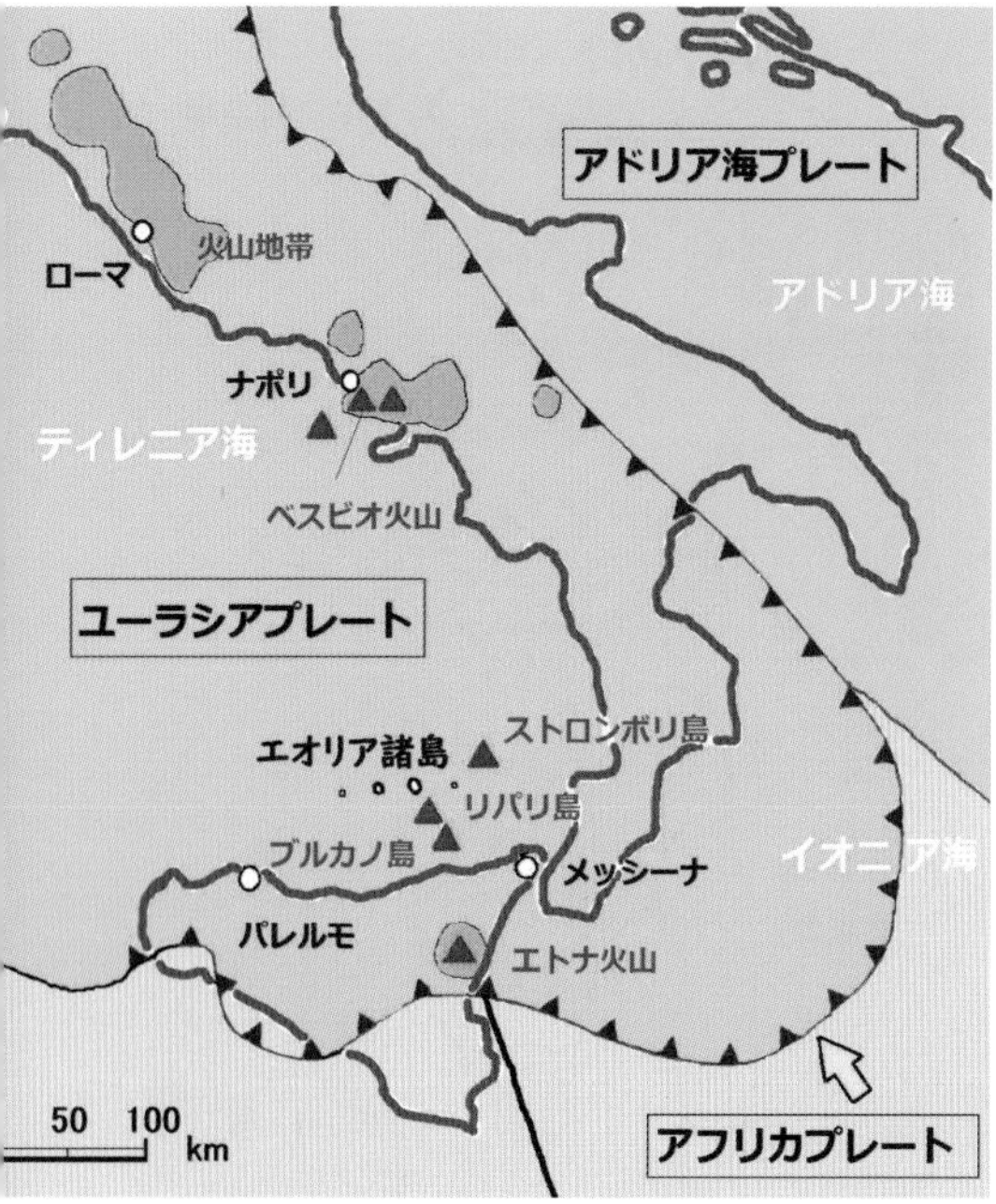

❸エオリア諸島とイタリアの火山テクトニック環境

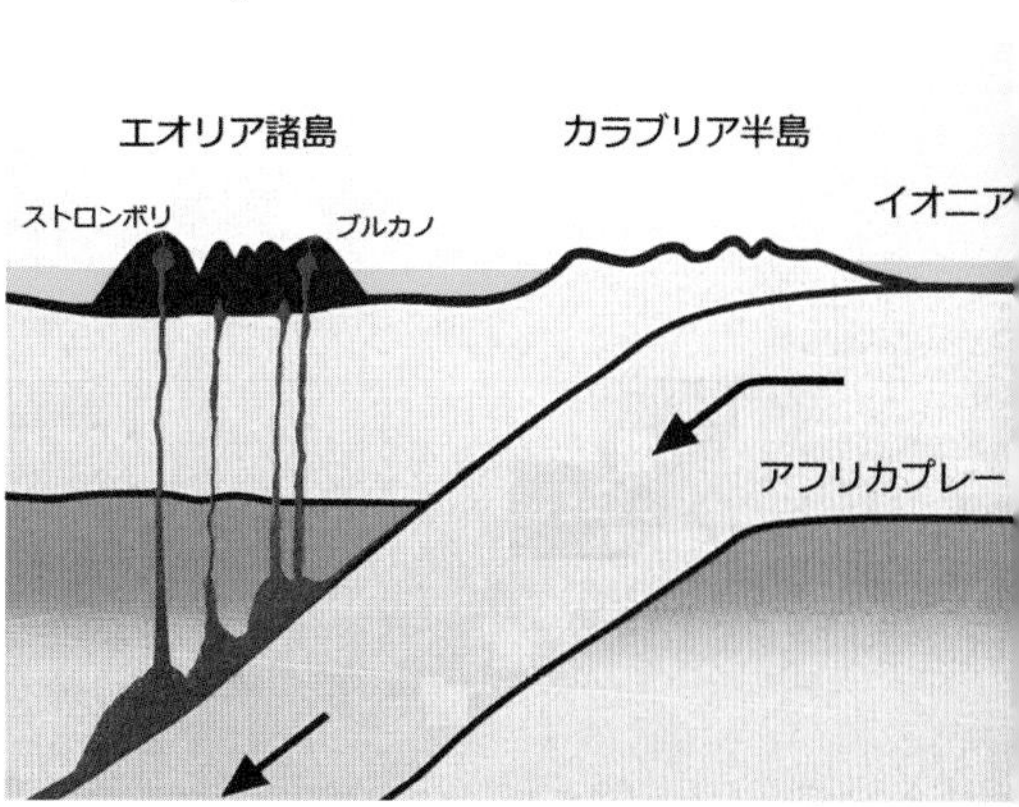

❷エオリア諸島形成の仕組み。INGVを元に作成

く湾曲する❸。このことが火山島のＹの字配列に関係していそうだがまだよく分かっていない。

黒曜石の島・リパリ島

■リパリ島

リパリ島はエオリア諸島で最大の島だ。島には宿泊施設が多く他の島への移動にも便利なためエオリア諸島の観光拠点ともなっている。

島への交通手段は船のみ。シチリア島から1～2時間、ナポリから4時間ほどだ。

リパリ島の歴史は古い。良質の黒曜石が採れるため石器時代から人が定住していたという。リパリ島が近づくと見えてくる城塞や大聖堂がこの島の歴史を感じさせる。

リパリ島は南北10㎞、東西7㎞ほどの小さな島だ❹。島内の観光にはレンタバイクやバスが利用できる。

リパリ地区

港があるリパリ島で最も大きな町❺。ノルマン時代の大聖堂や高台に築かれた16世紀の城塞、考古学博物館などの見どころがある。またレストランやホテル、ツアー会社などもこの地区に集中する。

ビーチ

リパリの北3㎞にあるカンネットや北部のアクアカルダには美しいビーチがあり海水浴客で賑わう❹。しかし砂浜が少なく波に洗われた溶岩や軽石が多いので裸足では痛くて歩きにくい。

クアトロオッキ展望台

島の南西部、クアトロオッキは島きっての絶景ポイントとして知られる。ティレニア海に沈む夕日が美しい

■リパライト

リパリ島の目玉の一

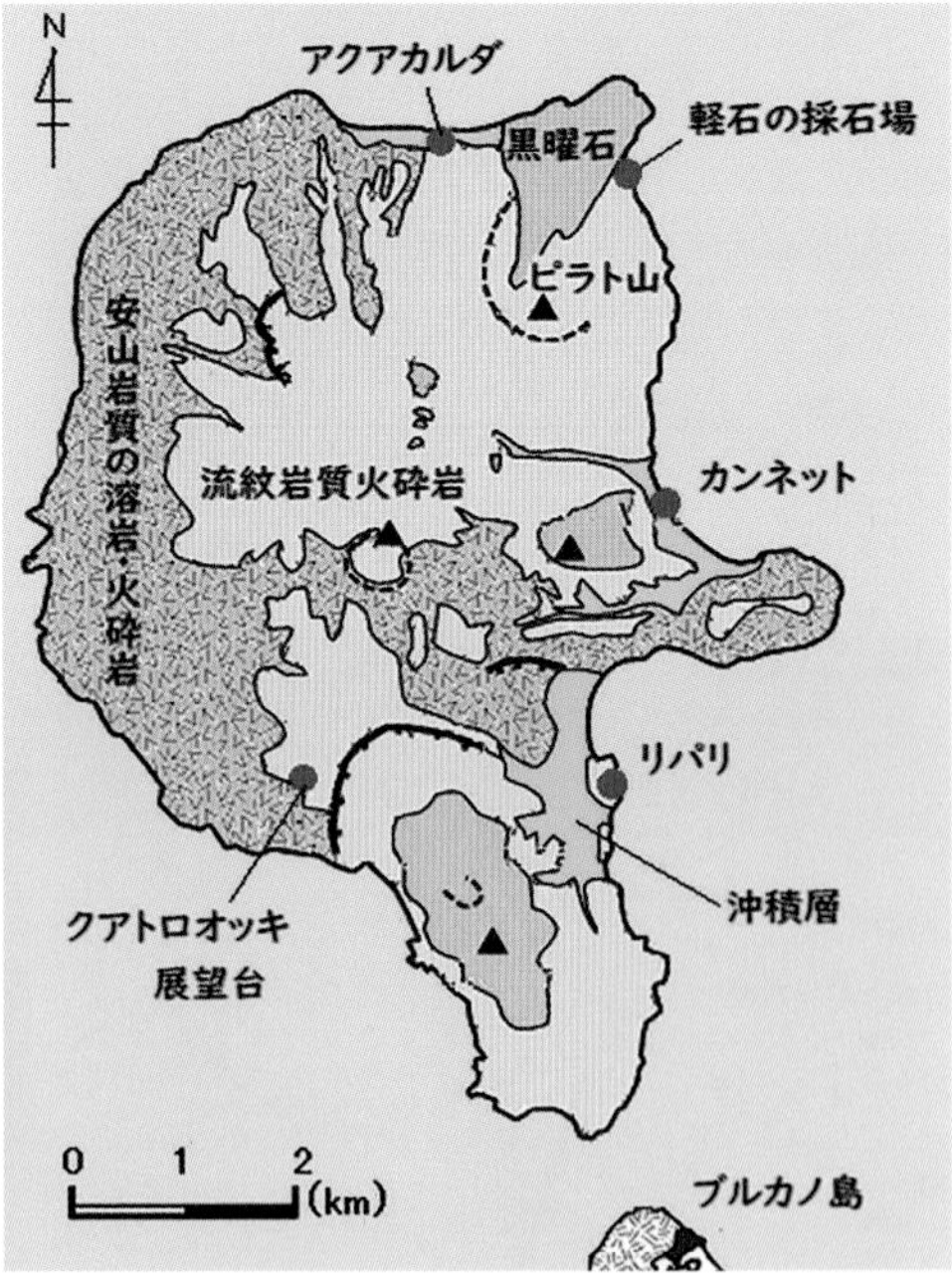

❹リパリ島の地質図。Okuma,et al. (2006) を元に作成

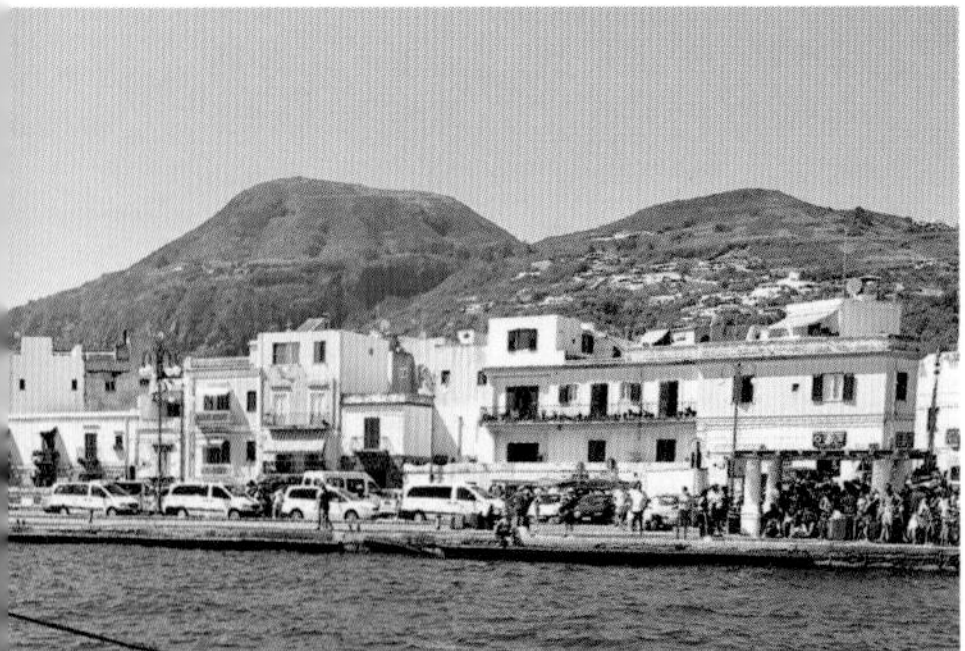

❺リパリの港と町並み。背後は約４万年前の溶岩ドーム

つはこの島名がその名の由来となったリパライト（流紋岩の一種）だ。かつてリパライトの軽石はレンズの磨き粉として世界の一流メーカーに輸出されていた。しかしこの島が世界自然遺産に登録されてからは採石禁止になっている。

採石場跡

採石場跡は島の北東部、リパリからバスで30分ほどにある❹。目の前には紺碧の海が広がり、遠く水平線の上にパナレア島とストロンボリ島が浮かぶ風光明媚な場所だ。

白い砂浜には海水浴を楽しむ人たちがいた❻。地中海のきらめく太陽と波静かな海。ここにはゆったりとした時間が流れているようだ。

その一方で背後の山は大きく削られ白い層がむき出しになっている❼。軽石の採石場跡だ。

岩山の麓に廃墟となった加工場があった❼。軽石の粉袋が積み上げられた倉庫、書類や事務機器が乱雑に放置された事務室…。かつての繁栄ぶりが偲ばれる。

建物の裏の採石場に行ってみた。水平に堆積した白い軽石は手で簡単に潰せるほど脆い。この性質と成分が研磨剤に適していたのだろう。

噴火活動

この軽石は9500年前、背後のピラト山の噴火で降り積もったものだ。リパリ島は10万年前以降4回の大噴火でできたとされるが、ここ600年、噴火は起きていない。

❻リパライトの白い砂浜。左奥は溶岩ドーム、右奥はパナレア島

❼雪のように白い軽石の採石場跡と旧加工場。白枠内はリパライト

「ボルケイノ」の語源となったブルカノ島

　ブルカノ島はリパリ島の南、船で約10分のところにある。エオリア諸島で最も南に位置し温泉と雄大な噴火口に人気がある。またこの島は英語「ボルケイノ（火山）」の語源になったことでも知られる。

　船が港に着くとすぐイオウ臭が鼻をつく。目の前には活動的で荒々しいフォッサ丘❽。この島が活火山の島であることを実感する。

■泥と海の温泉

　泥温泉はレヴァンテ港のすぐ後ろにある。

　直径30mほどの凹地のなかに水着をつけた入浴客が10数人❾。全身に泥を塗ったトップレスの若い女性もいる。

　温泉はかなりぬるい。底から湧き上がる泡は硫化水素の臭いがする。海水とイオウ、粘土が混じった弱酸性のこの泥温泉は関節炎や皮膚病に効能があるという。

　泥温泉の隣には珍しい海中温泉がある。海底から湧き出す熱水はかなり熱い。波に揺られながら温泉と海水浴を同時に楽しめるのは活火山ブルカノ島ならではだ。

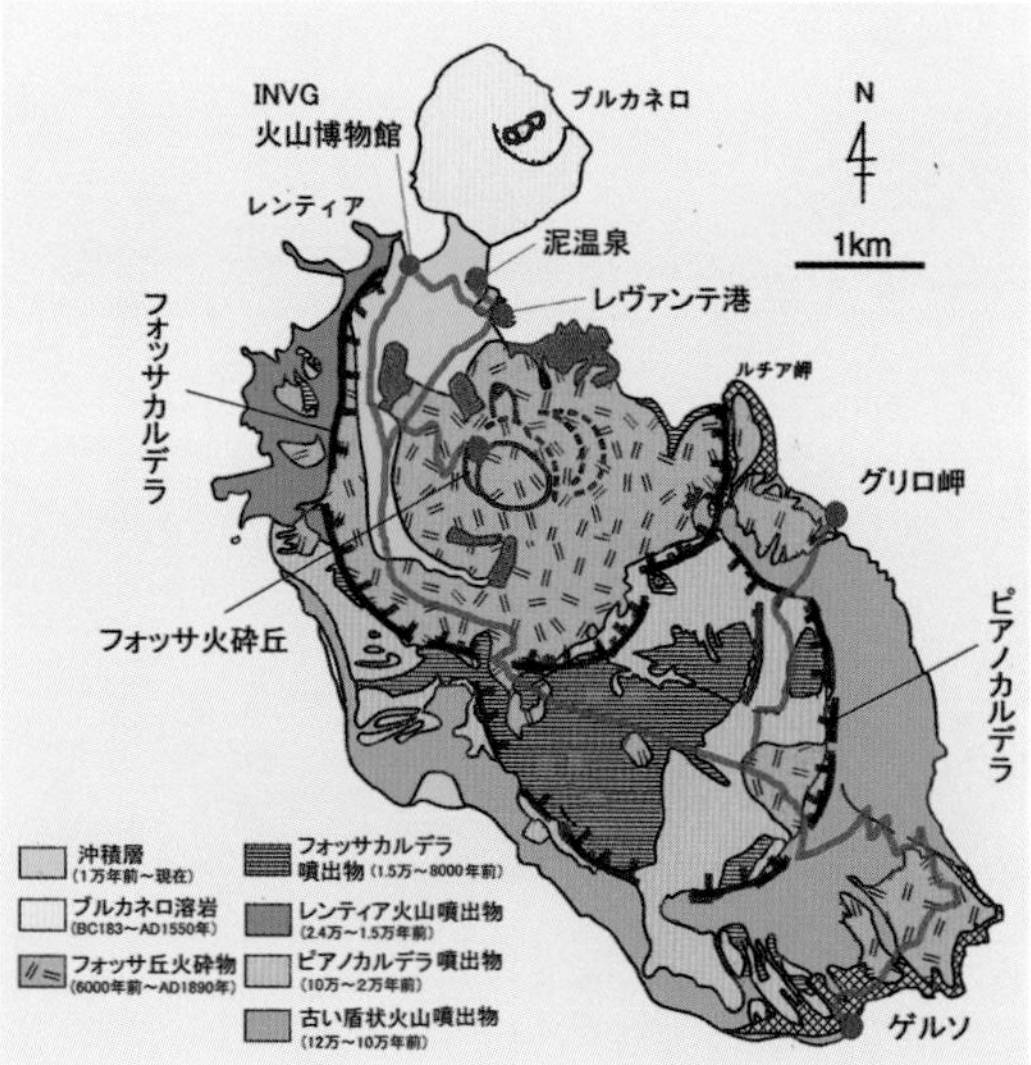

❽ブルカノ島の地質図。古川他（2001）を元に作成

❾泥温泉。弱酸性であるため長くは浸かれない。右隣には海中温泉がある

■島の成り立ち

12万年前

最初の活動は12万年前に島の南東部で始まった。粘り気の小さい玄武岩質の溶岩を噴出し盾状火山を形成。このとき直径3kmほどのピアノカルデラができた❽。

2万年前

2万年前になると活動は島の北西部に移り、流紋岩質の溶岩ドームと直径3kmほどのフォッサカルデラを形成。その後カルデラ内でフォッサ火砕丘（ブルカノ山）が活動を始めた。しかし1890年以降、噴火は起きていない。

紀元前2世紀

一方島の北で紀元前2世紀、新たな島ブルカネロが誕生。しかし16世紀に砂州ができたため今ではブルカノ島と陸続きになっている。

■ブルカノ島縦断

レヴァンテ港でバイクを借り島の最南端に向かう。住民400人の小さな島だけに車も少なくのんびり走れる。

フォッサカルデラ

左にフォッサ丘を見ながら真っすぐ進んでゆくとやがて急な上り坂となる。フォッサカルデラのカルデラ壁だ❽。

峠から振り返るとフォッサ丘の奥にサリーナ、パナレア、ストロンボリの島々が望める⓫。いずれも均整のとれた美しい成層火山だ。

目をこらすと時おりストロンボリ島から黒い噴煙が上がる。夜には赤く輝いて見えるはずだ。

ピアノカルデラ

峠を越えるとブドウやオリーブなどの果樹園が広がる高原に出る。平らな高原はピアノカルデラの

❿ゲルソの村から対岸のシチリア島とエトナ火山を望む

⓫ブルカノ式噴火の名前の由来となったフォッサ火砕丘（ブルカノ火山391m）と火山島

内部を埋めたかつての溶岩湖だ。

カルデラを横切ると下り坂になり眼下にティレニア海が広がる。外輪山の南東斜面に出たのだ。道沿いにはブーゲンビリアやカッペリなど色とりどりの草花が美しい。

最南端の港ゲルソ

のんびり走って1時間半。ブルカノ島最南端の小さな港ゲルソに着く❽。人影のない静かな海。背後にブドウ畑が広がる。対岸にはシチリア島と活火山エトナが霞んで見える❿。眺めの良い村だ。

帰りはリパリ島が見渡せるグリロ岬に立ち寄りレバンティ港へ戻る❶❽。

■大噴火口トレッキング

島の見どころの一つフォッサ大噴火口。この火口は6000年ほど前から何度も噴火を繰り返してきた。火口へ上る際には有毒ガスと暑さへの注意がいる。登山道には日陰がない。

レバンティ港から登山口までは徒歩10分。上り始めはルーズな火山礫に難儀する。しかし上るにつれ眺望が開け遠くの島々が見えてくる⓬。

ブルカノ式噴火

日本の桜島や阿蘇山は時々爆発的な「ブルカノ式噴火」をする。1888～90年のブルカノ山（＝フォッサ丘）の噴火と同じタイプという意味だ。この噴火では噴煙が高く吹き上がり火山弾や軽石を降らせる。

8合目辺りで登山道を大きく右に曲がり広い斜面に出ると大小無数の角礫が散らばる。ブルカノ式噴火の噴出物だ。中には4m近い巨大な噴石もありブルカノ式噴火の激しさが伝わってくる。

50分ほどで大噴火口に着く。直径500mを超える巨大な穴に圧倒される⓭。火口壁には黄色いイオウが付着し白い煙を上げている。地下では今なおマグマがうごめいているのだ。

有毒ガスに用心してガスが流れてこない風上側にまわり、しばらく眺めを楽しむ。

⓭フォッサ丘の大火口と火山弾（直径約1.5m）

⓬左上サリナ、中央上リパリ、右上パナレアの各火山

「地中海の灯台」ストロンボリ火山

ストロンボリ火山は古くから「地中海の灯台」とよばれ船乗りたちに親しまれてきた。一定の間隔で噴火をくり返し夜空に赤く美しい光を放つからだ。今でも近くで噴火見物ができるとあって観光客の人気が高い。

■白亜の町

ストロンボリ島はリパリ島から船で1～2時間ほどにある。どの方向から眺めても円錐形に見える成層火山だ⑭。そのため平地に乏しく住民は島の北東部と南西部の2ヶ所に400人ほどしかいない。

町はギリシャ文化の影響を色濃く受ける。白壁の建物が日の光を浴びると青い空に映え眩しく映る。時おり狭い路地を小型の電気三輪車やカートが行き交う⑮。

■島の成り立ち

島は海抜924m。それほど高くはないが海底から測ると2500mに達し、実は大きな火山なのだ。

この島が海面の上に姿を現したのは8.5万年前で比較的新しい。島の南東部にこの頃の山体の一部が残る⑯。その後、島は北や西の方へと成長し今の姿が形造られていった。

現在の噴火口は5000年前に山体崩壊してできた馬蹄形の凹地シアーラ・デル・フォーコの上部にある⑯。

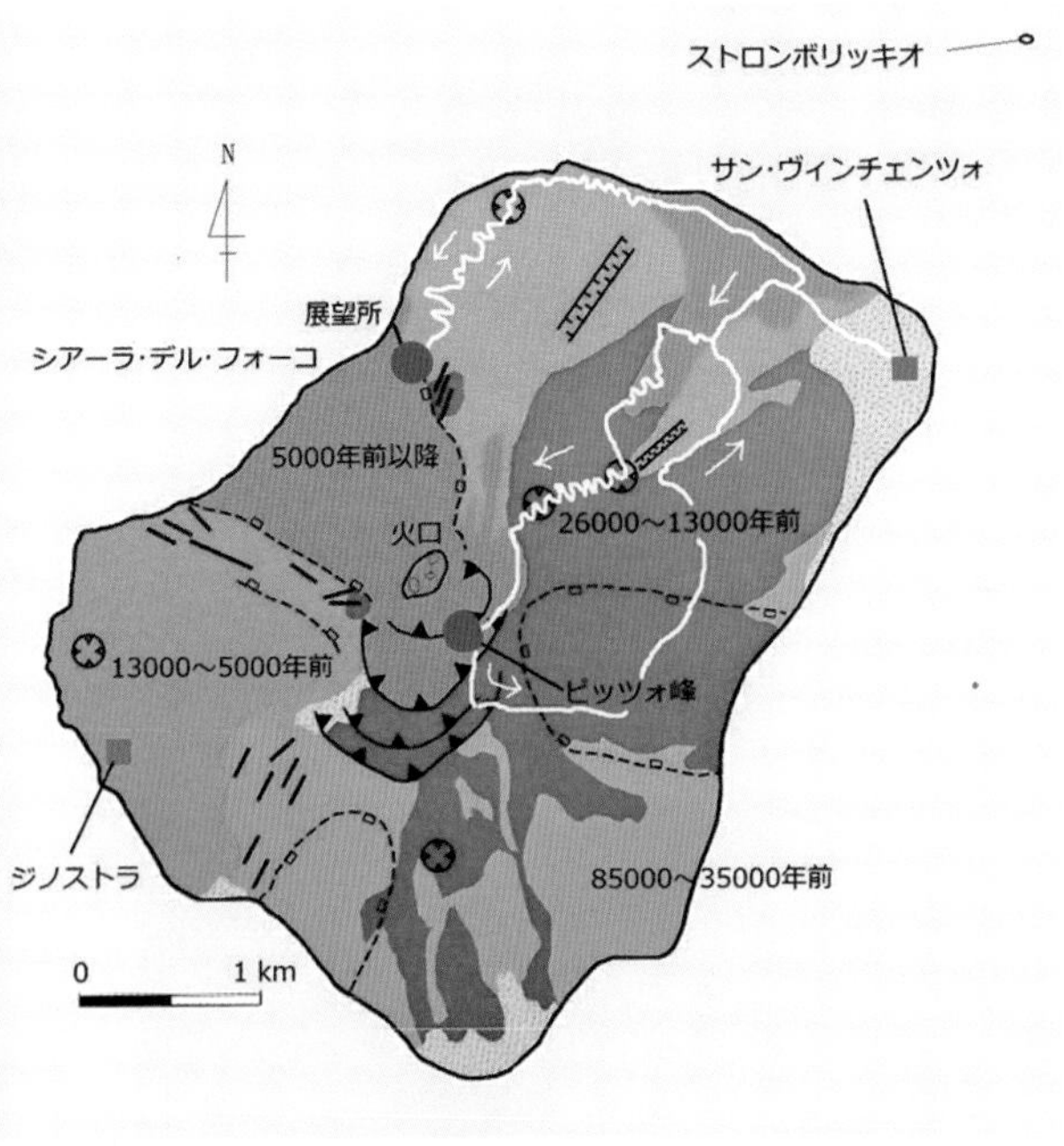

⑯ストロンボリ島の地質図と登山ルート。INGVの図を改変

⑭成層火山ストロンボリ島。924m

⑮幅の狭い目抜き通り。白壁が眩しい

■噴火見物①～山頂展望台

ストロンボリ火山の噴火は溶岩が赤く映える夜が美しい。観光船で海から眺めるか、山に登り山頂付近から見るかのいずれかだ。登山の場合は噴火のリスクを伴うため公認ガイド付でないと登れない。

ガイド付ツアー

ツアーは夕方6時の出発。3時間かけて標高918mのピッツォ峠を目指す。

歩き始めは森の中を上ってゆくが、やがて背丈の低い灌木から草地へと変わる。標高400mを越えると植生のない裸地となる⑰。

眼下に見える白い町並みと黒い砂浜、そして碧《あお》い海。そのコントラストが美しい⑱。足下にはいろんな形の火山弾やスコリア（軽石）が落ちている。熱いマグマの沫《しぶき》が飛んできたのだ。

1時間ほどで5合目に到着。午後7時。夏の空はまだ明るい。夜に備え軽食を取る。最後は急なガレ場をジグザグいっ気に高度を上げる。

ピッツォ峠展望台

20：20。予定より30分早くピッツォ峠の展望台に着く。しかしあいにくの厚い雲。噴火の音すら聞こえない。

21：00。変化なし。しだいにイオウの臭いが強くなり、防毒マスクを付けていても咳がでる。長居は危険だ。

21：10。ガイドの判断で下

⑰ストロンボリ火山登山口。登るにつれ植生が変わる

⑱海抜400m を越えると裸地になる。眼下に白い街並みが見える

山開始。砂地の斜面を駆けるように下り1時間半ほどで麓に着く。空には満天の星が輝いていた。900mを超える山頂は雲がかかりやすいのだ。

■噴火見物②〜山腹展望台

翌日、海岸沿いの西側ルートから再度見物を試みる⑯。標高400mの展望所までであればガイドはいらない。

シアーラ・デル・フォーコ

午後6時。宿を出発。2時間半でシアーラ・デル・フォーコ（火走り）の展望所に到着⑳。噴火と日没の両方が楽しめる絶景ポイントだ。

「シュー、ゴーッ」。噴火は15〜20分に1回。真っ赤な溶岩を噴水の様に吹き上げ、花火の様にチリチリと消えてゆく⑲。漆黒《しっこく》の闇の中で繰り広げられる噴火は幻想的で忘れがたい体験となった。

■噴火と備え

この島は2500年もの間、休まず噴火を続けてきた。時に大きな噴火が起きて溶岩流を流したり斜面が崩壊して津波を発生させる。2002年には噴火に伴い11mの津波が発生、住民に被害がでた。

火山博物館と観測所

島には火山研究所（INGV）の博物館や観測所がある。

博物館を訪ねると学生が英語で火山の解説をしてくれた。これは夏休みの課題だという。未来の研究者たちが気楽に市民と語りあう、火山国イタリアで防災意識の向上にも一役買う優れた取り組みだ。

火山観測所では即席の申請書の提出で見学許可が下りた。案内してくれたのは九州の火山観測所に留学経験をもつ若い研究者だった。

⑳夕暮のシアーラ・デル・フォーコ。時おり溶岩片が馬蹄形の崩壊谷を海まで転がり落ちる。左上にいくつか噴火口がある

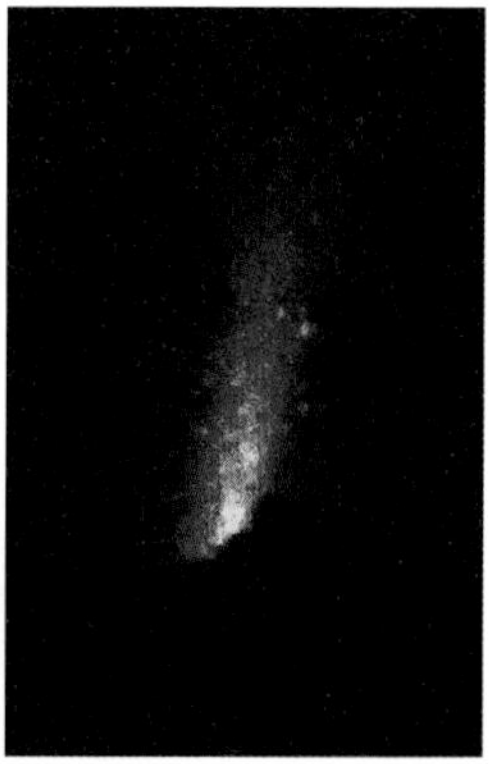

⑲夜空に映えるストロンボリ火山の噴火

❶白い噴煙を上げるエトナ山の山頂火口と生々しい溶岩流の跡

ヨーロッパ最大、世界有数の活動的火山

⑦エトナ火山

イタリア　2004.08 ／ 2015.08

DATA

■交通：ローマからカターニアまで飛行機で1時間20分。鉄道で10時間。カターニアから1900mのロープウェイ乗り場まで車で約1時間

■ベストシーズン：7月～11月

■登録：2013年

■地形：火山地形（成層火山、火砕丘、溶岩流、山体崩壊跡など）

■地質：新生代第四紀の火山岩

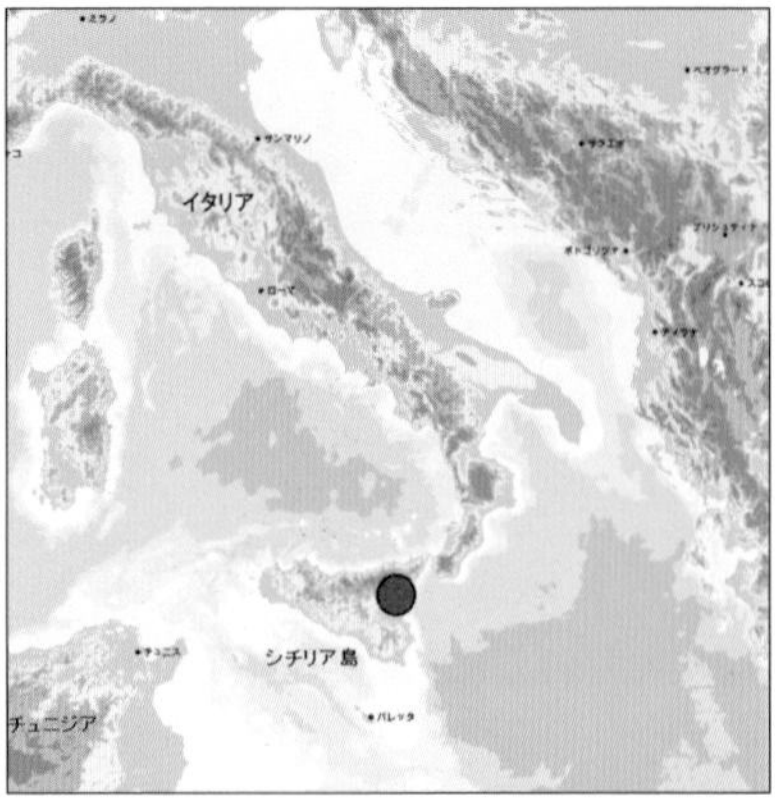

活動的火山エトナ山の成り立ち

■イタリアを代表する火山

ベネチア発カターニア（シチリア島）行きの飛行機はイタリアを代表する火山の上空を通過する。まず最初はナポリ近郊のベスビオ火山。その20分後にエオリア諸島の火山。そしてシチリア島の手前から広大なすそ野をもつ独立峰が見え始める。２０１３年に富士山とともに世界遺産に登録されたエトナ山だ❷。

■エトナ山と富士山

２つの火山は形は少し異なるが高さや大きさ、噴火のタイプなど似たところが多い。

頻発する噴火

だがエトナ山は数年毎《ごと》に噴火を繰り返す活動的な火山だ。

17世紀には流れ出た溶岩流が麓の街カターニアを襲い海にまで達した❸。噴火とその後の地震で1万人以上が犠牲になったという。現在の街はその溶岩の上に築かれている。

エトナ山の成り立ち

エトナ山の歴史は50万年前の海底噴火に始まる。15万年前には海の上に姿を現し、８万年前にその西隣に別の火山が出現。そして3万5千年前からの活動でシチリア島とつながり現在に至る。つまりエトナ山は主に4つの火山からなるが、実は富士山も同じ4階建てだ。

しかしエトナ山がなぜシチリア島に誕生し噴火を繰り返すのか研究者を悩ませている。この火山はアフリカプレートの沈み込み口のすぐ近くにあるため沈み込んだプレートはまだ浅くてマグマができそうにないからだ（p53の❷❸）。p53の図❸に示したプレートを引き裂く断層に沿って地下深くからマグマが上昇してくるのかもしれない。

富士山

富士山は日本の火山としては異様に大きい。実は富士山の地下にもプレートの裂け目があってマグマが上昇しやすいため大量のマグマが噴出し大きな火山になったという説がある。

富士山と比較しながらエトナ山を歩いてみるのも面白い。

❷南側から見た活火山・エトナ山。3340m

❸カターニアを襲った1669年の噴火。サンタ・アガタ大聖堂に掲げられた絵画。プラタニア作

エトナ火山ツアー

シチリア島第2の都市カターニア。エトナ観光の起点となる街だが山への便はあまり良くない。エトナ山へのバスは1時間に1本、2時間もかかる。レンタカーかツアーの方が効率的だ。ツアーはどの高さまで上るかによって料金が変わる。

■広大な裾野

朝9時。ホテルを出発。山頂直下の3000m地点までの往復で115ユーロ。参加者は7人。ガイドはドライバーを兼ねた若い女性でイタリア語と英語の2ヶ国語の案内だ。イタリア人らしく明るく溌剌とした姿が頼もしい。

カターニアの街を抜けエトナ山の広大な裾野に出ると少しずつ高度が上ってゆく。辺りには収穫前のブドウやミカン畑が広がる。火山灰に含まれる豊富なミネラルと降り注ぐ地中海の太陽が生育を促すのだ。シチリア島はワインの産地としても名高い。

畑の奥には雄大なエトナ山が見え隠れする。

■モンテ・ロッシ

小さな町ニコロシを抜けたところが最初の見学ポイント❹。1669年に噴火したスコリア丘モンテ・ロッシだ❺。一見なんの変哲もない小さな丘に見えるが、ここから流れ出た溶岩流がカターニアの街を破壊した悪名高き丘だ❸。溶岩流はここから延々15kmも流れ下ったのだ。

この先の道路沿いに小さな石切場がある。ここで溶岩流の断面を観察。表面は火山ガスの抜け穴がたくさんありガサガサしているが内部はち密で固い。カターニアの建物や道路

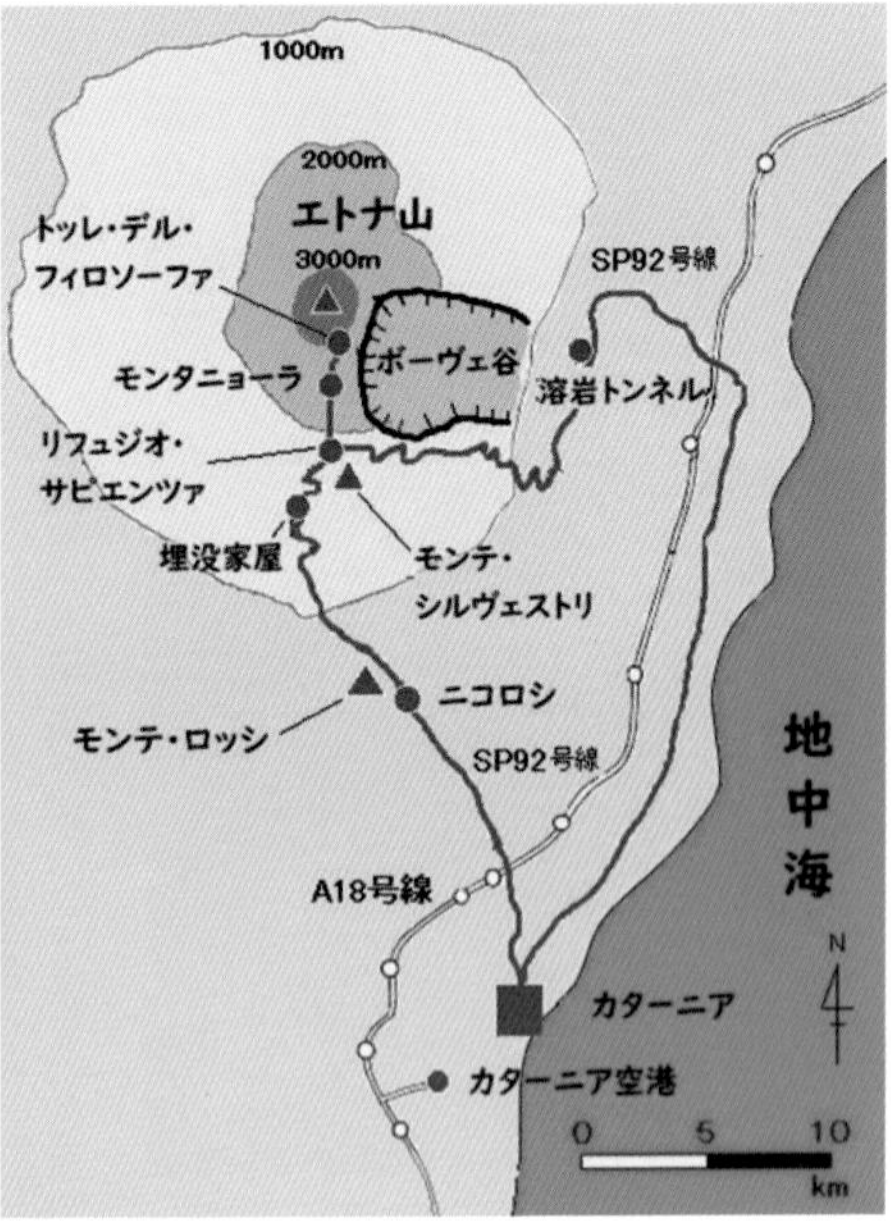

❹エトナ火山ルート図。小山（1997）を元に作成

❺1669年に噴火した悪名高きスコリア丘モンテ・ロッシ

の敷石、彫刻などにこのち密な溶岩が使われている。

■溶岩流

この後、エトナ山がよく見渡せる道路脇で停車。山頂火口からは絶えず白い噴煙が上がり今も活発に活動している様子が窺える❻。

山の中腹には黒々した溶岩流が幾筋も貼り付き異様な表情を見せる。ここ数10年の間に噴出した溶岩流だ。土石流の跡にも似たその様は溶岩の粘り気が小さくかなりの速さで流れたことを思わせる。

民家を襲った溶岩流

ニコロシの町からSP92号線を進み、標高1500mを越えて左に大きく曲がる手前に土産物売りのトラックが停まっていた。その隣りに車を止めて観光客が道路脇に下りてゆく。その先に溶岩に埋まった1軒の民家があった❼。

1階は完全に埋まり2階とコンクリートの屋根だけかろうじて残っている。2002年から03年にかけて噴出した溶岩流に襲われたのだ。

溶岩は家の中には侵入せず壁や柱はそのままの状態。溶岩流の流動性が高く建物が鉄筋コンクリート造りだったため破壊と焼失を免れたのだ。住人は事前に避難し無事だったという。

後の斜面には滝のように流れ下った幅10mほどの溶岩流の爪跡が残る❼。流れがもう少し左か右に逸れていればこの家は助かったかもしれない。

❻絶えず白い噴煙を上げる山頂火口と最近噴火した溶岩流

❼2002～03年の噴火によって溶岩流に埋まった民家

■リフュジオ・サピエンツァ

観光客が集まるリフュジオ・サピエンツァは登山道路SP92号線の最高地点1910mにある❹。ホテルやレストラン、土産物屋が軒を並べ山頂を目指す人はここでロープウェイに乗り換える。まずは売店で地図とガイドブックを購入。

度重なる溶岩流の被害

このあたりは1983年と2001年の噴火で被害を受けたところだ。ロープウェイの施設や道路は溶岩流に埋まり、その都度再建された。しかし運よく溶岩流が手前で止まり被害をまぬがれたホテルや売店もある。

そのなかに押し寄せてきた溶岩流に三方を取り囲まれながらも建物自体は健在で今でも営業を続けるスナック・バー（軽食堂）がある❾。このバーは物珍しさもあってか観光客でにぎわっている。

駐車場の先には赤茶けたスコリア丘が並び、火口縁を散策する人の姿が見える。数百年前に噴火したモンテ・シルヴェストリだ。

■モンテ・シルヴェストリ

直径100mほどの火口は道路際にあり歩いて簡単に上れる❽。

火口を巡る散策路の足下にはエトナ山の雄大な裾野が広がる。富士山の五合目辺りから見下ろす景色にも似ているが、何度も噴火を繰り返す火山だけあって溶岩流の黒々とした筋が生々しい。

遙か彼方には日の光を浴びて光り輝くイオニア海やカターニアの街。一方の背後には噴煙を上げる山頂火口。穏やかな下界と険しく荒々しい山頂。対照的な景色が興味深い。

パイオニア植物

モンテ・シルヴェストリの火口内には新たに地衣類やコケ類などが進入し始めていた❽。なかでも黄色い花を咲かせたシチリアン・サポナリアはエトナ山の固有種で噴火後の荒れ地に最初に出現するパイオニア植物としてエトナ山のシンボルにもなっている。

❾2001年の噴火で3方が埋まったスナックバー

❽モンテ・シルヴェストリの火口。奥がリフュジオ・サピエンツァ

■溶岩流とのたたかい

山頂火口へはリフュジオ・サピエンツァからロープウェイと登山バスを乗り継ぐ。往路は乗り物、復路は徒歩も可能だ。ロープウェイの駅でバスとセットの切符を購入する（往復60ユーロ）。

標高2500mのモンターニョーラ駅まではおよそ10分。このロープウェイは1983年、85年、2001年の3度にわたって溶岩流で破壊され、その都度再建されてきた。左右両側にその爪痕が残る⓫。

流路変更〜1983年の噴火

なかでも1983年の噴火は特筆すべき噴火だった⓾。溶岩流が山腹の町ニコロシに迫り、急遽、火山学者たちがその流路を変えようと試みたのだ。それは堤防のように盛り上がり冷え固まった溶岩流の側面（溶岩堤防）をダイナマイトで破壊し、そこから別方向へ流れを誘導するという方法だった。

1669年にカターニアの街を襲った溶岩流では当時の人たちがツルハシで立ち向かい流路変更を試みたという。しかし効果はなかった。

⓾流路変更を試みた1983年溶岩流。USGS 提供

⓫リフュジオ・サピエンツァを襲った溶岩流とモンテ・シルヴェストリの２つの火砕丘（中央左）

83年の噴火では結局溶岩の30％程度しか流路変更できなかったとされるが、幸い溶岩流は自然に流路を変えて停止。大きな被害はでなかった。

その後も危険な噴火の度に障壁を築いたり溝を掘るなどの方法が試みられ一定の効果はあったとされる。

ロープウェイのモンタニョーラ駅からは83年の溶岩流と再建されたリフュジオ・サピエンツァが見下ろせる⑪。

■寄生火山とエトナの噴火

そのロープウェイの左下には大きな口を開けたモンテ・シルベストリや小さな丘がいくつも見られる⑪。こうした丘は寄生火山（側火山）とよばれエトナ山の山腹には300以上あるとされる。

同様の寄生火山は富士山にも70以上あり北西―南東方向に並ぶ傾向がある。しかしエトナ山には配列の規則性はなくどこから噴火するか予測が難しい。

■山頂火口

駅を出るとすぐ山頂火口へ向かうバス乗り場がある。バスは特別仕様の四輪駆動だ。荒涼とした火山灰地をジグザグ上ってゆくと白煙を上げる山頂火口が迫ってくる⑫。

およそ10分ほどで終点トッレ・デル・フィロソーファに着く。標高2900m。気温もぐっと下がり空気が少し薄く感じられる。

登山禁止

ここからは専属ガイドによるミニツアーに参加することになる。突然の噴火や有毒ガスに備える意味もあるのだろう。火山の状況や安全対策などの説明を聞いたあと出発。

5分ほどで山頂への登山道に出る。しかし道はロープで封鎖されていた。山頂付近は青白い火山ガスにおおわれ防毒マスクなどの装備がないと危険だという⑬。特別許可がないと登れない。

火砕丘巡り

観光客は道を左に折れガイドと共にモンテ・バルバガロ

⑫砂煙を巻き上げ火山灰地を進む登山バス

⑬青白いガスに包まれた山頂火口。許可がないと登れない

とモンテ・エスクリバの２つの火砕丘の火口縁を歩く⓮。

真っ赤に焼けた荒々しい火口。そこかしこに転がる火山弾。噴火の激しさを今に伝える。一方、眼下には雄大な裾野が広がり遠くにイオニア海も見える。

バス乗り場に戻る途中では表面がガサガサした溶岩流の末端部が観察できる。

■ボーヴェ谷

エトナ山の東斜面には幅４km、長さ５kmに及ぶ大きな凹地がある。ボーヴェ谷だ❹。モンタニョーラ駅から東へ７００mほど歩くとこの谷の上に出るが、火砕丘モンテ・バルバガロの火口縁からもこの谷の南壁が見える⓬。

急崖に囲まれた馬蹄形の谷には溶岩が流れ、ところどころに火砕丘も見られる。谷の先はイオニア海へと続く。

大津波の発生

この大きな谷は８０００年前の山体崩壊でできたとされる。地震か噴火が引き金となりエトナ山の東斜面がいっ気に崩壊。海に突入した岩なだれは大津波を引き起こし、対岸のイタリア半島で40m、ギリシアやエジプトでも10数mの高さに達したという。すさまじい破壊力だ。

同じ様な山体崩壊は富士山でも２９００年前に発生している。

■溶岩トンネル

ツアー最後の見どころは溶岩トンネルだ。リフュジオ・サピエンツァからＳＰ92号線を東に15分ほど下った道路脇にある。腰をかがめて小さな穴をくぐると内部は大きな空洞になっていた⓯。

一見不思議なトンネルだが粘り気の小さい溶岩流ではさほど珍しいものではなく富士山でもいくつか見られる。

溶岩の外側が冷え固まっても内部では未だ液体の溶岩が流れている。しかし噴火が収まり上流から溶岩が流れてこなくなると内部の溶岩は下流へと流れ去るため空洞が残るのだ。

ひんやり涼しいトンネルの中でかつての噴火の様子を想像してみるのも面白い。

⓯溶岩トンネルの中はひんやり涼しい

⓮火砕丘モンテ・エスクリバの火口

❶本物そっくりの不思議なキノコ岩。凝灰岩からなり、固い部分がキノコのカサをつくる

凝灰岩の奇岩「キノコ岩」が林立する大地

⑧カッパドキア

トルコ　2015.08

DATA

■交通：イスタンブールからネブシェヒルまで飛行機で1時間15分、空港から車で40分。カイセリ空港の便も利用できる

■ベストシーズン：4月～9月

■登録：1985年(複合遺産)

■地形：凝灰岩の浸食地形など

■地質：1100万年～300万年前(新第三紀)の凝灰岩、頁岩

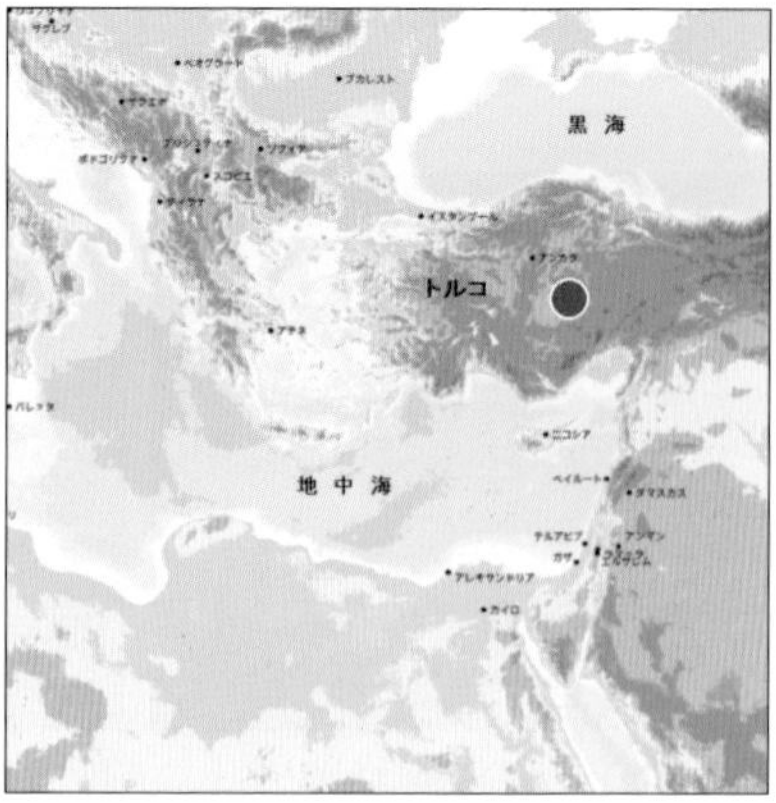

不思議な形のキノコ岩

人が造ったオブジェと見まがうようなキノコやとんがり帽子の数々❶❷。トルコ中央部、アナトリア高原のカッパドキアには自然の造形物とは思えない奇岩が林立する。

ネブシェヒル空港から東へ車で40分。坂を下り始めると、とんがり帽子のような岩に囲まれた村が見えてくる❽。世界自然遺産ギョレメだ❸。その岩に穴を掘って暮らしている人もいる。おとぎ話しのような村だ。

■キノコ岩の成り立ち

ではこの奇岩群はどのようにしてできたのだろうか。

火山がつくった高原

標高1000mほどのアナトリア高原には13の活火山が分布する。そのうち5つがカッパドキアにあり、カッパドキアは火山灰が固まった凝灰岩や湖沼堆積物、溶岩などからなる。とんがり帽子やキノコ岩も凝灰岩だ。

ガイドブックのなかには、

❷凝灰岩からなるとんがり帽子の岩山

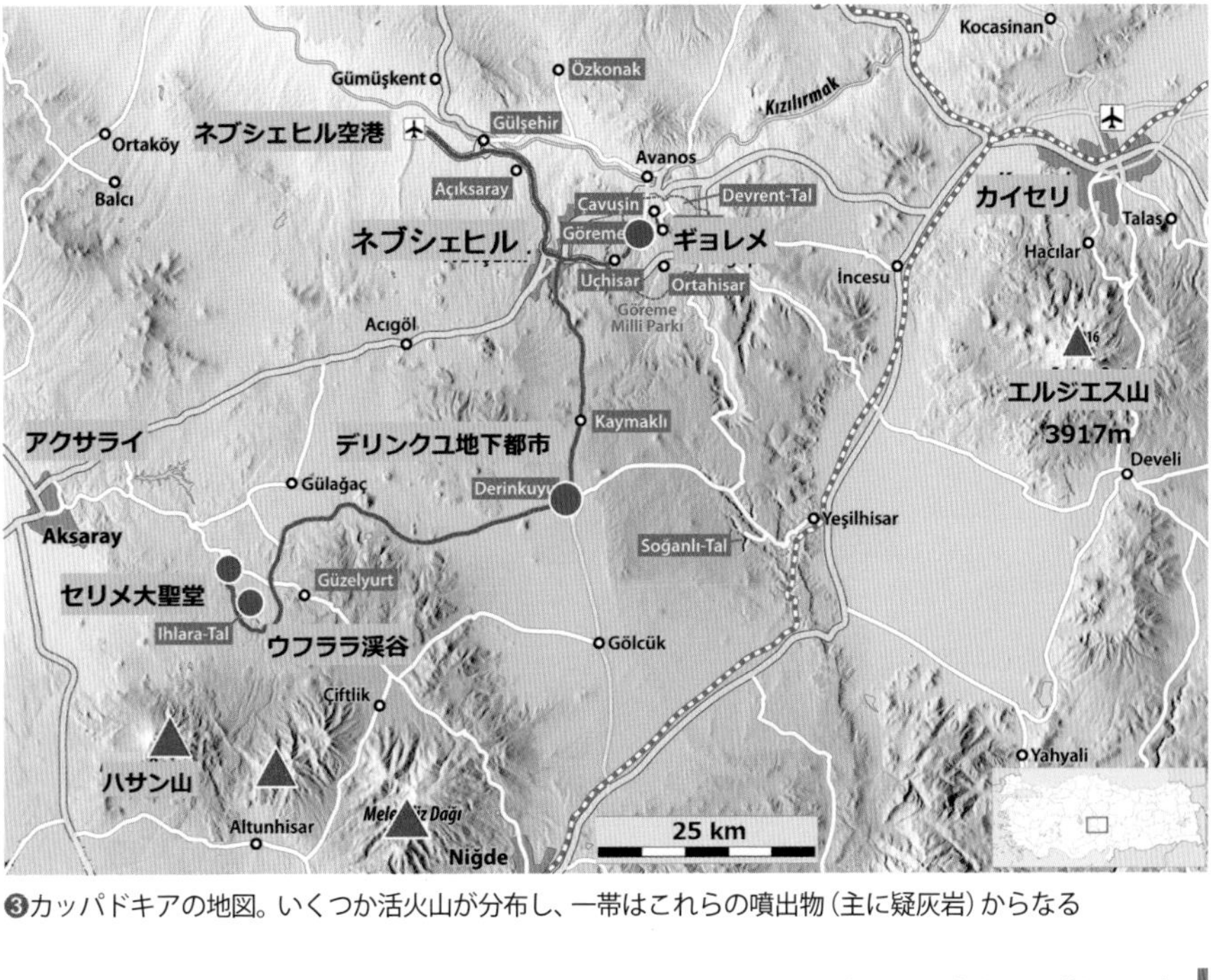

❸カッパドキアの地図。いくつか活火山が分布し、一帯はこれらの噴出物（主に疑灰岩）からなる

数億年前のエルジエス山の噴火で積み重なった火山灰と溶岩のうち固い溶岩がキノコ岩の頭のカサ、軟らかい火山灰が柄を造った、とある。

凝灰岩からなるキノコ

カサの部分は黒っぽいので溶岩の様に見えるが実際には柄の部分と同じ凝灰岩だ。黒っぽいのは藻類が付着しているからだ。

カサは庇《ひさし》のように柄から飛び出し固いことは間違いない。その理由は、堆積当時の温度が高かった、堆積後に鉱物が粒子の隙間を埋めた、などの説がある。

一方の柄の部分は湖に堆積した凝灰岩からなり軟らかく削られやすい。

時代も1000万年前頃でかなり新しい。

ギョレメの見どころを歩く

カッパドキアの観光の中心は奇岩に囲まれたギョレメ村だ❸。世界遺産も「ギョレメ国立公園およびカッパドキア」の名で登録されている。

■夏冬快適な洞窟住居

ギョレメには岩を掘り抜いた洞窟住居が多い。最近はその住居を改造した洞窟ホテルが人気だ。試しに数日泊まってみることにした❺。

洞窟住居の最大の利点は寒暖の差が小さいことだ。外が30℃を超えても部屋の中は涼しく冷房はいらない。さすがに冬の暖房は必要だが寒さはしのぎやすいという。小さな空洞が多い軽石をたくさん含む凝灰岩には優れた断熱効果があるからだ。夏と冬の気温差が激しく凝灰岩からなるカッパドキアならではの住居だ。

掘削し易い凝灰岩

壁に残るノミの跡を見ると簡単に

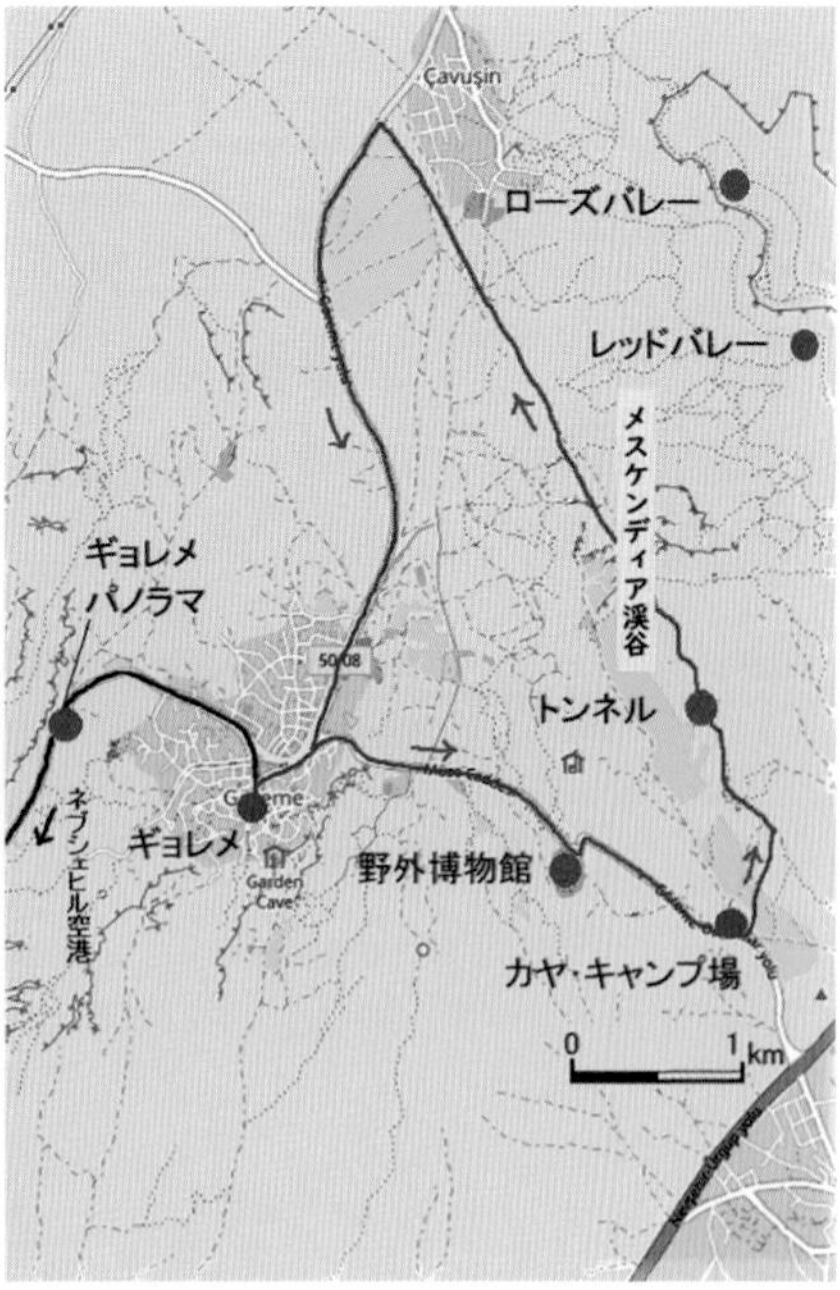

❹ギョレメ周辺のトレッキングコース

❺凝灰岩層を掘って造られたホテル。ひんやり涼しい

堀り進んだように思われる。しかも崩れにくい。根気よく掘り続ければ部屋の増改築も自由自在だ。

　しかしトルコはプレート境界にあり地震や火山が多い。地震の際には洞窟が崩壊するリスクがあり実際に落盤事故が起きているという。

■ギョレメ野外博物館

　ギョレメ村から歩いて20分のところに野外博物館がある❹❻。実際には博物館というより洞窟教会群といったところだ。9世紀ころイスラム教徒に追われたキリスト教徒が迫害を逃れるため密かに岩山を掘ったとされる。

フレスコ画

　博物館の見どころは教会の天井や壁に描かれたフレスコ画だ❼。ざらざらした凝灰岩の表面に漆《しっ》喰《くい》を塗り、まだ乾かないうちに水性の絵の具で絵を描くと内部に染み込み、乾くと皮膜ができて絵の保護層となる。この手法はカッパドキア様式と評され、精緻で色彩豊かな絵が描かれている。

　暗闇が支配する洞窟の中はひんやり涼しく、おごそかな祈りの場にふさわしい雰囲気を醸し出す。しかも外から見る限りは住居と教会の区別がつかない。先人の知恵と苦労が偲ばれる。

❻ギョレメ野外博物館。岩山の穴の中に教会がある

❼教会内の天井に描かれた色鮮やかなフレスコ画

❽ギョレメパノラマ。火山灰からなる台地が浸食される過程でとんがり帽子のような奇岩群が残った

■メスケンディア渓谷を歩く

野外博物館の近くにメスケンディア渓谷がある。この渓谷のローズバレーはカッパドキアでも人気の絶景スポットとして知られる❹。

道迷い

博物館を出て石畳の車道を15分ほど上って行くと左側にキャンプ場が見えてくる。この横の道を進むと渓谷に下りるはずだ。ところがどうも様子がおかしい。

道端の洞窟の中から話し声が聞こえてきた。レモンの出荷作業をする人たちだ。洞窟のなかは意外に涼しくエアコンの効いた倉庫といった感じだ。ここで道を尋ねてみたが言葉が通じず、結局キャンプ場まで戻り別の道を下りて行くことになる。

緑の渓谷

渓谷の中は意外にも緑が多く涼やかだった。乾期のせいだろうか、川に水は流れていない。おそらく地下で伏流水が流れているのだろう。白い岩山と澄みきった青空、木々の緑が美しい❾。

遊歩道はよく整備されおり、要所要所に設置された標識の番号と地図に記された番号を照らし合わせれば道に迷うことはない。ところどころに茶店や土産物屋もあるが人影は少なく静かな渓谷トレッキングを楽しむ。

道が突然大きなトンネルの中に

❾緑豊かなメスケンディア渓谷の遊歩道

❿メスケンディア渓谷はこの台地の下にある。水平に重なった湖沼堆積物と凝灰岩層がよく分かる

入った❹。人が掘ったものではなく自然の働きによるものと思われるが、どのようにしてできたのか不思議なトンネルだ。

不思議な穴

トンネルを出ると切り立った岩壁に大小たくさんの穴が開きハトが休んでいた。明らかに人が掘った穴だ。では何の為に？　謎めいた穴だが後になってハトの糞を集めるための人工の巣穴だと分かる。

カッパドキアの凝灰岩は養分に乏しい。そこでハトの糞を肥料に使うとブドウや野菜が良く育つという。この地ならではの知恵だ。とはいえ断崖絶壁の糞集めは命《いのち》懸《が》けだ。

■奇岩のでき方

道はこの先で分岐点に出る。ここを右に折れるとレッドバレーからローズバレーに抜け再びメスケンディア渓谷に戻る❹。約4km、1時間ほどの回り道となるので今回はスルーしてまっすぐ進む。

するとほどなく気球を飛ばす広場に出た。周囲に林立する様々な形と大きさのとんがり帽子岩からは奇岩のでき方を探るヒントが得られる。

キャップロック

数本の大きなとんがり帽子の周りを囲む無数の小さいとんがり帽子⓫。大きな方は褐色を呈し頭に黒くて固そうな薄い地層を載せている。一方、小さい方は白く均質で固い層は見あたらず、隣どうしつながっているものが多い。地層はいずれも同じ凝灰岩だ。

つまり大きなとんがり帽子の方は固い層がキャップとなって浸食に耐え高さが維持

⓫頭に固い層を載せた大きなとんがり帽子と無数の小さなとんがり帽子

⓬ローズバレーの湖成凝灰岩層。夕日を浴びるとバラ色が際立つ

されタワーとなる。一方固い層がない場合は浸食が速く進み、無数の小さなとんがり帽子ができるのだろう。

ポツンと孤立したタワー帽子の場合は更に浸食が進み小さなとんがり帽子が削り取られ無くなってしまったのだ⑫。

■ローズバレー

人気のローズバレーはこの先で右手に見えてくる。美しいピンク色の地層が印象的だ⑫。この地層は夕日を浴びると鮮やかなバラ色に染まるため日没の頃には大勢の観光客で賑わう。

トレッキングコースはこの先で車道にでる④。T字路を左に取れば40分ほどでギョレメに戻る。

ウフララ渓谷を歩く

カッパドキアの見どころは広い範囲に点在するため路線バスを使った観光は効率が悪い。レンタカーがない場合はツアーがお勧め。ウフララ渓谷と地下都市を巡る1日ツアーに参加した。

■火山地帯を走る

ギョレメからウフララ渓谷に向かう車はなだらかな高原地帯を走る③。乾燥した高原にはトウモロコシやジャガイモ畑が広がり長閑《のどか》な田園風景が続く。

そんな中でひときわ目を引くのが美しい円錐形の山だ。名前は不明だが第四紀の火山

⑬活動的な活火山の１つハサン山。3268m

⑭セリメ大聖堂の岩山。最上部は溶結凝灰岩からなる

⑮岩をくり抜いて造られたセリメ大聖堂礼拝室

だ。平らな高原はおそらくこれらの火山から噴出した火山灰や火砕流堆積物からなる台地だ。ウフララ渓谷に近づくと有名な活火山ハサン山も姿を現わす⑬。

■セリメ大聖堂

ウフララ渓谷の北西にあるカッパドキア最大の大聖堂セリメ❸。8~9世紀のビザンチン時代に造られたこの聖堂は時に外敵に備える要塞としても利用されたという⑭。

凝灰岩の岩山を上って洞窟の中に入ると部屋の数と規模、造りの精巧さに驚かされる。台所、居室、穀物貯蔵庫、ワイナリーなど様々な部屋が2階、3階に分かれトンネルや階段でつながる。大聖堂は天井を高く掘り抜きアーチや柱などが美しく彫られている⑮。

大聖堂から見下ろす緑のウフララ渓谷も美しい。

■ウフララ渓谷を歩く

なだらかな火砕流台地に突如出現する大渓谷。深さ100m、全長14kmのウフララ渓谷だ。カッパドキアでは珍しく豊かな水が流れ深い緑に覆われる⑯。

ここには4世紀から11世紀にかけてアラブ人の迫害から逃れたキリスト教徒が住みつき100を超す洞窟教会が造られたという。

溶結凝灰岩と柱状節理

入り口で入場料約400円を支払い展望台から渓谷を見下ろすとその様子がつかめる。まず目につくのは渓谷を覆う深い緑と対岸の柱状節理だ⑰。節理は溶岩によく見られるが、ここでは高温の火砕流堆積物が溶結し冷え固まった溶結凝灰岩だ。火砕流は20km南のハサン山の噴火によるものとされ、このあたりで厚さ数10mにもなる。規模の大きい噴火だったのだ。

木の階段を下りてゆくと途中に洞窟教会がある。固い溶結層の下の柔らかい層に掘られた教会だ。壁のフレスコ画

⑯ウフララ渓谷には豊かな澄んだ水が流れる

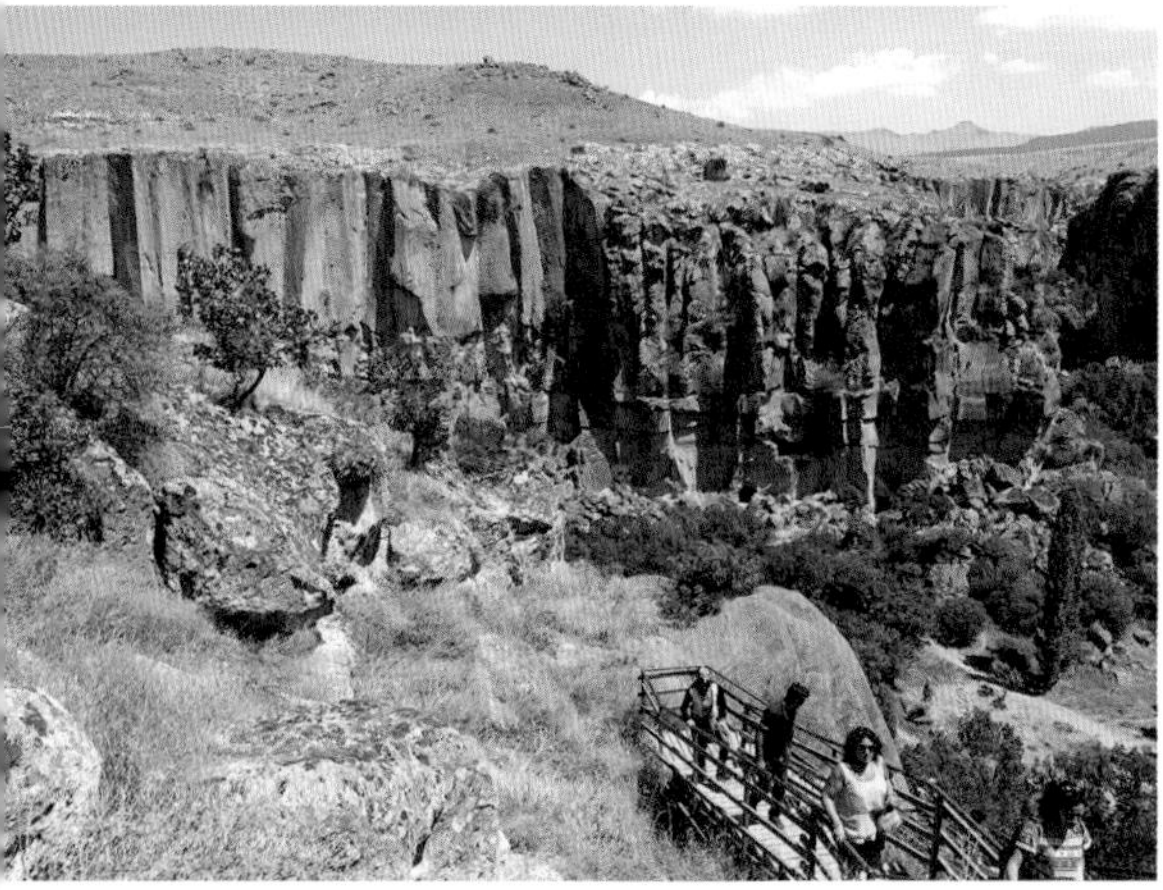

⑰緑豊かなウフララ渓谷。岩壁は柱状節理が発達した溶結凝灰岩

はかなり痛んでいるが天井の絵はまだ美しさを保っている。

水辺を歩く

谷底には澄んだ小川が流れ緑の木々に覆われていた⑯。大聖堂周辺の乾燥した大地とは打って変わってここは心安らぐオアシスだ。

この水はハサン山の雪解け水だ。かつて大量の火山灰でこの地を埋め尽くしたハサン山はいま豊かな水を提供し大地に潤いを与えている。

洞窟教会群から出口へ

緑の隙間からは切り立った岩壁が見え隠れする。その岩壁に開いた穴が洞窟教会の入り口だ。だがそこまで上るのも大変そうな教会が多い。

川に沿って歩くこと20分、小川の中に簡素な造りの小屋が見えてきた。川床式のカフェレストランだ。水遊びに興じる子どもたちを眺めながらしばらく休憩する。

更に20分ほど進んだところに渓谷の出口ベリシルマがある。ウフララ渓谷のちょうどまん中あたりだ。ここには何軒かレストランがあり遅めの昼食をとる。

得体の知れぬ巨大地下都市

そこはまるでアリの巣のように入り組んでいた。ウフララ渓谷から東へ車で40分、デリンクユの地下都市だ❸。

地下8階にわたり礼拝堂や学校、居室、食堂、食料庫、井戸、そして通気口が造られ、およそ4万人が暮らしていたという。紀元前5世紀ころには存在したとされるが何のために造られどのように暮らしていたのか謎が多い。

複雑な地下空間

入り口から狭い階段を下りてゆくと広い空間に出る。しかしそこから先は複雑だ。通路はあちらこちらで枝分かれし狭くなったり広くなったり。階段があるかと思えば急な坂もある⑱。無計画に掘り進んだような印象を受ける。通路の途中に回転ドアがあることからするとこの地下都市は外敵から身を守る目的で造られたのかもしれない。

⑱デリンクユ地下都市。地下８階構造。迷路のような通路が走る

乾燥した空間

この地下都市には地下特有の湿っぽさやカビ臭がない。それは洞窟が吸湿性に優れたシリカを多く含む多孔質の凝灰岩からなるからだろう。

気球に乗って空中散歩

気球は日の出を狙って飛ばされるため朝が早い。まだ明けやらぬ暗闇の中、ホテルでピックアップ。集合場所で簡単な朝食を取りしばらく待機。気象条件OKの許可が下りると気球乗り場へと移動する。

飛行準備

明るくなり始めた広場では飛行準備が始まっていた。

まず大きな送風機で空気を送り込み気球を膨らませる。そして火炎放射器で内部の空気を暖め更に膨張させると気球は少しずつ立ち上がって行く。一連の迫力の作業はなかなかの見ものだ。

準備が整うと気球の下に細いワイヤでぶら下げられたカゴに20人ほどが乗り込む。

離陸は衝撃もなくふんわり浮かび上がった。同時に50を超える色とりどりの気球が夜明けの空に向かって次々と上ってゆく。空一面、一斉に浮かび上がる様は壮観だ。

日の出

パイロットは一人。時おり「シューッ、ゴー」の噴射音。火炎の量や角度を調整しながら高度や進行方向を変えるのだ。足下には朝日に染まり始めた大地が広がる⑲。

100mほど上昇したところで日の出を迎えた。富士山に似た活火山エルジエスのシルエットが美しい。

削り取られる台地

なだらかな台地に刻まれた入り組んだ谷と奇岩の数々⑳。この地が火山と雨風の働きで造られた類いまれな場所であることを改めて実感する。更に浸食が進むと奇岩も姿を消し平凡な大地に変わって行くに違いない。私たちは絶好のタイミングでこの大地と巡り会ったのだ。

気球はゆったりと空を舞ったのち広い畑に着地。50分ほどの空中散歩だった。

⑲カッパドキアは凝灰岩の広大な台地をなす

⑳林立するキノコ岩。おとぎの国のような光景が広がる

❶ヴィクトリアの滝と古い滝の跡（峡谷部分。第7、6世代）。渇水期で水量は少ない

大地の裂け目に流れ落ちる世界最大の滝

⑨ヴィクトリアの滝

ジンバブエ／ザンビア　2016.10

DATA

■交通：南アフリカのヨハネスブルグからジンバブエのヴィクトリア・フォールズを目指すのが便利。飛行時間1時間40分

■季節：増水期：2月～6月／渇水期：9月～1月。水が多すぎると水煙で滝と峡谷がよく見えない

■登録：1989年

■地形：溶岩台地、峡谷

■地質：1.8億年前の玄武岩溶岩

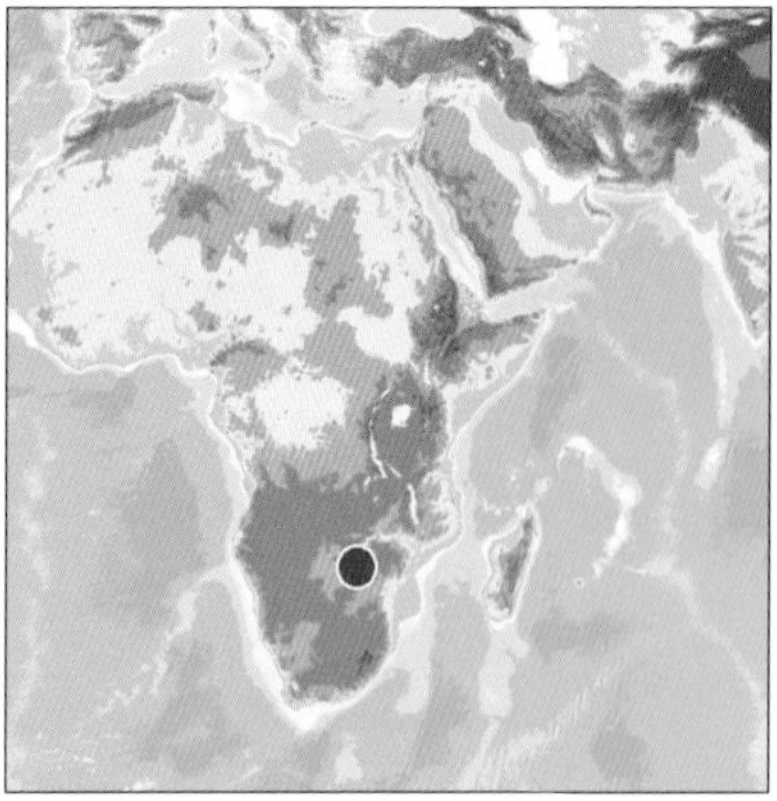

ヴィクトリアの滝の生い立ち

「ドドーン…」。轟音《ごうおん》とともに空高く舞い上がる大量の水煙。時に高さ500mにも達する。落差108m、幅1708m。モシ・オァ・トーニャ（雷鳴のとどろく水煙）とよばれる巨大な滝だ❶。

■世界三大瀑布と大陸の分裂

一般にはヴィクトリアの滝の名で知られるこの滝はアフリカ南部のジンバブエとザンビアの国境にあり、南部アフリカ観光のハイライトとして年30万人もの観光客が訪れる。またこの滝は北米のナイアガラ、南米のイグアスと並ぶ世界三大瀑布の一つでもある。

洪水玄武岩

その規模で肩を並べるイグアスとヴィクトリアの滝❷。大西洋を挟んで遠く離れたこの2つの滝には兄弟のような共通点がある。

いずれの滝も広大な台地を流れる大河が突如として巨大な裂け目に流れ落ちる。台地を造るのはどちらも洪水玄武岩とよばれる溶岩❸。大量の溶岩が洪水のように噴出する巨大噴火の産物だ。

大陸の分裂

噴出した時期もかつての超大陸ゴンドワナがアフリカと南アメリカの2つの大陸へと分裂し大西洋が開き始めた1.8億年前ころだ。プルームとよばれる高温マントルの上昇によって大陸の分裂と激しい火山活動が起きたのだ。

大陸が引き裂かれる際や高温の溶岩が冷え固まる時には様々な割れ目（節理）が入る。

2つの滝はこの割れ目に沿って流れ落ちている。

■移動する滝

ヴィクトリアの滝では更に興味深いことが起きている。滝の下流にはジグザグ曲がる深い峡谷が7つある❹。

この不思議な峡谷、実は古い滝の跡だという。滝は

❷世界三大瀑布の１つイグアスの滝。ブラジル側

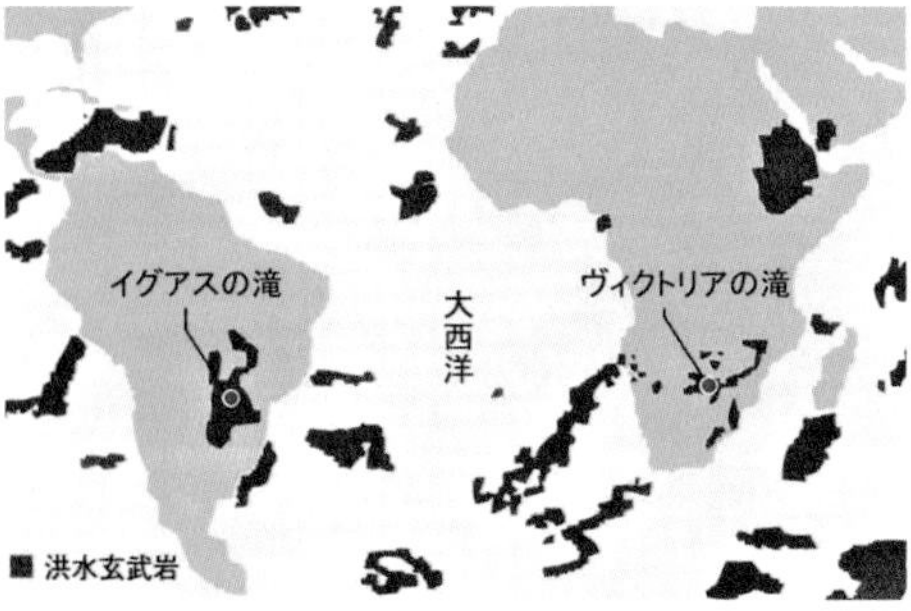

❸洪水玄武岩の分布とヴィクトリア、イグアスの滝

500万年の間に下流から上流へと7回も位置を変えたのだ。しかもそれらの滝は溶岩台地の割れ目の方向と一致する。現在の滝は10数万年前にでき始めた第8世代だ。

旅の起点・ヴィクトリアフォールズ

ヴィクトリアの滝の観光拠点となる町はジンバブエのヴィクトリアフォールズかザンビアのリビングストンだ。

ヴィクトリアフォールズの町は滝のすぐ近くにあり滝全体の3分の2が望めるとあって人気が高い。

■ヴィクトリアフォールズ

人口3万人の町は車でメインストリートをあっという間に通り抜けるほど小さい。しかし狭いエリアにホテルや土産物屋、スーパー、観光案内所などが集まりコンパクトで便利な町だ。ツーリストポリスが目を光らせ治安もよい。

滝以外の見どころの一つにビッグツリーとよばれるバオバブの木がある。町から北へ1㎞。歩いて行ける距離だ。

ゾウの生息地

ところがホテルで道を尋ねるとタクシーを強く勧められる。この地域全体がゾウの生息域内にあるからだ。時に町にも出没。地元の人でも襲われることがあるという。活発に動き回る朝夕が特に危い。

■バオバブの大木

その木は道路の脇にあった❺。周囲を金網で囲まれているが確かに大きい。説明板には「高さ23ｍ、胴回り18ｍ、樹齢1000～1500年」とある。驚くほどの長寿だ。

バオバブの木はテレビ番組などの影響でマダガスカル島の固有種のイメージが強い。しかしアフリカ大陸やオーストラリアにも自生する。サバンナのような乾燥した土地を好むアオイ科の植物だ。雨期になると花が咲き実もなる。

周辺にはゾウの通り道が何

❹かつて架かっていた7つの滝と現在の滝⑧の位置

❺樹齢1000～1500年のビッグツリー（バオバブ）と蟻塚

本も伸び新しい糞や倒された木々が散乱する。ここは間違いなくゾウのテリトリーだ。

■ザンベジ川

帰路ザンベジ川に立ち寄る。流れの向こう側はザンビア。川幅2㎞。かなりの大河だ。川の中ほどに木々が生い茂る島がある。リビングストン島とカタラクト島だ❻。島の背後から水煙が立ち上る。

カバとワニ

水辺でカバの群れを眺めている時だった。「そこは危ないから少し下がって!」。突然タクシーのドライバー氏に呼び止められる。川の中にワニが潜んでおり突然襲われることもあるそうだ。思わぬところに危険が潜んでいるのだ。

ジンバブエ側を歩く

■公園の歩き方

ヴィクトリアの滝国立公園は町から徒歩15分ほどで着く。入園料(30US$)を支払って滝に向かうが、さて左右どちらの道を選ぶか❻。

滝の展望ポイントは全部で16ある。滝の東端から西に向かって歩くか、その逆か。

公園当局は西から東を勧めるが、太陽の位置によって順光逆光を考え決めるのもよい。遊歩道は約2㎞。最低でも1時間、できれば2時間はみておきたい。

公園に入って左の道を進むと森の奥からドーッという低

❻ヴィクトリアの滝の展望ポイント。ジンバブエ側は全部で16カ所ある

い音が聞こえてきた。増水期には毎秒830万リットル、東京ドームを2分で満杯にする膨大な水が落差100mを一気に流れ落ちる。その凄まじさが伝わってくる。

■リビングストン広場

森を抜けるとリビングストン広場に出た。滝の西端、地点1だ❻。

ここは1855年にスコットランドの探検家リビングストンが西洋人として初めて丸木舟で到達。その凄まじさを世界に伝えたことで知られる。

デビルズ・カタラクト

広場の先ではザンベジ川がゆっくりと大地の裂け目に落ちてゆく❼。デビルズ・カタラクトとよばれる滝だ。ここでは何枚も積み重なった溶岩が階段状に削られているため、水は斜めに流れている。この溶岩がゴンドワナ大陸の分裂の際、繰り返し噴出した洪水玄武岩だ。

地点1は滝の西端にあるため南から東へ90度向きを変えて深い峡谷を流れ下るザンベジ川を眺めることができる❼。谷の奥には水煙でかすむメイン・フォールズが見える。

未来の第9世代の滝

リビングストン探検隊は滝の絵を残しており、その絵と現在の滝を比較すると興味深いことが分かる❽。手前に描かれた3本の滝が今は見当たらないのだ❼。季節による水量の差もあるが裂け目が奥へ後退した可能性がある。

そこでこの場所の詳しい調査が行われ探検隊の時代から160年の間に割れ目が成長し奥へと後退したことが分かってきた。いま正にここから未来の滝が成長しつつあるのだ。このまま浸食が進むと数万年後には第9世代の滝が新たに誕生すると考えられる⑳。

❼デビルズ・カタラクトと未来の滝。❽参照。地点1

❾板状の玄武岩溶岩とヴェルベットモンキー。地点1

❽リビングストン探検隊が160年前に描いた滝

ヴェルベット・モンキー

ふと足元を見るとすぐ隣にサルが2匹座っていた。この辺りを住み処とするヴェルベット・モンキーだ❾。人を恐れず観光客の食べ物を狙っているのだ。

■地点2

地点2は崖の中腹にある❻。谷底をよく見通せるが、階段はかなり急で濡れており滑りやすい。

この場所は今の峡谷と成長する未来の峡谷（滝）とが交わるところにあたる。ここがくさび形の谷になっているのはそのためだ⓴。

■地点3〜7

地点3ではデビルズ・カタラクトのすぐ隣で成長しつつある未来の峡谷（第9世代の滝）がよく見える。水は流れていないが、くさび形の大きな割れ目が開いている❿。

ここから先はデビルズ・カタラクトとメイン・フォールズの2つの滝を前後に眺めながら歩く。地点5付近から振り返るとリビングストン像や地点2の展望台が見える。

地点7ではデビルズ・カタラクトの滝壺が見える。滝の落差70ｍはヴィクトリアフォールズで最も短い。

■世界最小の熱帯雨林

地点7を過ぎると乾燥したサバンナの森から突如深い緑の森へと環境が一変する⓫。

その理由はほどなく分かった。時おり水煙がかかり遊歩道も水で濡れている。水量、落差ともに大きいメイン・フォールズの近くにやって来たのだ。

乾期でも緑を絶やさない森にはシダやヤシなど900種に及ぶ熱帯の植物が繁茂する。ここは世界で一番小さい熱帯雨林だという。森を育てるのは滝が空高く巻き上げる大量の水煙だ。

❿デビルズ滝と成長する未来の滝の端。地点3

⓫世界で一番小さい熱帯雨林。地点8〜9

■メイン・フォールズ

森を進むと開けた草地に出る。メイン・フォールズを正面に望む地点9だ❻。訪れた10月は渇水期にあたるため水量が少なく、増水期（2～6月）のような迫力はない⓭。

地点10以降は再び落葉した森林サバンナに変わる。滝の水量と地形の関係で水煙があまり届かないのだ。水煙の多少が植生にこんな大きな影響を与えるとは驚きでもあり滝の威力を改めて思い知る。

リビングストン島

地点12まで来ると正面にかつてリビングストンが丸木舟で上陸したというリビングストン島が見えてくる⓭。島といってもわずかな高みにすぎないが、島全体が緑の樹木で覆われている。

デビルズ・プール

リビングストン島の西の端の滝の真上で水浴びを楽しむ人たちがいた⓬。ザンビア側にあるデビルズ・プールだ。ここで滝が流れ落ちる谷底を見下ろしながら水浴びするのが人気なのだ。

増水期にはできない渇水期ならではのアトラクション。ザンビア側からボートでいったんリビングストン島に渡り、水量によっては50mほど泳ぐ必要がある。刺激的なツアーだが転落事故も起きているという。

■ホースシュー・フォールズ

地点13からはホースシュー・フォールズが真正面の位置にくる。とはいえ今は水量が少なく、わずか2、3筋細々と流れ落ちているだけだ。その反面、水煙に視界を遮られることなく谷底を見下ろすことができる。増水期に大量の水が轟音をた

⓬デビルズ・プールで水浴びを楽しむ人々。地点12

⓭メイン・フォールズ。渇水期で水量が少ない。向かい側の右側がリビングストン島。地点12

てて流れ落ちる迫力の滝を楽しむのも良いが水煙を気にすることなく奥深い谷底をじっくり眺めるのも悪くはない。

峡谷の深さ

その谷底までは95ｍ。デビルズ・カタラクトより25ｍも深くなっている。滝とザンベジ川が掘り進んだのだ。最深部のレインボー・フォールズでは107ｍもある。

■谷間の虹

地点14のレインボー・フォールズには文字通り美しい虹がかかる⓯。谷間の虹は水煙が揺らめく度に濃淡が変わる。増水期には水煙が500ｍ以上も舞い上がるというから大きな虹が見られるはずだ。

満月の夜に現れる虹ムーンボウも幻想的で美しい。この時期、公園は夜も開園される。

■東端の展望台

地点15は最後の展望ポイント。対岸のザンビア側には人の姿が見える⓮。

ザンベジ川はここで東から南へ90度向きを変えジグザグ峡谷へと流れ込む。足元で渦を巻きながら激しく流れる様は見るものを圧倒する。

しかしここ（デインジャー・ポイント）には柵がなく転落の危険がある。溶岩の上は滑りやすく細心の注意が必要だ。

ヴィクトリア大橋

地点16では第7峡谷に架かるヴィクトリア大橋が間近に見える。110年以上も前に造られたとは思えない立派な橋だ⓱。この橋はジンバブエとザンビアの国境でもある。

ここを最後に出口へは15分ほどで着く。

⓯レインボー・フォールズに架かる虹。地点14

⓮東西に流れるザンビア川が南へ向きを変える。地点15

ザンビア側を歩く

■イースタン・カタラクト

ヴィクトリアの滝の東3分の1はザンビア側にある。

国境越え

イースタン・カタラクトとよばれるこの滝を近くで眺めるにはジンバブエからザンビアへ国境を渡る必要がある。

両国の公園ゲート間はおよそ2㎞。出入国手続きを含めると歩いておよそ1時間。手続きは意外に簡単だった。

カタラクト展望台

入園料20US$を支払い、滝を右に見ながらジンバブエのデインジャー・ポイントを望める展望台に向かう。

展望台から峡谷を見るとザンベジ川が90度向きを変えて流れ去る様子がよく分かる⑯。

平らな大地に深く刻まれた峡谷を眺めていると計り知れない水のパワーを感じるが、当のイースタン・カタラクトはいま一筋流れ落ちるだけ。溶岩の層が露《あらわ》になっていた。

■河床を歩く

渇水期とはいえこの時期ならではの楽しみ方がある。干上がった河床や滝が落下する間ぎわの散策だ。

溶岩の上は凸凹や割れ目、所々に水溜まりがあって意外と歩きにくい。しかしこの割れ目こそが滝と峡谷の生みの親なのだ。確かに溶岩の割れ目は今の峡谷と同じ方向に走っていた⑱。

⑯ザンビア側からの眺め。対岸に地点15がある

⑰国境のヴィクトリア大橋。ザンビア側から撮影

⑱滝の落下点。溶岩には滝と同じ東西方向に割れ目が入る

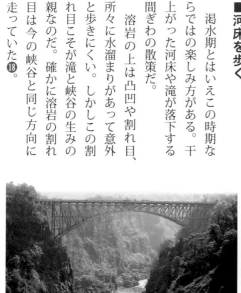

上空を飛ぶ

ヴィクトリアの滝の幅はおよそ2㎞。滝全体を眺めるにはヘリコプターを利用するしかない。

ヘリポートは町外れにある。離陸後、まずジグザグ峡谷に向かい上流の滝へと遡る。午前10時。まだ気流は安定している。

どこまでも続く広大な溶岩台地を深く刻み込んで流れるザンベジ川⑲。その谷壁に積み重なる玄武岩溶岩の層が見事だ。

高度を上げ下げしながら峡谷を進むこと10分。水煙を上げる滝の上空に出る。

大地を切り裂く峡谷と純白の水カーテン、時おり姿を見せる虹が美しい。将来、出現するであろう第9世代の滝の位置も確認できる⑳。

滝の上空を2度旋回しヘリポートへ戻る。およそ25分間のフライトだった。

⑲ヴィクトリアの滝（右）とジグザグ渓谷

⑳ヴィクトリアの滝と誕生しつつある未来の第９世代の滝の位置（白点線）。渇水期で水が少ない

❶世界最古のナミブ砂漠。朝日を浴びて浮かび上がる陰影と曲線が美しい

赤い砂丘が連なる世界最古の砂漠

⑩ ナミブ砂漠

ナミビア　2016.10

DATA

- ■交通：日本から首都ヴィントフックまでの直行便はない。南アフリカのヨハネスブルグから２時間、ケープタウンからも２時間
- ■ベストシーズン：４月〜６月
- ■登録：2013年
- ■地形：砂丘群、岩石砂漠、渓谷
- ■地質：8000万年前〜現在の砂層・礫層

ナミビアと砂漠

■ナミビアという国

ナミビアは日本ではまだ馴染みが薄い。遠くアフリカ大陸の南西端に位置し独立してまだ日も浅い。

しかしテレビやポスターなどでアプリコットの赤い砂丘を目にした人もいるだろう。緩やかな曲線を描き、明暗際立つ赤い砂丘の美しさは見る人に強い印象を与える❶。

砂漠と大自然

ナミビアは国土の大半が乾燥した砂漠からなる。日本の2倍以上の面積に人口はたったの230万。ダイヤモンド、ウランなどの鉱物資源や牧畜がこの国を支える。

しかしそうしたことが逆にこの国の魅力でもある。町を出ると野生動物が暮らす手つかずの大自然が広がる。ナミビア（＝何もない土地の意）は地球最後のフロンティアの一つだ。

■ナミブ砂漠の成り立ち

この国を代表するナミブ砂漠。東西100km、南北1300km。8000万年前に誕生した砂漠は世界最古の砂漠とされる。

西岸砂漠

この砂漠はチリのアタカマ砂漠と同じ西岸砂漠とよばれるタイプだ。

南半球の中緯度を東へ流れる寒流は大陸とぶつかって大陸西岸に沿うように北上する❷。すると西岸の空気は冷やされ重くなる。冷たく重い空気は上昇できず雲が形成されないため雨が降らない。つまり大陸の西岸地域は乾燥し砂漠化するというわけだ❷。

ナミビアの西では南極海からやってきた冷たいベンゲラ海流が北へと向きを変える。その際、南アフリカとの国境を流れるオレンジ川が河口にもたらした大量の砂も一緒に運びナミビアの沿岸に堆積させる。この砂が強い偏西風で内陸部へ吹き飛ばされ砂丘をつくるのだ。

アプリコットの砂丘

ナミビアの砂丘はアプリコットの赤が際立つ❸。酸化鉄（サビ）の色だ。日の出とともに赤い砂丘がより一層赤

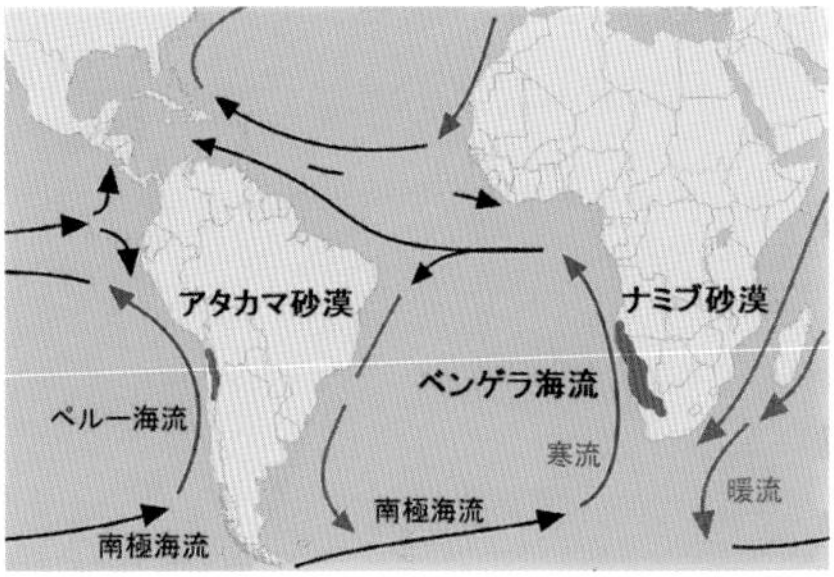

❷冷たい海流が西岸砂漠をつくる

❸細かい砂からなるアプリコットの赤い砂丘と風紋

く染まってゆく様はナミビア観光のハイライトともいえる。

　一見不毛の砂漠だが意外に多くの生き物がいる。彼らとの出会いも楽しみの一つだ。

　年間降水量約30㎜。砂漠の生き物を潤しているのは海で発生する霧と地下水だ。

ヴィントフックからナミブ砂漠へ

　日本を発って28時間。ようやくナミビアの首都ヴィントフックに到着。アフリカとは思えない落ち着いた街だ。

　ここからナミブ砂漠までは車で約4時間。路線バスがないのでツアーを利用する❹。

　14：00。2泊3日の砂丘ツアー出発。参加者は英国人男性と私の2人。ガイドは運転手を兼ねた気さくなポールだ。

　町を抜けB1号線を南に向かうと乾燥したサバンナに出る。木もまばらで見通しの良いまっすぐな道が続く❺。

多様な生き物たち

　ポールが突然速度を落とした。道端の標識の上にヒヒが1匹。車や人を恐れることもなく悠然としたものだ。

　15：10。1時間ほどで小さな町レホボスに着く❹。ここからC24号線に入りほどなく砂利道となる。雨がほとんど降らないせいか凸凹もなく快適に走れるのが意外でもある。

　道端のアカシアの木に蜂の巣の様な大きな塊がぶら下がっていた。ウィーバーとよばれる小鳥の巣だ❾。ポールによるとこの鳥はアフリカ南部に広く棲息し、ひと塊の中

❺サバンナを走る見通しのよいB１号線

❻スプリーツホーゲ峠から見たナミブ砂漠

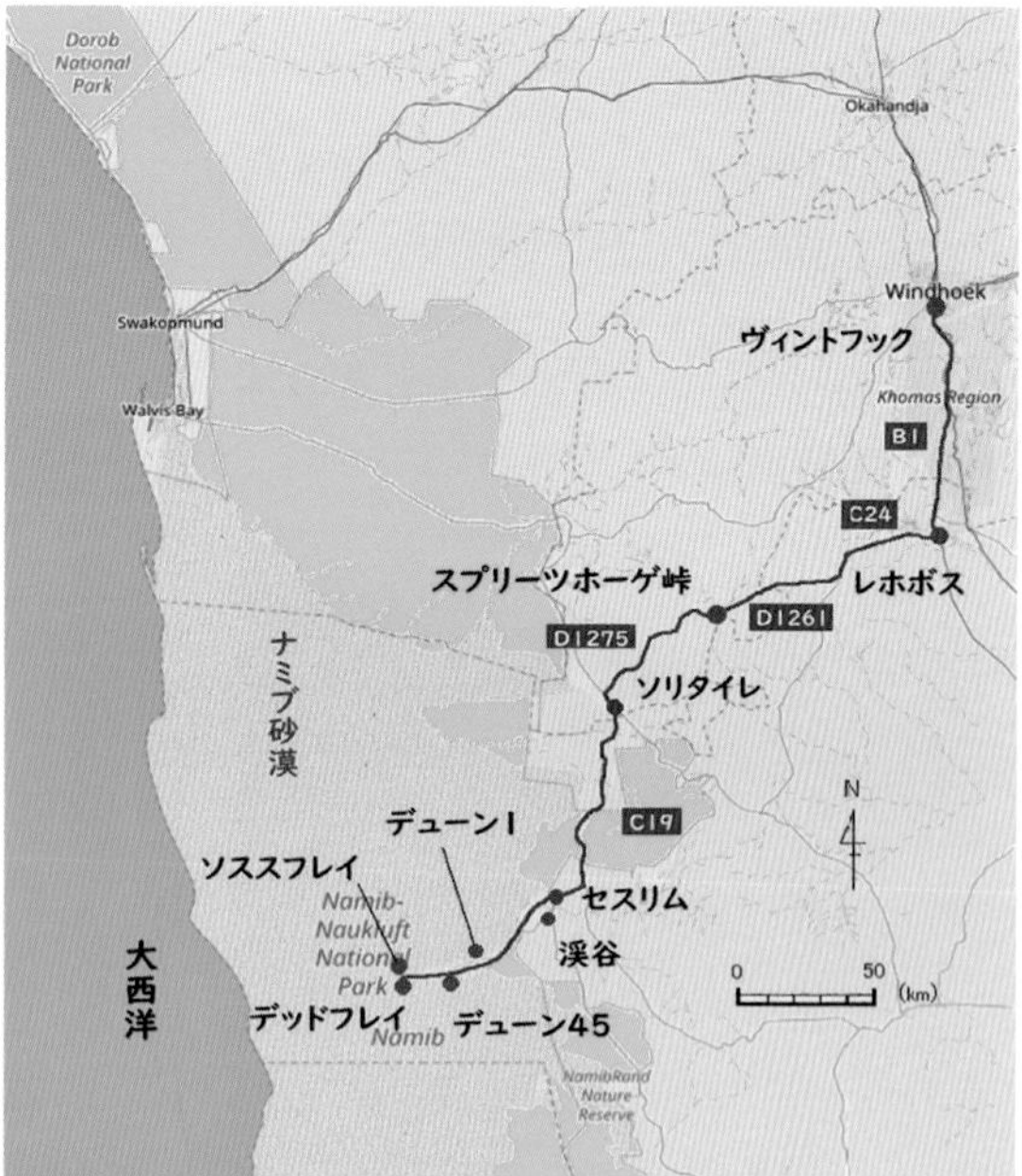

❹ナミブ砂漠２泊３日のツアー・コース

に100番《つがい》もの巣があるという。

ノーチャスの村からD1261号線を上っていくと放牧されたヤギが増える。

17：05。突然目の前の視界が開けた。標高1780m。スプリーツホーゲ峠だ❹。遠くの岩山が海に浮かぶ小島のごとく美しい❻。

岩陰ではシマウマが3頭、警戒の目差《まなざ》しでこちらを見つめている。こんな不毛な岩山にシマウマとは驚きだ。

17：30。ソリタイレの手前で左折。C19号線に入ると日が西に傾き始めた。すると今度はウシ科のオリックスとスプリングボックの群れ❽。不毛に見える砂漠にも結構いろんな動物がいるものだ。

砂漠のリゾート

18：10。国立公園の手前のロッジに到着。砂漠の中の究極のリゾートといった風情だ。

ロッジの裏の水飲み場にはいろんな動物がやって来る。オリックス、シマウマ、そしてバッファロー❾。彼らをのんびり眺めているだけでも楽しい。中でもジリスとウィーバーの異色のエサ取り合戦は見物だった❼。両者しばらくにらみ合った後、巣穴に逃げ込んだジリスに軍配が上がる。

世界最大級の砂の海 ～ナミブ砂漠

■ナウクルフト国立公園

2日目は辺境の地ナミビアを有名にした赤い砂丘を巡る。

5：30。ロッジを出発。夜明け前の砂漠は肌寒く、満天の星の中に南十字星が輝く。ここは世界有数の星空観測地でもある。

6：15。ナウクルフト国立公園の入口セスリムに到着❹。薄明かりの中で既に5、6台の車が開園を待っていた。

ここで20分ほど待たされ開門。公園内は舗装道路へと変わる。

しばらく大きな礫が

❼ジリスとウィーバーのエサ取り対決

❽砂漠に棲むオリックス。雌雄ともに長い角が目立つ

❾ウィーバーの巣とその下で休むバッファロー

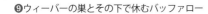

転がる河原のような砂漠を進む。砂丘はまだ見られない。

6：40。小さな空港を過ぎると東の空に太陽が昇り始めた。しかし砂丘は未だ先。日が当たる瞬間を見逃したようだ。南の空には気球が浮かぶ。

■デューン1と氾濫原

最初のビューポイントはデューン1❹❿。デューン1とは公園の入口から数えて1番目の砂丘、という意味だ。

朝日に染まる赤い斜面と黒い陰。明暗のコントラストが美しい。昼間の砂丘に比べ立体感、存在感が際立つ。

更に奥へと進むとしだいに谷幅が狭まり砂丘が近くなる。

東西に延びるこの谷はツァウチャブ川の氾濫原だ⓫。3000年前までは水が流れていたという。しかし乾燥化が進んだ今は見られない

それでもおよそ10年に1回大雨が降り洪水が発生する。特に2011年は観測史上最大の豪雨となり一時湖が出現したという。その時に堆積した砂や泥が道路際で見られる。

■デューン43

その氾濫原の奥に見えるのがデューン43だ⓫。富士山を思わせる斜面に朝日が当たり明暗二分された姿が美しい。

広大な砂漠には人工物は道路以外に一切見あたらない。夜明け間もない静かな砂漠の中で佇んでいると人の存在がちっぽけな砂丘の砂粒のようにも思えてくる。

■デューン45

デューン43の奥にポスターなどに登場する美しいデューン45がある。ここは日の出観賞スポットとしても人気だ。

砂丘の上に既に人の姿があった⓬。足跡をたどって上り始めると柔らかい砂に足を取られ思うように進めない。それでも尾根の方が斜面より歩きやすい。高くなってきた日差しが暑い。

砂丘の高さは約150m。息を入れつつ上ってゆくとしだいに視界が開ける⓮。ナミブ砂漠は「砂の海」とも言われるが、うねうねと遥か彼方まで続く砂丘は確かに大海原を想わせる。

❿朝日で赤く染まる砂丘デューン1

⓫広大なツァウチャブ川の氾濫原と朝日を浴びるデューン43

■砂漠を潤す植物

一見不毛に見える砂丘にも逞しく生きる生き物たちがいる。たとえばナミブ砂漠の固有種でナラとよばれるウリ科の植物がそれだ⑬。時に50m以上も根を伸ばし地下水を汲み上げるという。

その実にはたくさんの水が含まれメロンのように甘く、砂漠に生きる原住民やオリックスなどには欠かせない食料となる。また風に舞う砂粒を留める働きがあり、この植物の風上側では少しずつ砂丘が成長してゆく⑬。

■砂丘のでき方

ではその砂丘はどのようにして造られるのだろうか。

ナミブ砂丘の砂粒は海岸に打ち上げられたオレンジ川の砂だ。この砂が強い偏西風によって内陸へ運ばれ砂丘となる。その形と大きさは風の強さと砂の量で決まるという。

砂丘のタイプ

まず海岸に近い所で三日月型の砂丘が造られる⑮。砂の量が少なく規模は小さい。

この砂丘は成長しながら少しずつ内陸へ移動する。ある観察では1年間で75mだった。

砂丘同士が合体すると横や縦方向に並ぶようになり規模も拡大する⑮。ナミブ砂漠にはこうしたタイプが多い。

更に進むと内陸山地からの風が強まり複雑な風向きになるため尾根どうしが交差し星形の砂丘が造られる。ソススフレイの砂丘はこのタイプだ。

砂丘の赤は砂粒に含まれる

⑬ウリ科の植物でナミブ砂漠の固有種ナラと砂丘

⑫最も美しいとされるデューン45。尾根に人影が見える

⑭デューン45の尾根から麓を振り返る。平らな氾濫原の向こうにも赤い砂丘が広がる

鉄分（サビ）の色だ。酸化は時間とともに進行するため内陸に向かうほど色が赤くなる。

■ソススフレイ

デューン45から更に奥へ進むと舗装が途切れ砂地になる。細かい砂はスリップしやすくスタックする車が出現。ここでは経験と技術がものを言う。ポールは手慣れたものだ。

公園最奥部のソススフレイには2つの見どころがある。世界最大級の砂丘ビッグダディ（高さ380m）とデッドフレイ（死の沼）だ⑯。

ビッグダディ

まずビッグダディの登山を試みる。ここの砂もさらさらして足を取られ思うようには進めない。

ところどころ砂丘の凹地に白いものが溜まり、枯れ木に混じって緑の木も生えている。干上がった塩湖の跡だ。2011年の豪雨の際に出来た塩湖かそれ以前のものか分からないが、この不毛の砂漠にも大小いくつも湖が出現し緑が茂る時期もあったのだ。

20分ほど上ると眼下にデッドフレイが見えてきた。すると数人が尾根から逸《そ》れて斜面を下り始め連れの英国人も後を追う。デッドフレイに下りるのだ。

急な砂の斜面を下るコツは重心を低く後ろ寄りにしてバランスを保つこと。スリルがあって結構面白い。ただ靴の中は砂まみれで後の処理が大変。靴を脱ぎ裸足で下りるべきだった。

デッドフレイ

白い凹地を取り囲む赤い砂と青い空⑯。ひっそり佇むアカシアの枯れ木の数々。そこには絵で描いた様な不思議な異空間が広がっていた。

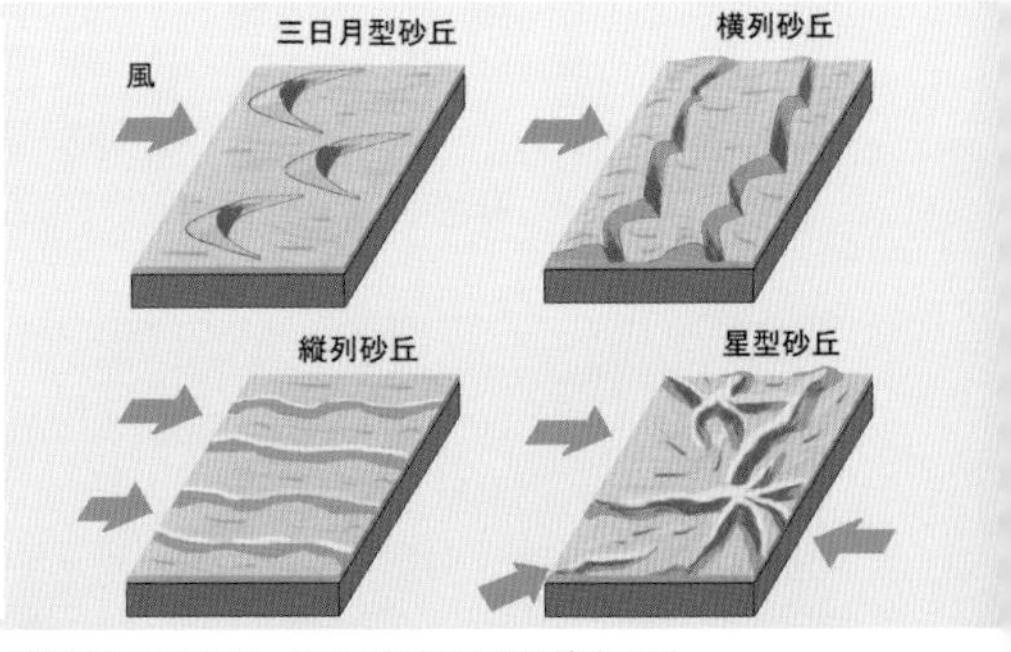

⑮砂丘のでき方。風と砂の量で形が決まる

⑯デッドフレイとナミブ砂丘で最も高いビッグダディ。380m

⑰ナミブ砂漠七不思議の一つフェアリーサークル

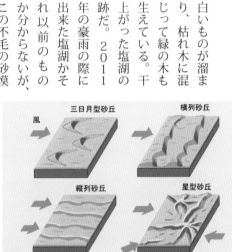

デッドフレイには900年前まで湖が広がり狩猟民が暮らしていたという。しかし今は白い塩の泥と朽ち果てた木々がその痕跡を留めるだけだ。

11：00。ソススフレイの木陰で昼食。ここは砂丘の谷間にあり地下水が流れるため緑が多い。木々の間を吹き抜ける風が心地よい。

■フェアリーサークル

公園出口の手前に不思議な造形物があった。小石の丘に描かれた大小いくつもの丸い円⑰。ナミブ砂漠の七不思議の一つフェアリーサークル（妖精の輪）だ。

直径数mから10数mまで様々なものが発見されている。最近ではシロアリが植物の根を食べ尽くし枯れた部分が丸く残ったとする説が有力とされる。しかしこれほど見事に小石が丸く並ぶものか疑問が残る。

不思議な異空間 セスリム渓谷

国立公園のゲートの南約5kmに不思議な渓谷がある❹。

平らな大地に突如として出現する渓谷。車を降りて渓谷を覗くと思わず足がすくむほど深い溝が刻まれていた。

谷の深さは約30m⑱。その谷底を歩く人が見える。大雨の時だけ水が流れ普段は伏流水となっているのだ。

滑りやすい遊歩道を注意しながら下りてゆくと崖の中腹に木が何本も生えていた。極度に乾燥した場所でも逞しく生き抜くその生命力に感心する。

谷は上流に向かってしだいに狭くなり、頭上に覆い被さる岩が今にも崩れ落ちてきそうで危なっかしい。

渓谷のナゾ

深さ30m、幅数m。極端に狭く深い溝のような渓谷。専ら下へ下へと大地が掘り下げられたのだ。この激しい下方浸食はかつての氷期に海面が大きく低下した際に起きたのだろう。渓谷をつくる地層は近くの山から運ばれてきた砂やレキからなり脆くて削られやすい。

それにしても広大な砂の海から深く切れ落ちた大地の底へ。多様な環境を生み出す自然の営みに圧倒される。

このあと夕日と星空を観賞し翌朝ヴィントフックへ戻る。

⑱砂漠に突如出現するセスリム渓谷。深さ30m

❶ケープタウンの象徴テーブルマウンティン。1087m。ウォーターフロント

豊かな自然に囲まれたアフリカ最果ての地

⑪ケープ半島自然保護区

南アフリカ　2016.10

DATA

■交通：アジアの都市から直行便があるが日本からはない。南アフリカのヨハネスブルグからケープタウンまで約2時間

■ベストシーズン：4月～10月

■登録：2004年

■地形：メサ

■地質：古生代前期の砂岩・頁岩。先カンブリア時代の変成岩・花こう岩

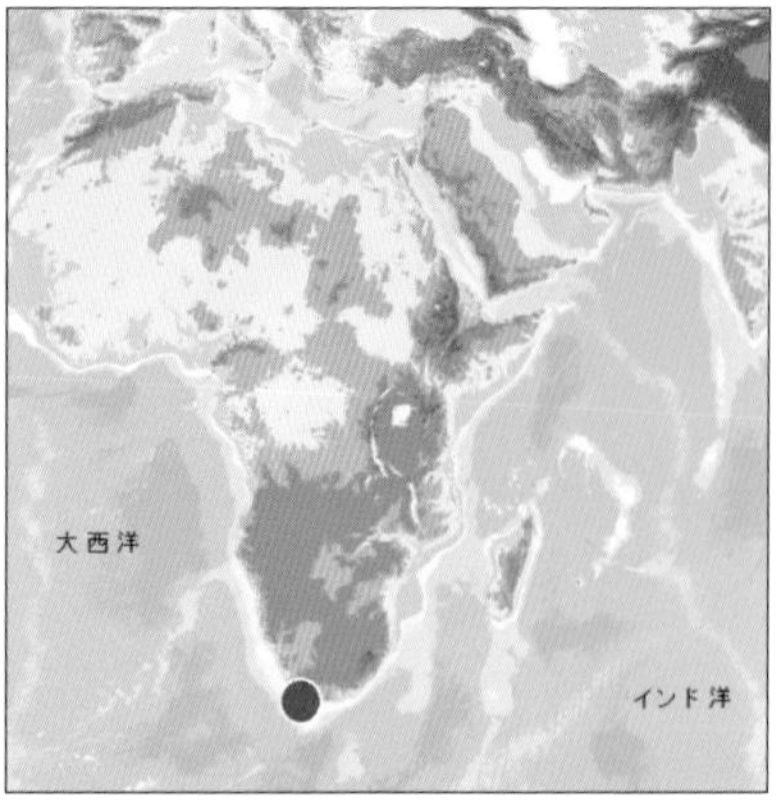

ケープタウンとケープ半島

■ケープタウン

アフリカで最も美しい街と称されるケープタウン。この街の象徴が背後に聳えるテーブルマウンティンだ❶。ナイフで水平に切り取ったかのような平らな山頂がひときわ目を引く。そして街の北には大西洋が広がる。

美しい山と海に囲まれた大都市。それがケープタウンの魅力だ。

東インド会社

アフリカ大陸の南端に位置するこの街はかつてオランダの東インド会社の補給基地として栄えた。今も残るコロニアル風の街並みが近代ビル群と相まってヨーロッパのような雰囲気を醸し出す。

■テーブルマウンティン

それにしてもこの見事に平らな山頂はどのようにしてできたのだろう。その謎を解くカギはこの山の地質構造にある。

テーブルの形成と地質

まず、緩やかな傾斜の山麓。この部分は花こう岩と古生代前期の頁岩からなる❷。一方その上の垂直な崖は同じ時代の砂岩からできている。

問題はこれらの岩石の固さの違いだ。

花こう岩と頁岩は比較的もろくて崩れやすい。一方の砂岩はケイ素を多く含み非常に固い。そのため浸食作用は山麓で速く進み固い上部の砂岩層はとり残されがちになる❷❹。しかも砂岩層は水平に堆積している。その結果メサとよばれる平らな山頂と断崖絶壁からなるテーブル状の山ができたというわけだ。水平な山頂は延々3㎞続く。

ケープドクター

テーブルマウンティンは大西洋に面し衝立《ついたて》のように聳え

❸ケープ半島の主な見どころ（ツアーコース）

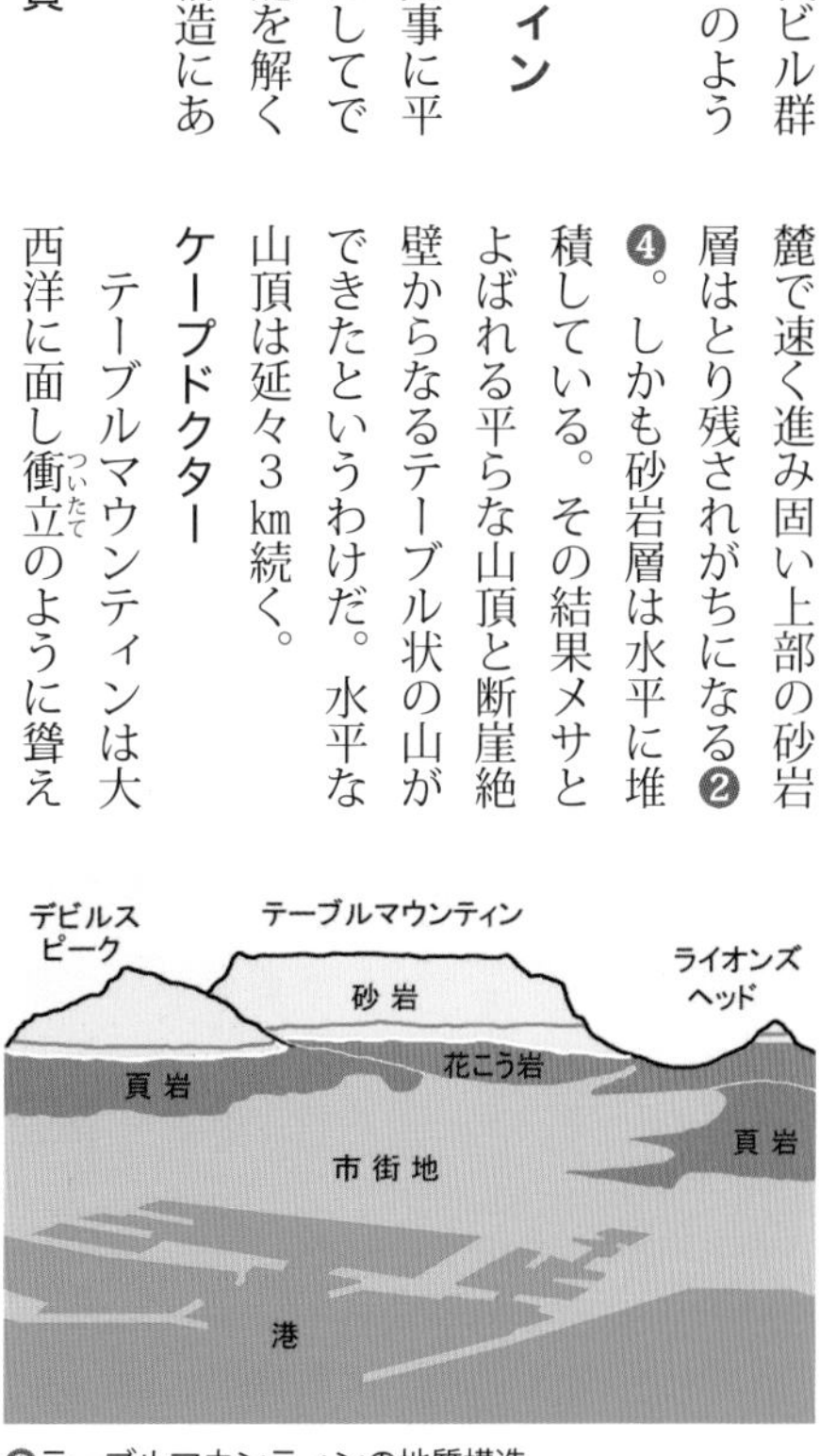

❷テーブルマウンティンの地質構造

る。そのためケープタウンの天気は変わりやすい。その予兆が山に架かる雲や霧に現れることからこの山はケープドクターとも呼ばれる。

■ケープ半島

ケープタウンの南には長さ50㎞に及ぶケープ半島が伸びている❸。有名な喜望峰を始め美しい海岸線、オットセイやペンギンのコロニーなど見どころが多い。

固有種の宝庫

特にケープ半島に生育する植物はユニークなものが多く7割が固有種とされる。この半島が世界自然遺産に登録された所以だ。

その豊かな自然の由来は半島の位置と成り立ちにある。アフリカ大陸の南端に位置する半島はインド洋と大西洋の境界付近にあり沖合で暖流のアガラス海流と寒流のベンゲラ海流がぶつかる。このことが気候に大きな影響を与え、寒暖に適した多種多様な生き物を育んでいる。

更に海水準の変動によって半島が大陸から何度も切り離され島になった経歴もユニークな動植物を生み出す元になった。

テーブルマウンテンを歩く

■人気の絶景スポット

ケープタウンのホテルに着いたのは昼前。天気も良いのでテーブルマウンティンに上ってみることにした。

❹ライオンズヘッド。水平な砂岩層の下は花こう岩

しかしこの山は周囲を絶壁に取り囲まれているため山頂までの道路がない。徒歩以外ロープウェイが唯一の交通手段だ。

12：30。標高300mのロープウェイの駅に着く。ところが既に長蛇の列。40分待ちとのこと。この日はあいにくの日曜日だった。駅の近くにはユニークな形のライオンズヘッドが聳える❹。

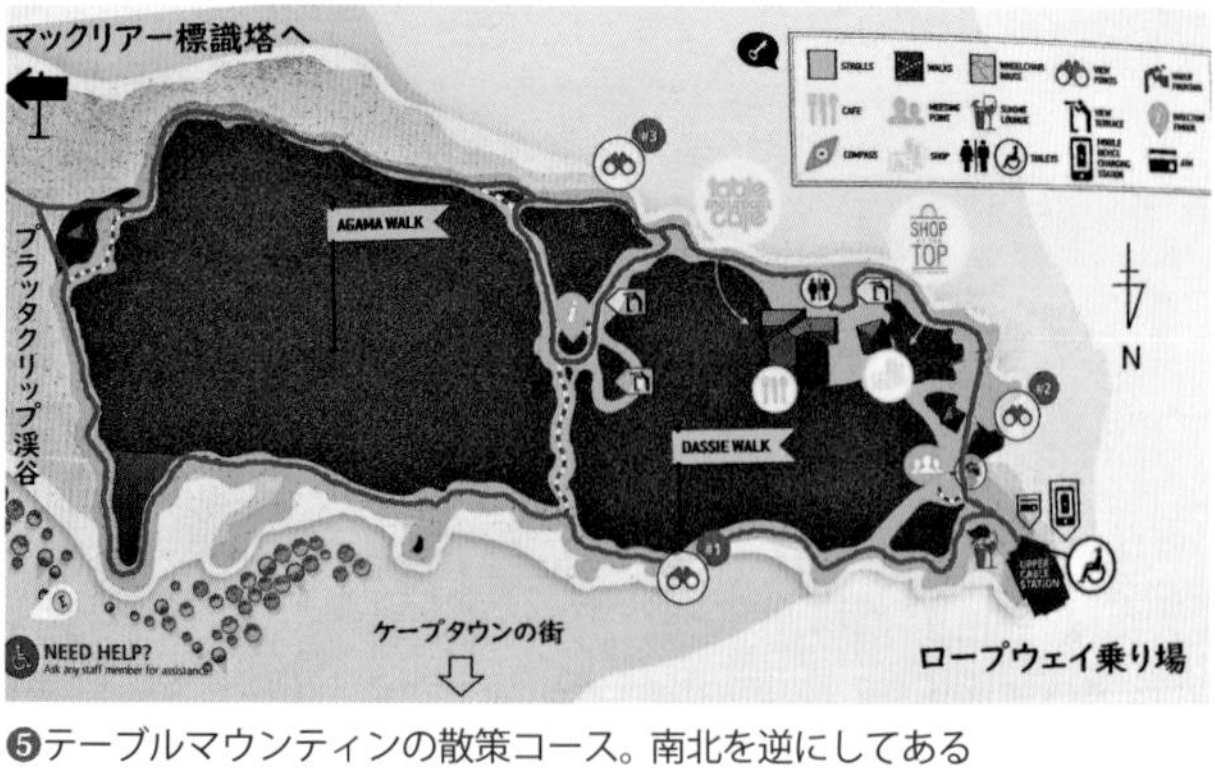

❺テーブルマウンティンの散策コース。南北を逆にしてある

13：20。5分ほどで標高1080mの山頂駅に着く。ここも大勢の人。さすがに人気のスポットだけあって眺めが素晴らしい。

北にはケープタウンの中心

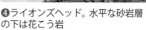

街とテーブル湾❼。2010年のワールドカップを沸かせたドーナツ形のサッカースタディアムがひときわ目を引く。

西には高級リゾートのクリフトン・ビーチとキャンプスベイ❸。白い砂浜と青い海のコントラストが美しい。

視界が開けた山頂

テーブルマウンティンの山頂は見事なまでに平坦だった❻。雨が少なく風も強いうえに岩盤が固いからだろう、視界を遮《さえぎ》る樹木が育たず遙か遠くまで見通せる。

山頂の西端から東端まではおよそ3㎞。ぐるっと一周する遊歩道が整備されていた❺。

■ユニークな固有種

歩き始めてすぐ気がつくのは今まで見たこともない草花の多さだ。特殊な地形と相まって突如別世界に紛れ込んだような気分に囚われる。かつてテレビで見た南米の秘境ギアナ高地を彷彿させる。

しかしここは大都会のど真ん中だ。時計の針が止まった孤島であるかのように原始のままの自然が残る。台地を取り囲む千mの断崖絶壁が障壁となって「外来種」の進入を

❻遙か彼方まで真っ平らな面が広がる山頂

❼山頂から見下ろすケープタウンの中心街とテーブル湾。左隅にサッカースタディアムが見える

拒み独自の生態系を維持してきたのだ。

苛酷な環境と適応

台地の上は極度に乾燥し強い風が吹き抜ける。この苛酷な環境が植物に適応進化を促し台地特有の固有種を生み出してきた❾。

例えば茎に小さなポケットをもつ花❿。霧に含まれるわずかな水分を集め水を蓄えるのだ。淡いピンクと白い花びらは優雅で気品がある。南アフリカの国花キングプロテアにも似ている。

変わりやすい天気

よく晴れていた空に急に雲がわき霧が出始めた。

大西洋からの冷たい空気とインド洋からの暖かい空気がぶつかる山頂は天気が急変しやすい。突然ロープウェイが止まったり時に遭難者が出ることもあるという。

■トレッキング

右（南）にケープ半島を望みながら東へ30分ほど進むと台地が途切れプラッタクリップ・ゴージに出る❺。テーブルマウンテンを東西に二分する細長い渓谷だ。断層で出来たこの谷は麓からの登山道に利用されている。

いったん渓谷に下り隣りの台地に上るとケープ半島の東に広がるフォルス湾が見えてくる❸。こちら側はもうインド洋だ。

15：20。台地の東端、マックリアーズ・ビーコン（標識塔）の近くまでやってくると観光客をほとんど見かけなくなった。そろそろ下山の混雑が始まる時間でもある。この辺りで引き返した方が良さそうだ。

ハイラックス

ロープウェイ駅の手前で見慣れぬ動物が目の前を横切った。イワタヌキの仲間ケープハイラックスだ❽。その愛らしい姿は地元の人たちに人気がある。

❽愛らしいハイラックス。イワタヌキの仲間

❿茎の部分に水を溜めるキングプロテアに似た花

❾リューカデンドロンの木と花。ヤマモガシ科

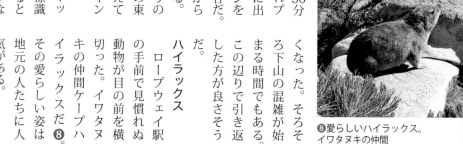

駅に着くとすでに長い人の列ができていた。

ケープ半島を巡る

喜望峰をはじめ見どころが多いケープ半島。バスや鉄道で巡ることも可能だが時間がかかる。ビューポイントを効率良く回る1日ツアーで8000円程度だ。

■キャンプス・ベイとクリフトン・ビーチ

8:40。ホテルでピックアップ。参加者は8人。

最初のポイントはテーブルマウンテンの西麓、大西洋に面したキャンプス・ベイ❸。ここは高級ホテルや別荘が建ち並ぶ世界的に有名なリゾートだ。花こう岩の白い砂からなるクリフトン・ビーチが美しい⓫。青く澄んだ海はテーブルマウンテンが強い南東貿易風を遮るため穏やかな表情を見せる。

■ドイカー島とオットセイ

10:00。ハウト湾。ここで船に乗り換えオットセイの一大コロニーがあるドイカー島に向かう❸。

島まではおよそ10分。島の周囲は結構波が高い。岩の上に寝そべって日向《ひなた》ぼっこするもの、潜水してエサを捕るものなど島を周回しながらオットセイを観察⓬。4000頭ともいわれる生息数はこの海の豊かさを物語る。島の背後に聳える高さ800mの絶壁センチネルも圧巻。

⓫クリフトンビーチとテーブルマウンテン。キャンプス湾

⓬ドイカー島のオットセイのコロニー

■チャップマンズピーク道路

ハウト湾沿いに眺めの良い有料道路が走っている。この道は固い珪質砂岩と花こう岩のちょうど境界部分を走っている。脆《もろ》い花こう岩は工事には好都合だったのだろう。

道が大きく曲がる岬の上に眺めの良い展望台がある❸。ここからはハウト湾とドイカー島、その奥にテーブルマウンテンやライオンズ・ヘッドまで見通せる⓭。

■ペンギンのコロニー

フォルス湾の一角にアフリカペンギンの営巣地ボルダーズ・ビーチ（巨礫の浜）がある。半島を横切ってインド洋に抜け南へ10分ほど走ると見えてくる❸。

徘徊するペンギン

駐車場から浜に下りる途中、ガイド氏が路面に付いた白いペンキのようなものの前で立ち止まった。町中を徘徊するペンギンのフンだ。中には民家の庭先に巣を作るカップルもいるという。

12：10。ビジターセンターから木道を歩いて浜に下りる。青い空の下に広がる紺碧の海、白い砂と巨礫《れき》の浜。空気が澄んでいるからだろうか、明るい日差しを浴びてとりわけ美しく見える。

ペンギンの巣

最初のペンギン家族は茂みの前にいた。近くに巣があり警戒しているのだろうか、じっとこちらをにらんだまま動かない。褐色のうぶ毛に覆われた小柄なペンギンは最近生まれたばかりの赤ちゃんペンギンだ。

彼らは地面に穴やトン

⑬右奥にテーブルマウンティンを望むハウト湾

⑭ボルダーズビーチのケープペンギン。上奥に花こう岩の巨石ボルダーが見える

ネルを掘ったり茂みの中で小枝を集めたりして巣を作る。繁殖は1年中行われ、通常は2個の卵を産むという。

ボルダーズビーチ

遊歩道の行き止まりに人だかりができていた。砂浜や磯辺にペンギンたちが群がり、ガーガー鳴き声で騒がしい⓮。海から戻ってきたばかりのものもいる。

ざっと数えて百数十羽。更に周辺には3000羽のペンギンがいるといわれる。

しかしなぜこんな暖かいところにペンギンなのか。それはこの近くを寒流が流れているからだ。

羽を振り振りヨチヨチ歩くもの、腹ばいになって休むもの、海で游ぎ回るもの、愛嬌のある可愛い仕草は見飽きることがない。

■サイモンズ・タウン

ペンギンたちが暮らす浜の上には古い建物が建ち並ぶサイモンズ・タウンがある⓰。こぢんまりしたこの町は冬の強風を避けるため17世紀にオランダの総督サイモンズの命《めい》で造られたという。建物のなかには国の重要文化財に指定されているものもある。

13：00。海を見下ろす見晴らしの良いレストランで海と町並みを眺めながら新鮮なシーフードを味わう。

■自然保護区と植物区

サイモンズ・タウンから喜望峰自然保護区までは白い花こう岩が美しい海岸を走る。約10分ほどで自然保護区に着く。しかしゲートの前は長蛇の車。20分ほど待たされる。

フィンボス

14：20。自然保護区に入り

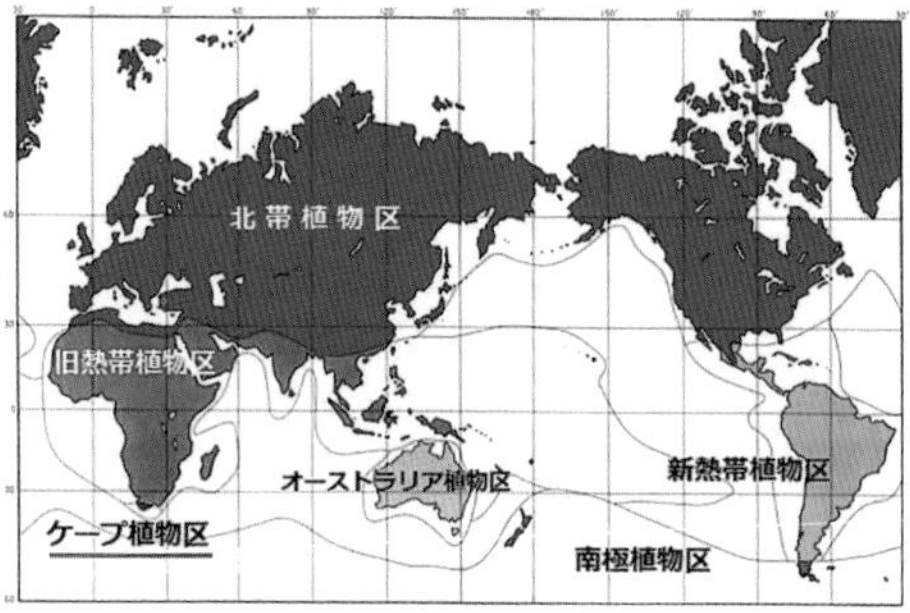

⓯世界の植物区。環境省の図に一部加筆

⓱喜望峰自然保護区。黄色い花を付けた木がフィンボス

⓰歴史的建築物が建ち並ぶサイモンズ・タウン

灌木《かんぼく》と草地からなる見通しのよい道を走る⑰。背丈の高い樹木は見あたらない。実はこの灌木林が自然保護の対象だ。一般にフィンボスとよばれ大半が固有種だ。

ケープ植物区

　世界の植物区は大きく6つに区分される。その一つがケープ植物区だ⑮。しかしその面積はごくわずかで、日本の本州の7割程度しかない。

　ユネスコの調査では種の数およそ9000。これは多様性を誇る熱帯雨林を上回り、しかも69％が固有種、というから驚く。喜望峰自然保護区にはその内の2500種が自生するという。

　この多様性をもたらした要因は、沖合を流れる暖流と寒流、夏は乾季し冬に雨が多い地中海性気候と強風、そしてアフリカ大陸最南端という地理的条件などがあげられる。

野生のダチョウ

　喜望峰の手前を走っている時だった。突然目の前にダチョウの親子が出現⑱。子どもは全部で5羽。自然保護が行き届いているからだろうか、すぐ側に車を止めても気にとめず草を食んでいた。

⑱道端に平然と現れたダチョウの親子

■喜望峰

14：40。小さな岬の手前で道が行き止まりになった。ここが世界に名高い喜望峰だ。しかし何の変哲もない岩山と礫浜だけの殺風景な場所⑲。ちょっと意外だった。

　車を降りると帽子が飛ばされそうになる。ここは沖合で暖流と寒流がぶつかり「嵐の岬」とよばれるほど風が強い。

アフリカ大陸最南端？

　喜望峰は教科書に「1498年にバスコ・ダ・ガマが初めて喜望峰を回ってインドに達した」と書かれている。そのためかここがアフリカ大陸最南端と勘違いされがちだが正しくは南西端。最南端は150km東のアグラス岬だ。

　喜望峰は海に張り出した高さ30mほどの砂岩の丘だ⑲。この強風では上るのは危険、とガイド氏。岬の横にある標識の前で記念写真を撮って済ませる。

　その標識には「南緯34度21

⑲アフリカ大陸南西端の喜望峰。南緯34°21′25″

分25秒」とある。これは大阪の経度とほぼ同じだ。これまた意外だった。

■ケープ・ポイント

ケープ半島の南端にはもう一つの岬ケープ・ポイントがある❸。崖の上の見晴らしの良い展望台は喜望峰とは対照的に大勢の観光客でにぎわう。

高さ250mの展望台まではケーブルカーもあるが、色とりどりの草花や美しい海を眺めながらのんびり上るのも楽しい。

突然茂みの中からヒヒの仲間バブーンが現れた。その先の遊歩道にもいる。人の食べ物を奪い子どもを襲ったりするので用心が必要だ。

15：30。展望台。断崖絶壁と青く澄んだ海、そして北へと伸びるケープ半島。360度の展望が素晴らしい。白い砂浜ディアス・ビーチの先に喜望峰も見える㉑。

新旧の灯台

ケープ・ポイントは展望台の更に奥にある⑳。そこに新設された灯台はアフリカで最も明るい灯台として知られる。展望台にある古い灯台は霧で見えなくなることが多いため閉鎖され、今は大気観測所に転用されている。

帰路は白砂の砂浜が美しいフィッシュ・フォーク湾に立ち寄り、M3号線で街へ戻る❸。

■テーブルクロス

テーブルマウンティンにはテーブルクロスを掛けたような平らな雲が架かることがある。乾期には山頂の生き物を潤し独特の進化を促したとされる雲だ。高気圧が張り出し強い南東貿易風が吹くときに現れる珍しい現象だ。

帰り道に運良くそのテーブルクロスが出現した㉒。

㉑ディアス・ビーチの白い砂浜と奥に喜望峰が見える

㉒山頂に平らな雲が架かるテーブルクロス現象

⑳ケープ半島最南端のケープ・ポイント。先端に新しい灯台がある

❶鋭い先鋒群と亜熱帯の深い森に覆われた渓谷。レユニオン島の代表的な地形

ホットスポットと貿易風が生み出した秘境の島

⑫レユニオン島

フランス領　2016.10

DATA

■交通：日本からの直行便はない。マダガスカルやモーリシャス、セイシェル経由となる

■ベストシーズン：4月〜6月、10月〜11月

■登録：2010年

■地形：先鋒群、圏谷群、絶壁群、火山地形（盾状火山）

■地質：500万年前〜現在の火山岩

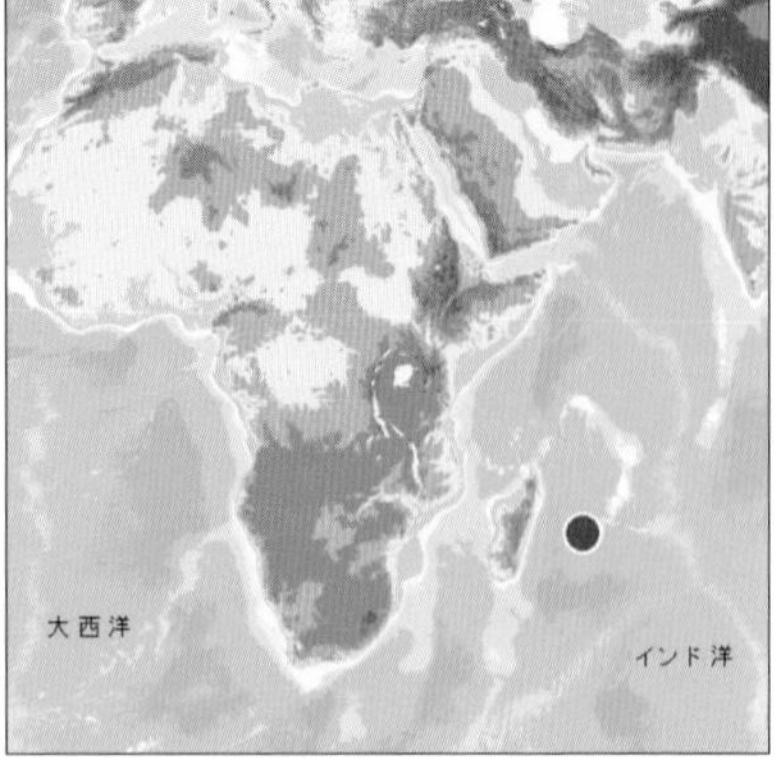

ホットスポットと貿易風の島レユニオン

■自然豊かな島

マダガスカル島の東650kmに絶海の孤島レユニオンがある。もとは無人島だったこの島に17世紀になってフランス人が住み着き、今はフランスの海外県となっている。

人口85万。小さな島の主な産業はサトウキビや観光などだ。日本ではあまり知られていないが、常夏の気候と豊かな自然を求めてやって来る観光客も多い。

島の特徴は巨大な渓谷と鋭い岩峰・絶壁群、豊かな植生、そして噴火を繰り返すフルネーズ火山などだ❶❸。こうした自然の豊かさと多様性が評価され2010年に世界遺産に登録された。

■島の成り立ち

レユニオンはホットスポットの島だ。ホットスポットとは高温のマントルが上昇してくる特殊な場所のこと。位置は変わらず、その上をプレートが移動してゆくため次々と新しい火山が誕生しては遠ざかってゆく❷。

ホットスポットと火山列

インド洋を見渡すといくつもの島がおよそ南北方向に並んでいるのが分かる❷。かつて活動した火山の島だ。

現在レユニオン島の下にあるホットスポットは、約1000万年前にモーリシャス、5500万年前にモル

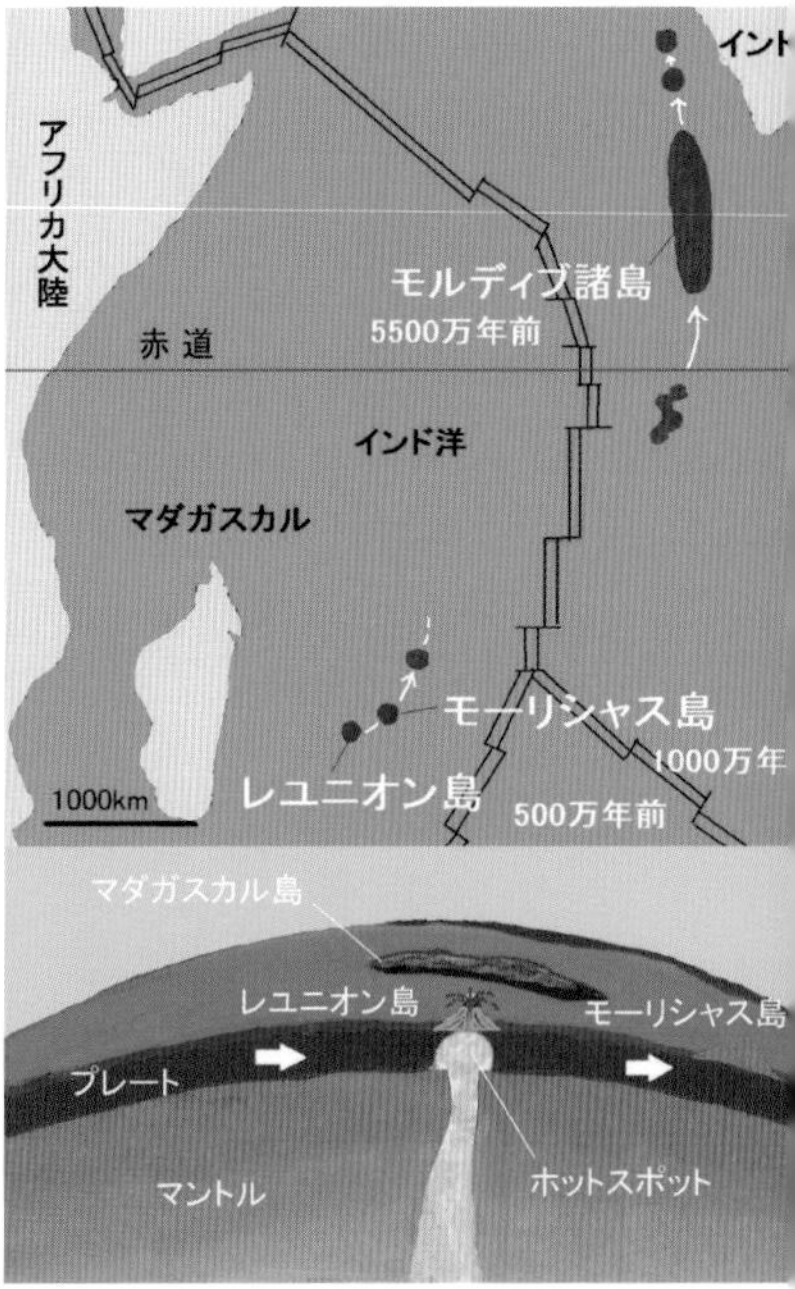

❷インド洋のホットスポットと火山島

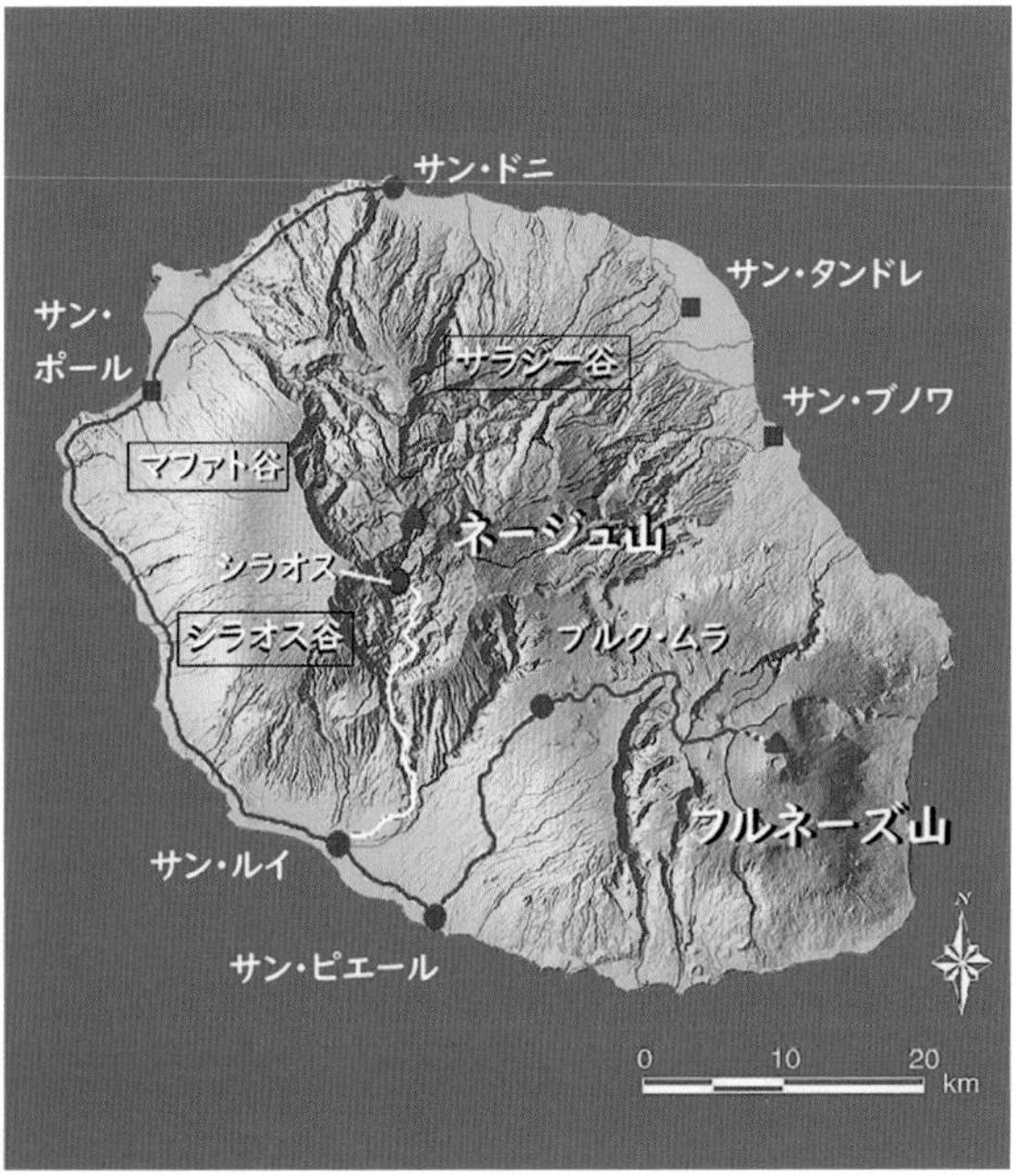

❸２つの大きな火山体からなるレユニオン島とルートマップ

ディブ、そして6600万年前にはインドのデカン高原を造ったとされる❷❹。

2つの火山

レユニオン島では500万年ほど前に海底で噴火が始まり、300万年前に島となったという。島の最高峰ネージュ山はこの一連の噴火でできた火山だ❸❼。

しかしこの火山は1万2000年前の噴火を最後に活動を停止。その前後に起きた大規模な地滑りや浸食によって3つの大きな谷（浸食カルデラ）が造られた❸。

一方、50万年前ころから火山活動の中心は島の南東部に移動、新たにフルネーズ山ができた。この火山は大きな陥没カルデラを形成し、今でも頻繁に噴火を繰り返すなど世界で最も活動的な火山の一つとして注目されている。つまりレユニオン島はネージュ山とフルネーズ山の2つの火山が合体してできた島なのだ。

❹活動を終え浸食が進むモーリシャスの古い火山

■貿易風

美しく雄大なレユニオン島の自然を生み出したもう一つの働きが貿易風だ。

南回帰線に近いこの島には1年を通して南東貿易風が吹く。湿気をたっぷり含んだ風は島とぶつかって大量の雨を降らせる。時にその量は1日で1870㎜の世界記録を生み出すほどだ。大量の雨は植物を育み島を激しく削り取る。その結果形成されたのがネージュ山を取り巻く3つの圏谷、シラオス、マファト、サラジーだ❸。

■インド洋の楽園

この島を訪れる観光客の多くは巨大な谷や渓谷、フルネーズ山などでトレッキングを楽しみ、美しいサンゴの海でのんびりとした時間を過ごす❺。絶海の孤島レユニオンはインド洋に浮かぶ楽園でもある。

❺美しいサンゴの海でのんびりバカンスを楽しむ人々

円形の大きな凹地 シラオス谷

■シラオス谷

ネージュ山を取り巻く3つの谷の一つシラオス谷。その円い形は衛星写真では隕石孔か陥没カルデラのようにも見える❸。

谷の直径はおよそ10km。地滑りと浸食作用でできた浸食カルデラだ。シラオスは1952年に1日の世界最多雨量が記録されるなど浸食作用が激しいことで知られる。

シラオスを訪れる観光客の主な目的はこの谷を起点にしたトレッキングと温泉だ。

村の北には島の最高峰ネージュ山が聳える。温泉は村の外れにありプールやサウナなどリゾート施設が整う。シラオスはまたワインや刺繍《ししゅう》の産地としても知られる。

■シラオスへの道

シラオスへはサン・ルイから1日10本のバスがある。所要1時間半。サン・ピエールからだとバスを乗り換え、最低2時間はかかる。

道は2車線。よく整備されているとはいえ想像以上に大変だ。右へ左へカーブに次ぐカーブの連続。片道35kmの間に420ものカーブがあるという。なかにはバスの両側にぎりぎり数10cmほどしか余裕のない狭いトンネルもある。無事くぐり抜けた時は車内で「ブラボー」の拍手が起こった。

しかし車窓からの渓谷の景色はすばらしい❻。緑豊かで雄大な景観は道中そのものが見どころといってもよい。

特に目を引くのは時おり見

❻シラオスへの道中。尖った鋒は固い岩脈からなる

❼島の最高峰ネージュ山。3070m。中央の谷の奥にシラオス谷がある。サンピエール

かける切り立った先鋒群だ❻。その多くは固くて浸食されにくい溶岩の岩脈からなる。

■隠れ里

サン・ルイからバスに揺られること1時間半。ようやく標高1200mの終点シラオスに着く。人口約5300。周囲を2000m級の山々に囲まれた美しい村だ❽。

しかし難所続きの道の果て、よくもこんなところに村が…、とも思う。崖崩れでどこか道が塞がれば陸の孤島と化してしまうだろうに。谷の外と結ぶ道路は1本しかない。

かつてコーヒー農園に連れて来られた黒人奴隷たちが苦役に耐えかね、密かにここシラオスに逃げ込んだのが村の始まりだという。シラオスという地名はマダガスカル語で「二度と出ることができない場所」「安全な場所」という意味だそうだ。

ちなみにレユニオン島はコーヒーのルーツの一つブルボン種の原産地でもある。

■ミニトレッキング

日本ではレユニオン島の情報は限られている。インターネットもフランス語が多くて利用しにくい。島でもフランス語が中心で英語を話せる人は少ない。そこでこの村の観光案内所を頼って来たのだが、あいにくの日曜日で閉まっていた。

案内所の掲示板の地図によるとシラオスから隣のマファトやサラジーの谷に通じるトレッキングコースがある。こ

❽地滑りを思わせる斜面に広がるシラオスの村。村の中心部はバスで10分ほど先にある

の地図を参考に向かい側のサラジー谷に抜けるコースを歩いてみることにした。

サラジー谷コース

観光案内所の前の通りを北に向かって歩くと正面にレユニオン島の最高峰ネージュ山（3070m）が望めるはずだ。しかし今日はあいにくの雲。山頂付近が微《かす》かに見えるだけだ❾。

登山道の入口は15分ほど歩いたところにあった。

コースは歩きやすく良く整備されている。分岐点には距離と時間を記した標識があり道に迷う心配もない。

高度が上がるにつれ視界が広がる。赤、青、白、色とりどりの家々が緩やかな傾斜地に建ち並び、その末端は崖となり深い谷へと一気に落ち込む❿。町は傾いた台地の上に築かれているのだ。

崖の地層を見ると大小様々な角張ったレキが含まれる。おそらくシラオスの台地は大規模な山崩れや地滑りの結果できたのだろう。

道が突然広場に出た。大勢の家族やグループがバーベキューを楽しんでいる。週末にはこうして森や海に出かけ、みんなで食事を楽しむのがレユニオン流の生活スタイルだという。

1時間ほど歩くと今度は開けた谷間に出た。溶岩の河床に巨大な岩がゴロゴロ転がる。いまは水のないこの谷も雨期になると洪水のように水が流れ大きな岩をも押し流すのだろう。

温泉とワイン

シラオスの名物は温泉とワイン。山歩きのあと温泉に浸かってワインで一杯、といきたいところだが、もう午後4時を回りそろそろ帰りの渋滞が始まる時間。早めのバスが無難だ。

それでも帰路は超満員、大渋滞だった。

❾雲の切れ間から微かに山頂が見えるネージュ山。3070m

❿大規模な地滑り堆積物？の上に築かれたシラオスの町

フルネーズ火山ミニトレッキング

■フルネーズ火山

世界で最も活動的な火山の一つフルネーズ山（2632m）。53万年前に島の南東部で活動を開始して以来、盛んに噴火を繰り返してきた。かんらん石を多く含む玄武岩質の溶岩は川のように流れ時に時速数10㎞にもなるという⑫。

カルデラと噴火

この火山は3度にわたり大きく陥没し3重のカルデラを形成した⑪。25万年前、6.5万年前、そして5000年前だ。

最近の噴火はいち番内側のカルデラとその周辺で起きている。家や畑、道路などに被害が及ぶこともあるが、間近の見物も可能とあって観光の対象にもなっている。

■火山に向かう

フルネーズ火山はレユニオン観光の目玉の一つだがバスの便がない。レンタカーかツアーを利用することになるが、今回はタクシーを頼み（5時間80€）麓のブルク・ムラからフルネーズ火山に向かった③。

朝8時。天気快晴。車は緩やかな坂道をゆっくり上ってゆく。富士山のような成層火山とは違って盾状火山は傾斜が緩やかなのが特徴だ⑬。麓に広がる牧場の緑が青空に映えて美しい。

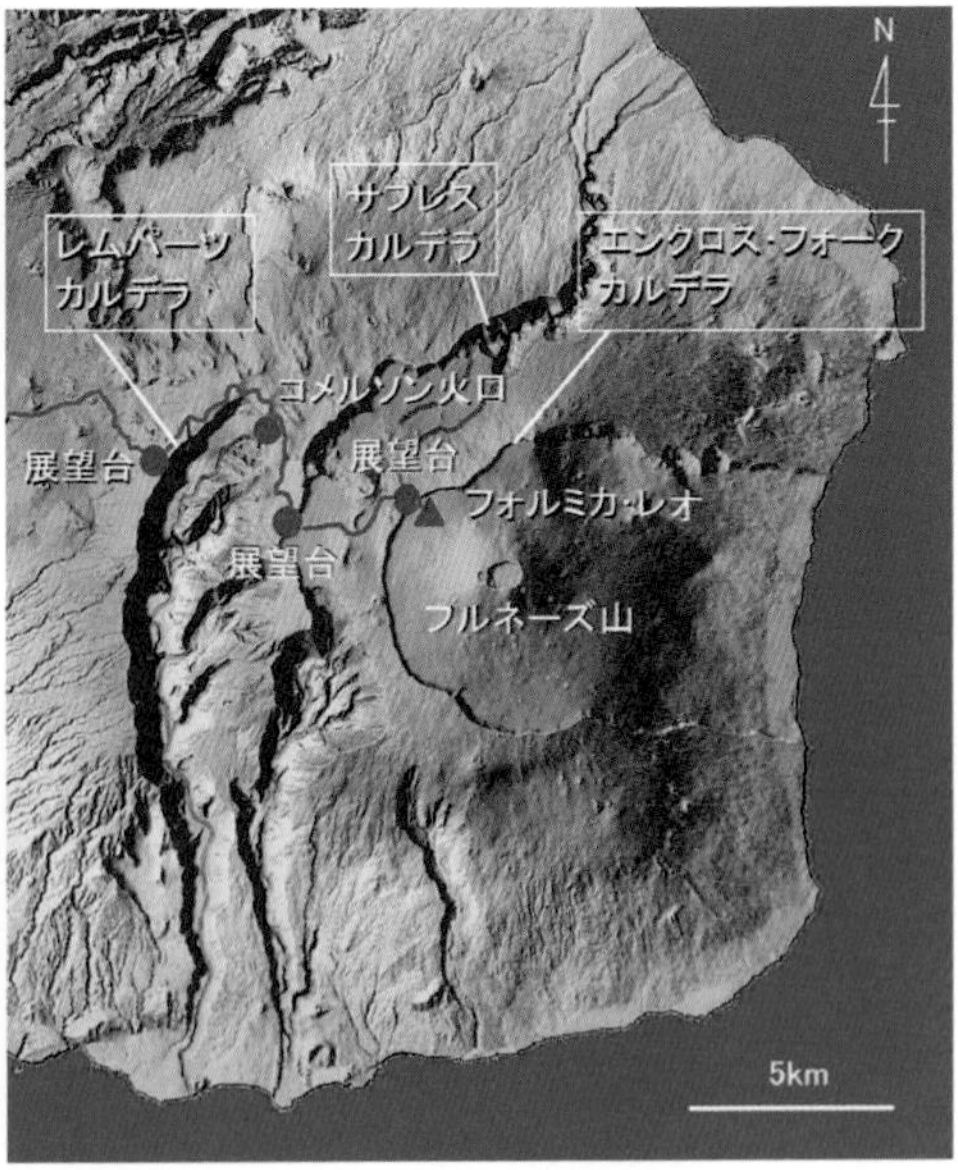

⑪３つの陥没カルデラからなるフルネーズ山

⑫2005年の噴火。©Samuel A. Hoarau

⑬緩やかな上り坂が続くフルネーズ山の道路

森を抜けると見晴らしの良い牧草地に出た。広い谷の向かい側にはなだらかなネージュ山がどっしり構える。いまは活動を停止し浸食が進んでいるが、山全体の姿はハワイの盾状火山マウナ・ロアに似ている。

■レムパーツ・カルデラ

標高2050mまで上ると道路脇に渓谷を見下ろす展望台がある⑪。この先は一気に切れ落ち、深さ800mにもなる谷が奥へと続く⑭。レムパーツ渓谷だ。

なだらかな山裾に突如出現する深い谷。この不思議な地形は25万年前にできたレムパーツカルデラのカルデラ壁だ。その様子は衛星写真を見るとよく分かる⑪。

標高が2000mを超えると植生に大きな変化が現れる。背丈のある樹木が減り、高さ1~2mの灌木が溶岩やスコリアの荒れ地を覆うようになる⑬。

■コメルソン火口

この乗客は火山に特別な関心をもっていると思ったのだろう、ドライバー氏が坂道の途中で車を止め赤茶けた岩山を指さして何やらフランス語で話しかけてきた。車を降りて見に行ってこいということらしい。コメルソン火口だ⑪。

直径200~300m、深さ約50m。火口壁には溶岩とスコリアの層が何10枚と積み重なり、かつて頻繁に噴火を繰り返したことを物語る。

■サブレス・カルデラ

更に5分ほど走ると突如視界が開け、目の前に荒涼とした大地が広がった⑮。6.5万年前にできた2つ目のカルデラ・サブレスだ⑪。

無機質なカルデラ底には生き物の姿はなく、火星か月に

⑭レムパーツ渓谷。右斜面がカルデラ壁にあたる

⑮サブレス・カルデラのカルデラ壁展望台からカルデラ底を望む。一番奥がフルネーズ火山の中央火口丘

でも降り立ったような感覚に囚われる。まっすぐ延びる道路と車が巻き上げる砂ぼこりが唯一現実世界の証だ。

　サブレス・カルデラ内の砂利道を10分ほど走ると標高2354mの広い駐車場に着く。その先には一番内側のカルデラ、エンクロス・フォークがある⑪。

■エンクロス・フォーク・カルデラ

　このカルデラは今から5000年前にできた最も新しいカルデラだ。直径8km。最近の噴火はほとんどがこのカルデラの中で起きている。

　その多くは溶岩流を噴出する穏やかな噴火だ。しかし馬蹄形に開いた東側斜面は崩れやすく山体の崩壊物がインド洋に流れ込み大津波を発生させる可能性が懸念されている⑪。

　車を降りて展望台に立つと足下に黒一色の荒涼とした溶岩原が広がっていた⑰。

フォルミカ・レオ

　真正面には何度も噴火を繰り返す中央火口丘（比高400m）、そしてその麓に吹き出物のようにぽつんと飛び出した円錐形の火砕丘フォルミカ・レオが目を引く⑰。

　展望台からこの火砕丘まで往復約1時間。生きた火山の息吹が体感できる手軽なトレッキングコースだ。中央火口丘の山頂までは往復12km、約5時間かかる。

⑯フォルミカ・レオ火砕丘。火口縁を歩く人が見える

■フォルミカ・レオトレッキング

　カルデラ壁の縁に沿って10分ほど歩くとカルデ

⑰5000年前にできたエンクロス・フォーク・カルデラと中央火口丘（2632m）。左隅にフォルミカ・レオ⑯が見える

ラ底に下りるゲートに着く。このゲートは噴火や悪天候の際にコースを閉鎖するために設置されたもの。フォルミカ・レオやカルデラ底を歩くハイカーの姿がアリのように小さく見える⑯。

ここからカルデラ底までは高低差約１００ｍ。かなり急なところがあり時にハイカーの渋滞が起きる。絶壁に自生する赤や白、黄色、色とりどりの草花が美しい。

カルデラ底

カルデラ底は黒光りのする溶岩流で埋め尽くされていた。その溶岩の表面にロープを束ねたような不思議な模様をもつものがあった⑱。温度の高い玄武岩質の溶岩流が冷え固まる際にできる縄状溶岩だ。

溶岩原のそこかしこに生える高さ２ｍにもなる灌木も不思議だ⑱。土壌のない固い溶岩の上で一体どのようにして生きているのだろう。

よく見ると木は全て溶岩の割れ目に生えている。ここには雨水が溜まり地衣類も生える。枯れた地衣類などから養分を得ているのだろうか。

スコリア火砕丘

フォルミカ・レオは高さ20ｍほどの円錐形の火砕丘だ。ガサガサしたスコリア（軽石）が堆積しているため足を取られて上りにくい。

山頂には直径40ｍを超える赤茶けた噴火口がぱっくりと口を開け、噴火の激しさと生々しさを今に伝えている⑲。

その背後にはフルネーズ火山最高峰の中央火口丘がどっしり構える。山腹に貼り付く黒々とした筋は火口から流れ出して間もない新しい溶岩流だ。それは何度も噴火を繰り返す生きた火山の証でもある。

中央火口丘まではここから更に往復4時間。山頂を目指す人たちが溶岩原の上を点々とアリの様に動いていた。

※レユニオン島からの帰国後４ヶ月経った２０１７年２月、中央火口丘の近くで割れ目噴火が発生した。

⑱不思議な形の縄状溶岩とフォルミカ・レオ火砕丘

⑲フォルミカ・レオ火砕丘の火口と中央火口丘（奥）

❶カムチャツカの真珠と称されるビリュチンスキー火山。手前のスノーバレーには美しいお花畑が広がる

多様な火山が連なる極東の秘境

⑬カムチャツカ火山群

ロシア　2014.08

DATA

- ■交通：ハバロフスクかウラジオストックを経由する。夏にはチャーターの直行便（3.5時間）がある
- ■ベストシーズン：7月～8月の夏
- ■登録：1996年（自然遺産）、2001年（拡張）
- ■地形：成層火山、カルデラ。氷河による浸食地形など
- ■地質：第四紀の火山岩

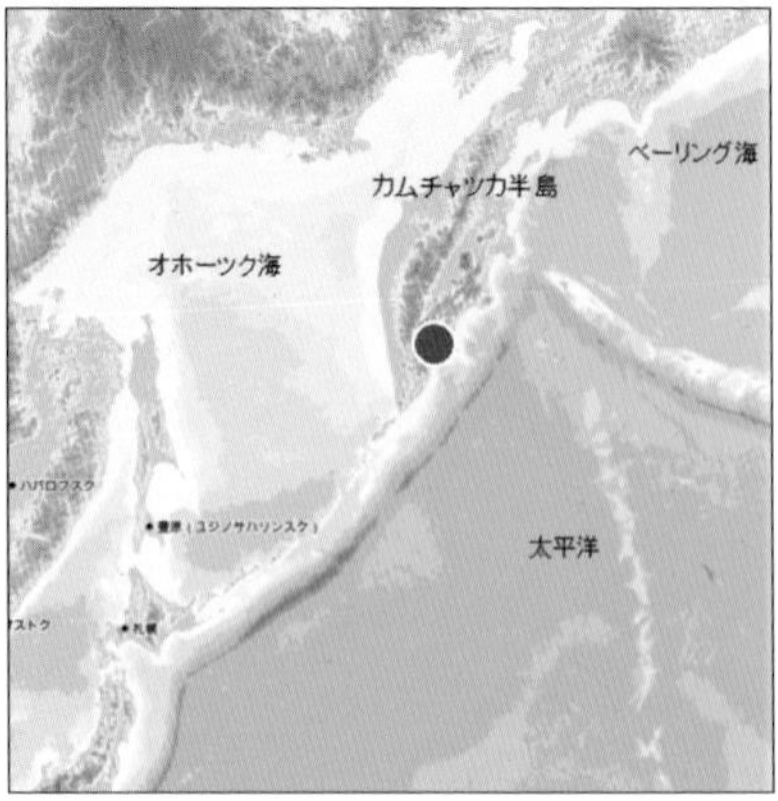

カムチャツカ半島の火山と成り立ち

ユーラシア大陸の東端に位置するカムチャツカ半島。ここにはロシアの重要な軍事施設があり冷戦終結までロシア人ですら入域が許されなかった。そのため極北の厳しい環境と相まって手つかずの豊かな自然が保たれてきた。

1991年から外国人にも開放され観光客も訪れるようになったが、日本にとってはいまだ近くて遠い存在だ。

■カムチャツカの玄関口

カムチャツカの玄関口はペトロパブロフスク・カムチャツキー（以下PKと略）❷❺。人口およそ20万。アバチャ湾沿いに拓けたカムチャツカ州の州都だ。

街の背後には活動的なアバチャ火山とコリャークスキー火山、そしてアバチャ湾越しにビリュチンスキー火山が聳える❶❸。ここは世界有数の火山地帯でもある。

■火山の成り立ち

カムチャツカ半島には100以上の活火山が集中する❷。その内の28火山が紀元後に噴火するなど極めて活動的だ。

カムチャツカの火山の起源は東の沖合から半島の下に沈み込む太平洋プレートにある。この沈み込みによって地下でマグマが発生し帯状に並ぶ火山が生み出さる❹。日本の火山のでき方と同じ仕組みだ。

❸アバチャ火山（右）とコリャークスキー火山

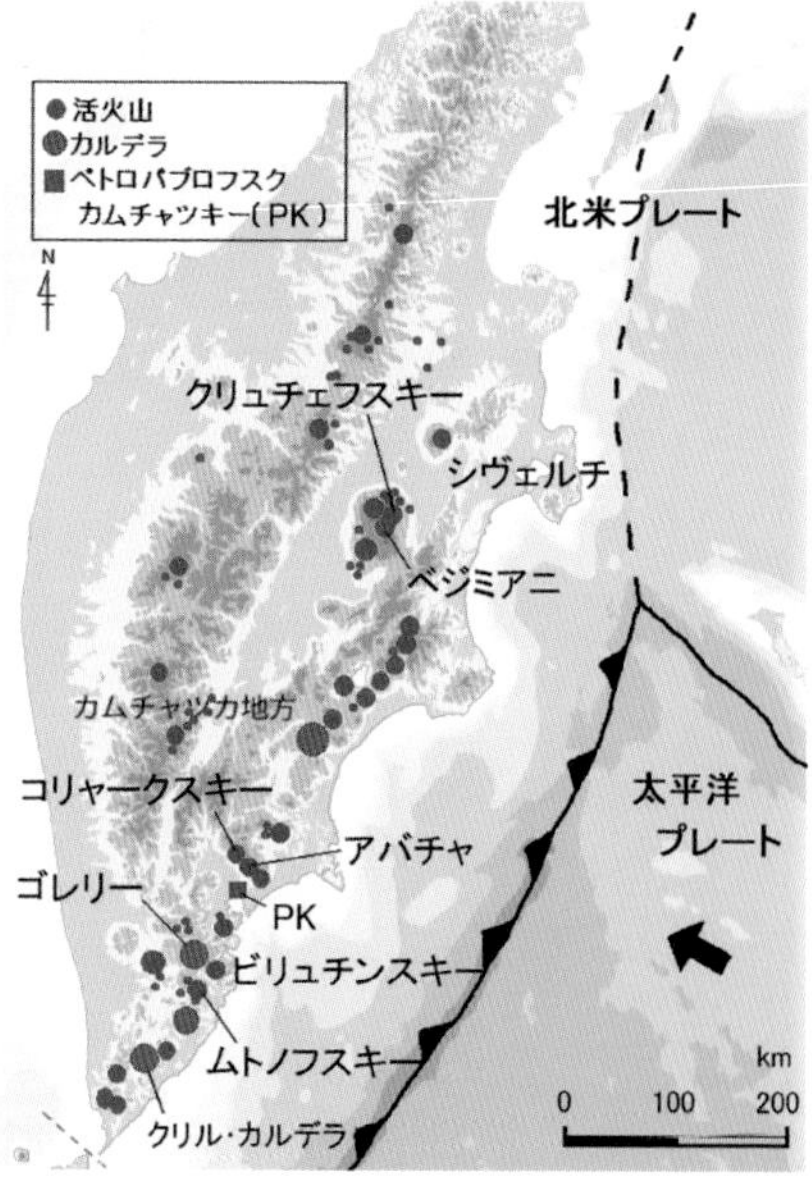

❷カムチャツカ半島の火山の分布

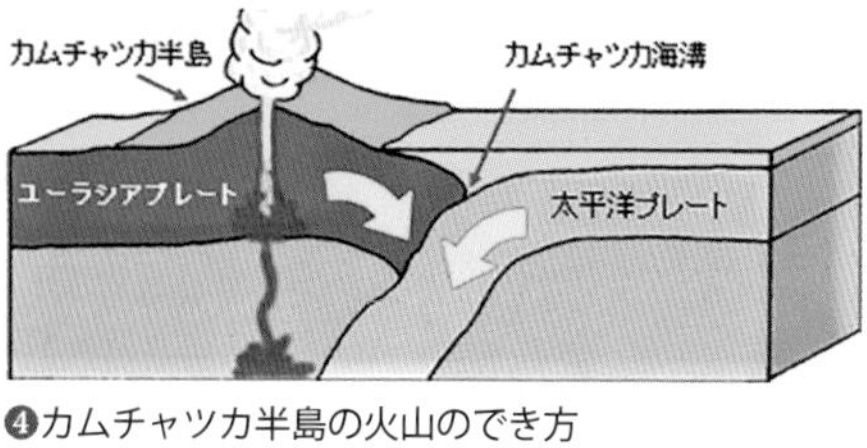

❹カムチャツカ半島の火山のでき方

更にカムチャツカの火山群は東西2列に分かれる❷。東側の火山列は比較的新しく、クリュチェフスキーやシヴェルチなど盛んに噴火する火山が多い。一方の西側には活動的火山は少ない。

アバチャ火山フラワーハイキング

州都PKの北約30㎞に活火山アバチャ山（2741m）がある❸❺。登山やフラワーハイキングで人気の山だ。夏には山腹にキャンプ村が設営され売店や食堂などが揃う。

■河床を走る

9：00。軍用車を改造した6輪駆動車で出発。乗り心地はあまり良くないが悪路に強くパワーがある。30分ほど舗装された州道を走り山道に入ると車体が上下左右に大きく揺れ始める。アバチャ山から流れ下る川に入ったのだ。夏には雪どけ水も減り伏流し始めるため河床が臨時の道路となる。

川岸には10数枚もの火山灰層が露出し頻発する噴火の激しさを伝える。

10：20。トイレ休憩。といってもカムチャツカでは一般的なスタイル、茂みの中の青空トイレだ。

女性ガイドのアンナさんとドライバー氏がたくさんのキノコを採ってきた。その目で探せばそこかしこにあがっている。しかし食用と毒キノコの区別が難しい。

■ベースキャンプ

11：10。ベースキャンプに到着。標高880m。すでに森林限界を越えている。アバチャ火山とコリャークスキー火山に挟まれた高原に赤、青、緑、色とりどりの小屋が建ち並ぶ。夏だけのキャンプ村だ。

博物館／食堂

村にミニ博物館があった。周辺の岩石や動植物、噴火の写真などを展示。さすがの世

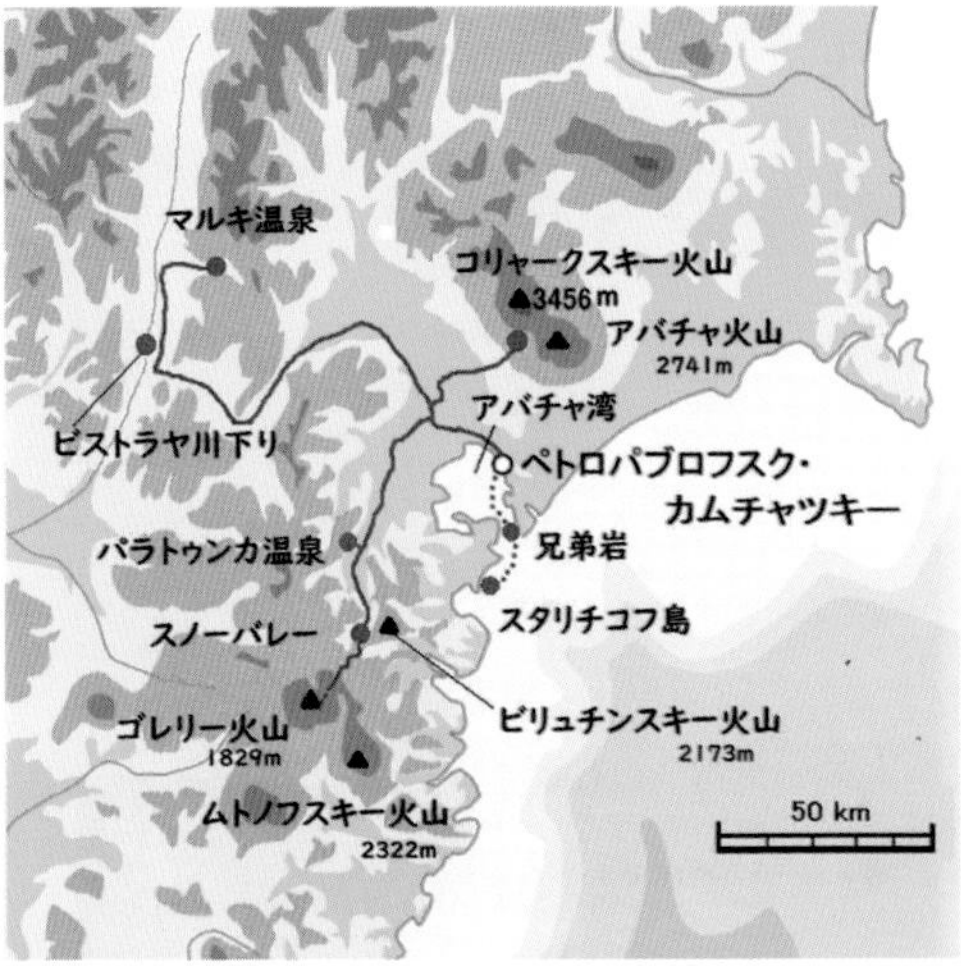

❺カムチャッカ半島ツアーのルートマップ

❻アバチャ山腹のフラワーハイキング

界遺産だが説明は全てロシア語。せめて英語表記が欲しい。

11：40。小さな食堂で昼食。ボルシチとポークカレーにサラダ。簡素な食堂の割には美味しい。その臭いを嗅ぎつけたのか高床式の建物の下に地リスが数匹やって来た。

■フラワーハイキング

12：20。フラワーハイキング開始❻。ガイドのアンナさんに保護区の監視員が加わる。

カムチャツカ富士

いつの間にか雲が薄れコリャークスキー火山が姿を見せていた❼。カムチャツカ富士と称されるだけあって均整の取れた姿が美しい。しかし2009年の噴火を含めこの100年間に4回噴火。美しい姿は活発な噴火の証でもある。

高山植物

この辺りの高山植物は種類は多いが分布はまばらだ❻。極北の厳しい環境と活発な火山活動の影響かもしれない。

アンナさんが紹介する花名に聞き覚えのあるものが多いのが意外だった。名前にミヤマやチシマが付くものが少なくない❽❾。日本の高山植物と同じか近縁関係にあるのだ。

その理由は最終氷期の数万年間、日本とカムチャツカ半島が大陸を介して陸続きだったこと、そして沖を流れる海流が半島の気候を和らげているからかもしれない。

雪氷藻類

雪渓の上を歩いていると表面が薄くピンク色に染まった場所があった❿。雪氷藻類とよばれる特殊な藻類の色だ。薄く積もった火山灰を栄養にしているらしい。

14：30。ハイキング終了。4㎞ほどのコースだった。

❼カムチャツカ富士コリャークスキー火山。3456m

❿雪氷藻類で表面が薄くピンク色に染まった雪渓

❾ミヤマシオガマ

❽チシマクモマグサ

ゴレリー火山トレッキング

ゴレリー山は州都ＰＫの南１００㎞にある活火山だ❺。道中には火山や温泉、お花畑などがあり、カムチャッカの大自然が楽しめる。

■スノーバレー／温泉

州都ＰＫを出て２時間半。標高８００ｍのビリュチンスカ峠まで上ると森林限界を超え一気に眺望が開ける。眼下には緑で埋め尽くされたスノーバレーが広がる⓫。

その奥にはゴレリー火山、背後にビリュチンスキー火山❶。雄大な眺めが遥か彼方まで続く。しかもその全てが手付かずの原始の姿のままだ。ランチを挟んで峠とスノーバレーで絶景とフラワーハイキングを楽しむ。湖畔に群生するエゾツツジがちょうど見頃だった⓬。

初日は翌日のトレッキングに備え少し早めにパラトゥンカ温泉に向かい、温泉でのんびり疲れを取る❺。

■ゴレリー火山

ゴレリー山はカムチャッカ南部の火山群の中で最も活動的な火山の一つだ❺。１９８６年の噴火以降、静穏を保っているが20世紀に少なくとも６回の噴火記録がある。

４万年前には巨大噴火を起こし13×12㎞のカルデラを形成。その後カルデラ内には新たに中央火口丘が誕生した。

⓫スノーバレーとゴレリー火山。1829m

⓬小さな池の畔に咲き誇るエゾツツジ

⓭カルデラ壁とビリュチンスキー火山

⓮白煙を上げるゴレリー山中央火口丘。1829m

■トレッキング

パラトゥンカ温泉から6輪駆動車で1時間半。カルデラ底にあるベースキャンプに着く。ここから山頂まで標高差830mを6時間かけて往復する。

10：20。登山開始。登山道は溶岩の間を縫うように進むが良く踏み固められ歩きやすい。

しばらくして後ろを振り返るとビリュチンスキー火山が雲の上に浮かんでいた⑬。均整の取れた美しい姿は富士山かと見まがうほどだ。

1時間ほど歩くと正面に白い煙が立ち上る赤茶けた丘が見えてくる⑭。ゴレリー火山の中央火口丘だ。

火口に近づくにつれ噴石や火山弾が目立ち始める。

山頂火口

13：00。山頂火口は山腹から眺めた穏やかな山容とは裏腹に荒々しい表情をしていた⑮。火口に溜まったエメラルドグリーンの湖もどこか異様な雰囲気を醸し出す。

奥にある別の火口からは盛んに白い噴煙が立ち上る。美しくも荒々しい火口。いつ噴火してもおかしくない不気味さが漂う。

火口湖を見下ろしながら遅めのお昼を済ませ御鉢《おはち》巡りに向かう。水蒸気噴火による堆積物だろうか火口の縁は泥でぬかるんでいる。滑らないよう慎重に進む。

第2、第3火口と巡り白煙を上げる火口の縁で記念撮影を済ませ下山。長居は無用だ。

16：30。ベースキャンプ着。

⑮ゴレリー火山の山頂火口湖。右奥には噴煙（水蒸気）を上げるもう一つ別の火口がある

多彩なアクティビティ

カムチャツカにはトレッキングの他にも様々な楽しみ方がある。

■ラフティング

その一つが川下りとマス釣りだ。

カムチャツカ半島の中央山地に源を発しオホーツク海へと流れる大河ビストラヤ川。この川の中流のベースキャンプからゴムボートで2時間ほどのラフティングを試みる❺。

ビストラヤ川はその名の通り「流れの速い」大河だ。人が未だ踏み入れたことのない深い森の中を音もたてずにゆったりと流れ下ってゆく⓱。ボートをこぐ必要もなくただひたすらその流れに身をまかせるだけ。それが何とも心地よい。ここにはあわただしい都会の日常にはないゆったりとした時間が流れている。

マスとヒグマ

流れのままに釣り糸を垂らしているといつの間にかマスが掛かっていた。体長約40㎝。まずまずの代物だ。

「あっ、クマだ!」。突然誰かが叫んだ。指さされた方向を見ると数10m先の川岸で1頭のヒグマが草むらからこちらの様子を伺っていた⓰。マスでも狙ってやって来たのだろうか。

⓰河畔に現れたヒグマ。尾崎純氏提供

しかし川の流れは思いのほか速い。すぐに見えなくなってしまった。ほんの一瞬の出来事だったが、その存在感は大きい。この辺りはヒグマのテリトリーなのだ。ある調査ではカムチャツカ半島におよそ8000頭のヒグマがいるという。

■アバチャ湾クルーズ

州都PKの南に広がるアバチャ湾では夏の間、観光用のクルーズ船が運行される。

船が港を出るとすぐ街の背後にアバチャ火山、湾の西方にビリュチンスキー火山が美しい姿を現す。

しかし外洋が近づくと霧が出始める。この辺りは沖合を流れる寒流の千島海流(親潮)の影響で霧が発生しやすいの

⓱流れの速いビストラヤ川のラフティングとマス釣り

だ。

兄弟岩

湾内を50分ほど南下すると海から突き出た高さ20mほどの3つの岩塔が見えてくる⓲。アバチャ湾のシンボル兄弟岩だ。その形といい大きさといいどのようにして出来たのか不思議な岩だ。

ここから波の荒い太平洋に出て海鳥の繁殖地スタリチコフ島に向かう❺。

スタリチコフ島とクジラ

絶壁に囲まれた島ではエトピリカやウミガラスなど50種もの海鳥が繁殖をする。

そんな海鳥を眺めながら島陰でヒラメ釣りに挑戦。するとここでも大物が2匹。素人には上々のできだ。

しばらくすると突然ザトウクジラが現れた⓳。親子だろうか2頭だ。目の前で豪快にジャンプしてはしばらく潜水。何度か繰り返したあと海の中へと姿を消してしまった。10分ほどの迫力のショーだった。

■河原の露天風呂マルキ温泉

火山活動の活発なカムチャツカには温泉も多い。

ビストラヤ川の支流に川底から温水が湧き出すマルキ温泉がある❺。宿泊施設が整備され、州都PKから車で2時間ほどとあって短い夏のバカンスを楽しむ家族連れで賑わう⓴。

緑に囲まれた大自然の中で川のせせらぎを聞きながらのんびり湯に浸かっていると旅の疲れも取れ心身ともに癒される。

⓲アバチャ湾のシンボル兄弟岩。凝灰角礫岩からなる

⓴大自然に囲まれた河畔の露天風呂マルキ温泉

⓳運良くザトウクジラが現れジャンプを繰り返す

❶知床五湖の「一湖」と知床連山。左端が硫黄山（1562m）、右端が羅臼岳（1661m）

火山と流氷、多様な生きものが織りなす大自然の宝庫

⑭ 北海道・知床半島

日本　2016.07

DATA

■交通：女満別空港からウトロまではバスで約２時間、JR知床斜里駅からは50分。中標津空港から羅臼まではバス乗り継ぎで約２時間。ウトロ～羅臼間はバスで50分

■ベストシーズン：５月～９月の夏

■登録：2005年

■地形：火山地形、海食崖、海食台

■地質：新第三紀・第四紀の火山岩・堆積岩

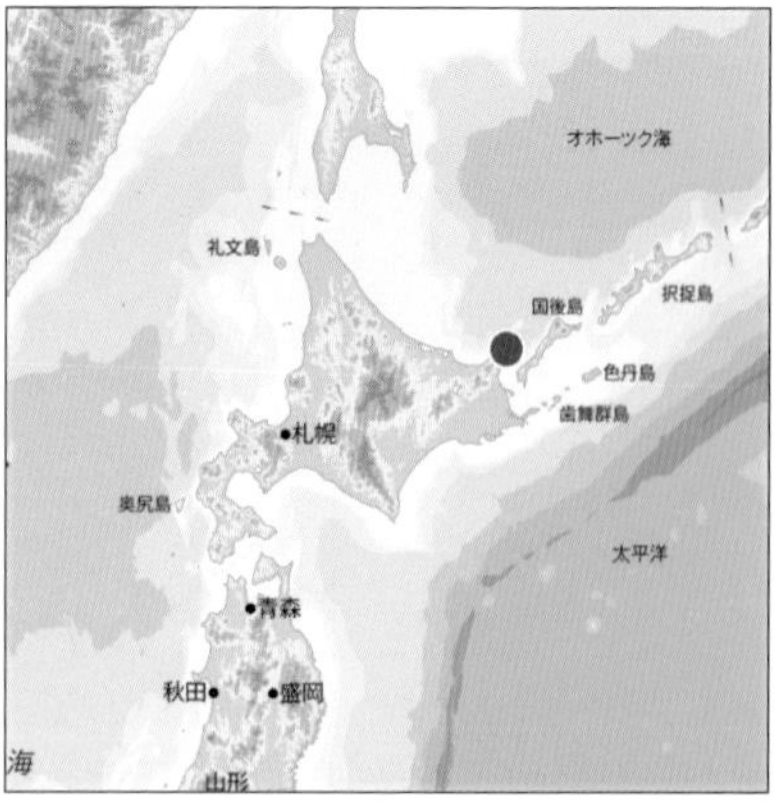

知床半島の成り立ちと多様な生き物

日本最後の秘境ともいわれる知床。険しい地形と厳しい自然環境が長く人の活動を拒んできた。そして積極的な自然保護も功を奏し今なお原生の自然が保たれている。

知床は火山岩からなり、牛の角《つの》のようにオホーツク海に突き出す。全長約70㎞、不自然にも思えるこの半島はどのようにしてできたのだろうか。

■知床半島の成り立ち

北海道の東には深さ6000mに及ぶ千島海溝がある。東から移動してきた太平洋プレートはここで北米プレートと衝突し沈み込む❷。この衝突の力が知床を隆起させ、沈み込んだプレートは知床の地下でマグマをつくる。知床は太平洋プレートの活動が生み出した半島だ。

火山活動

今から860万年前、火山活動は海底で始まった。この時噴出した火砕岩は羅臼やウトロの海岸で見られる❸。

100万年ほど前になると、プレートが押す強い力は海底を持ち上げ、火山活動は陸上へと移行する。知床岳や羅臼岳など知床の山々は隆起した海底の上に新たに築かれた火山だ❸。半島の東に続く国後《くなしり》島や択捉《えとろふ》島なども火山活動でできた島だ❷。

活動は今に引き継がれ、硫黄山、羅臼岳、天頂山は活火山として注目されている。

■多様な生き物たち

知床の価値の一つは生き物の多様性にある。ほ乳類36種、鳥類284種。知床が野生動物の宝庫といわれる所以だ。生態系の頂点に君臨するヒグマ

❸知床の地質。パークガイド知床を元に作成

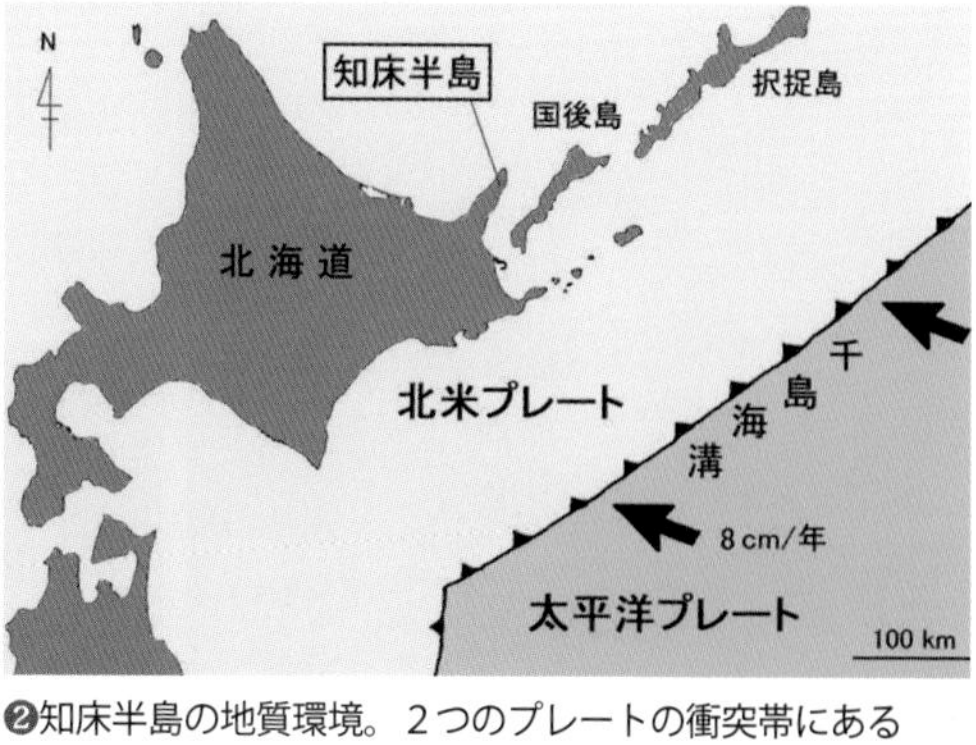

❷知床半島の地質環境。２つのプレートの衝突帯にある

やオジロワシは自然の豊かさの象徴ともいえる。

　こうした生き物たちを支えるのは多様な植物だ。海岸付近に広がる草地、山腹に生い茂るトドマツやミズナラの針広混交林。高度が上がるとダケカンバの亜高山帯からハイマツの高山帯へと変わる。さらに湿地や湖。標高差1600mの狭い範囲に多種多様な植物が見られる。

■流氷が育む豊かな自然

　知床の豊かな自然を支える流氷の存在も見逃せない。

　1月下旬、流氷はアイスアルジーとよばれる植物プランクトンを引き連れやってくる。

　春先に流氷が溶けると爆発的に増殖し動物プランクトンの大量発生を促す。カタクチイワシや知床を旅立つサケの稚魚などはこれらを餌とし、小魚を求めてイルカやクジラ、オジロワシなどがやってくる。

　再び知床の川に戻ってくるサケはヒグマやシマフクロウのエサとなり、その糞は栄養となって森を支える。流氷は知床の生き物に必要な栄養循環の起点ともなっている。

❹形とでき方がユニークな自然の傑作ゴジラ岩

斜里側を歩く

■知床世界遺産センター

　ウトロの道の駅の隣に知床世界遺産センターがある。平屋の建物に入るとまず迫力のある大型パネルが目につく。知床の自然や暮らしが一目で分かるように工夫されている。

　ここでは天気やトレッキング、ヒグマ出没情報なども得られる。知床に来たら最初に立ち寄りたいところだ。

❺溶岩ドームからなるオロンコ岩。高さ58m

❻オロンコ岩は夕日の絶景ポイント

■本物そっくりのゴジラ岩

世界遺産センターの近くにゴジラ岩がある。本物そっくりの姿にびっくり❹。なぜこんな形ができたのだろう。

よく見るとゴジラ岩の首は他の部分と様子が違う。胴体はゴツゴツして丸みを帯びるが首はスッと伸びている。岩石の種類が違うのだ。胴体は凝灰角礫岩、首は溶岩だ。

ここではまずマグマが海底に噴出し凝灰岩(水冷火砕岩)ができた。次にこの凝灰岩にマグマが貫入し溶岩（岩脈）を形成。２つの岩石の性質の違いがユニークな形を生み出したのだ。

見る角度で表情が変わるのも面白い。

■絶景ポイント・オロンコ岩

ゴリラ岩の先に大きなオロンコ岩がある❺。地下から上昇してきたマグマが海底近くでドーム状に押し広がり冷え固まった溶岩の山だ。

駐車場の奥の急な階段を上ると10分ほどで美しい草花が咲き誇る平らな山頂に着く。岩山が急峻な故にエゾシカの食害を免れ、知床本来の植生を保つ貴重な場所として学術自然保護区に指定されている。

散策路を一周すると知床連山やオホーツク海に沈む美しい夕日が望める❻❼。

■自然センターとフレペの滝

知床自然センターはウトロの町からバスで10分ほどの溶岩台地の上にある。

人気のフレペの滝はバス停から約1㎞❽。その前にセンターに立ち寄り情報を集める。ヒグマの情報と対策はぜひ聞いておきたい。

館内の大きなダイナビジョンに映し出される迫力の映像が素晴らしい。売店でハイキングマップとガイドブックを購入。食堂で食した鹿肉カレーは絶品だった。

❼オロンコ岩から望む知床連山。手前の平らな部分は溶岩台地

❽海側から見たフレペの滝

ヒグマの出没

ミニレクチャーを受けて滝に向かおうとした時だった。「たった今ヒグマが出没しました。フレペの滝の遊歩道は閉鎖します」の館内放送が流れる。連日閉鎖される遊歩道。7月はヒグマの繁殖期で行動が活発になるのだ。

自然の復元

かつて開発が進んだこの辺りは「知床100㎡運動」の基金で自然の復元が試みられている場所でもある。滝の代わりにフェンスに囲まれた森林再生区を歩く。

■知床五湖～歩き方

知床観光の目玉のひとつが知床五湖だ。地上遊歩道とヒグマの心配のない高架木道の2つのコースがある❾。後者は往復1.6㎞、約40分のコースだ。入場無料。いつでも車椅子でも散策できる。木道からの景色が素晴らしい⓭。

一方の地上遊歩道はヒグマ対策と植生保護のため時期によってルールが変わる。ヒグマ活動期の5月から7月末まではガイドによる有料ツアーに参加しないと歩けない。

■知床五湖トレッキング

ツアーの開始前にフィールドハウスでヒグマ対策の講習を受ける。その後グループごと10分おきに出発。五湖から一湖へ3時間かけて一方通行で歩く❾。参加者8人のうち4人が外国人。ガイドのMさんはヒグマの専門家で心強い。

五湖へ～エゾシカとヒグマ

最初はトドマツやミズナラなどの針広混交林を歩く。

木々の中には樹皮がはがれ枯れたものがある。エゾシカによる食害だ。その被害は40種以上に及ぶ。「覚える植物の数が減って楽になりました」とMさん。かなり深刻だ。

トドマツの幹にヒグマの爪

❾知床五湖トレッキングコース。高架木道と地上遊歩道の２つのコースがある

痕が残っていた⑩。ナイフで彫ったような細長い筋が生々しい。線の短い方が前足、長い方が後ろ足。前足で木をとらえ後ろ足で蹴って這い上がったのだ。

更に道端にはヒグマの糞《ふん》。ここは完全にヒグマのテリトリーだ。その痕跡を見るだけで緊張する。半径400mの圏内に10頭のヒグマがいるという。姿が見えないからといって居ないわけではないのだ。

出発して30分。小さな五湖に着く。ここから知床連山が望めるはずだが、あいにくの雲。深い森に囲まれた静かな湖はどこか神秘的だ。

四湖～硫黄山の山体崩壊

四湖からは硫黄山が見える。この山は噴火を繰り返す活動的な火山だが羅臼岳のような秀麗さはない。3700年前の山体崩壊によって山頂が大きく崩れたからだ。

この崩壊で流れ下った岩屑なだれは麓に流れ山とよばれる丘をつくった。遊歩道はその流山を何度も上り下りする⑪。知床五湖は流れ山の凹地に水がたまったものだ。

三湖～多様な生き物

三湖の湖岸に内部が空洞になったミズナラの大木があった。強風で上半分が折れ、雨で内部が腐食し空洞ができたのだ。それでも外側の形成層は健在で葉を茂らせ生きている、その生命力に驚く。

草むらにはコエゾゼミやミヤマクワガタ、センチコガネなど小さな昆虫がいた。

葉がちぎれ根元が露わになったミズバショウはヒグマに食い荒らされたものだ。まだ生々しい。湖面には黄色い花を咲かせたネムロコウホネが浮かぶ⑫。

二湖～木のドクター

二湖は5湖の内、最大の湖だ。その湖畔のトドマツには大きな穴が開き痛々しい。クマゲラの仕業だ。しかしMさん「この鳥は木に侵入した虫を退治してくれるドクターです」。

⑩ヒグマがつけた爪痕

⑫鏡のように風景を映し出す三湖

⑪山体崩壊で運ばれてきた流れ山のレキ

一湖から高架木道へ

一湖にはフナがたくさん泳いでいた。かつて入植者が放流したものだ。対岸には高架木道が見える。ツアーもそろそろ終わりだ。

湖の西端にある一方通行のゲートを潜って高架木道に上がると湖畔展望台に出る。目の前に広がる広大なササ原はかつての牧場跡だ。

硫黄山の岩屑なだれがつくった流れ山はここでは波のようにうねって見える。高架木道の展望台はその流れ山の上にある⑬。

広大なササ原と雪渓が残る知床連山。背後には午後の日差しを浴びてきらめくオホーツクの海。静かな展望台でしばらくぼうっと景色を眺めて過ごす。

■硫黄山新火口トレッキング

イオウの噴火

硫黄山は世界でも珍しい活火山だ。過去200年の5回の噴火のうち、最新の1935〜36年の噴火では液体のイオウが噴出しオホーツク海へと流下。大量の溶けたイオウの噴火は他に例がない。

しかしこのイオウは純度が高く火薬の原料として大量に採取されたため現在はほとんど残っていない。

ヒグマの痕跡

イオウを噴出した新噴火口までは1時間ほどで登れるが、落石地帯を横切るため通行許可申請が必要だ。

登山口に着くと真新しいヒグマの糞が落ちていた。そばには「ヒグマに注意」の看板。

⑬高架木道と知床連山。右端が羅臼岳（1661m）。奥の展望台は流れ山の上にある。知床財団提供

緊張感が増す。しかし「ヒグマは臆病な動物。声を出すなどして知らせてやると回避行動をとります。鉢合わせを避ければ大丈夫」とガイドのWさん。少し気が楽になる。

登山口から明るいミズナラの森に入る。登山道にも点々とヒグマの糞と土を掘り返した跡が続く。好物のアリの巣がお目当てらしい。

40分ほど登ってハイマツの稜線に抜けると視界が開ける。遠くにオホーツク海と知床五湖の高架木道が見える。

さらに進むと石積みの広場に出る。かつてイオウを採掘した作業小屋の跡だ。切れ落ちた谷底からはカムイワッカ湯の白い湯気がわき上がる。

新噴火口

ここから新噴火口までは約10分。火口は西側に開けた馬蹄形をしていた。火口壁は熱水やガスで脆《もろ》くなり、崩れ落ちた岩が火口を埋めていた⑭。

所々でガスが噴き出しイオウの結晶が付着する。かつて液体のイオウはここから流出したのだ。今も地下ではマグマが蠢《うごめ》いているに違いない。

ガイドのWさんが噴気孔に卵を入れ温泉卵を作ってくれた。オホーツクの海を眺めながら出来たての温泉卵でお昼を取り同じ道を引き返す。

■湯の滝とヒグマ

駐車場の近くに川となって流れる強酸性（泉源はPH2）の温泉、カムイワッカ湯の滝、がある⑮。水温28℃。少しぬるいが上流に行くと水温が上がる。しかし落石の危険があるため途中までしか上れない。

帰路、道路脇に突如ヒグマが現れた。車を止め様子を伺うと後続の車を威嚇し始めた⑯。

「コラ！」。Wさんの一喝で即森に退散するも緊張の一瞬だった。

⑭硫黄山の新噴火口。ここから溶けた硫黄が流れ出た

⑯道端に出現したヒグマ。後の車を威嚇し始める

⑮強酸性のカムイワッカ湯の滝。黄色い河床はイオウ

■知床半島沖クルーズ

ウトロ港から知床岬やルシャ沖を巡る観光船が出ている。

知床半島の地形

船から眺めると知床の特徴がよく分かる。溶岩からなる海岸は流氷と波に削られて断崖絶壁となり砂浜が少ない。そのため川は滝となり海へ直接流れ落ちる⑰。

溶岩台地の上には知床連山が聳え、海から山頂までたったの数km⑱。その狭い領域に多様な生き物が暮らしている。

ヒグマの出現

漁師の番屋があるルシャの浜辺にヒグマが数頭出没。安全な船にいても思わず緊張する。ヒグマの存在は格別だ。

クルーズではヒグマの他に断崖に営巣する海鳥や時にシャチやクジラも見られる。

羅臼側を歩く

知床横断道路で知床峠を越え羅臼《らうす》側に下りると雰囲気が変わる。海辺には浜や磯が広がり道路が海沿いを走る⑲。

この違いは地質を反映している。ウトロ側は主に固い陸上溶岩、羅臼側は脆い凝灰岩からなり削られやすいのだ③。

天気も峠を境に一変することがある。ウトロ側が晴れていても羅臼側は雨、その逆も珍しくない。

■羅臼湖トレッキング

5つの沼を巡りながら標高700mの高層湿原を歩

⑱ウトロ側の急傾斜の海岸。固い溶岩（台地）からなる

⑲羅臼側の緩傾斜の海岸。浸食され易い凝灰岩からなる

⑰カムイワッカの滝と硫黄山（1562m）

く㉑。片道3㎞、往復3〜4時間。高低差は小さいがぬかるみが多く長靴を履いて歩く。

入り口

遊歩道はバス停「羅臼湖入口」のすぐ横から始まる。入り口で入山簿に名前を記入しトドマツとダケカンバの混交林から歩き始める。すると早や幅15㎝もある大きなクマの足跡。まだ新しい。ここでもクマには気を抜けない。

二の沼

20分ほどで二の沼に出る。7月中旬とはいえまだ雪が残り、白い綿毛をつけたワタスゲが風に揺られて美しい。

更に進むとハイマツや白い花をつけたナナカマドなどの高山植物が増え始める。

雪の重みで横倒しになったダケカンバが道を遮った。曲がりくねった姿はまるで龍の様だ。その逞しさに感心する。

三の沼

この沼は湖面に映る羅臼岳が見物だ。しかしあいにくの雲。かわってミズバショウが可憐な白い花を咲かる。

突然「動かないで!」とガイドのAさん。噛まれると厄介なマダニが私の首に付いていたのだ。ササヤブなどに多いこのダニには要注意だ。

この先雪渓が残る涸れ沢に出る。空洞を踏み抜かないよう雪渓の縁を歩く。

雪渓の奥にはアヤメ湿原がある。しかし湿原というよりササ原に近い。湿原の乾燥化が進んでいるのだ。湿原を流れる澄んだ小川が美しい。

四の沼／五の沼

四の沼は湿原の丘を越えた先にある⑳。ここには氷河期の生き残りミツガシワが白い花を咲かせる。

沼を過ぎるとハイマツのトンネルに入り見通しが悪くなった。道端にはヒグマのフンや食い荒らされたミズバショウが散らばる。鉢合わせしないよう注意しながら歩く。

ハイマツの林を抜け広いササ原に出ると五の沼はすぐそこだ。右に活火山の天頂山、左に知西別岳が見えてくる。

⑳四の沼。氷河期の生き残りミツガシワが自生する

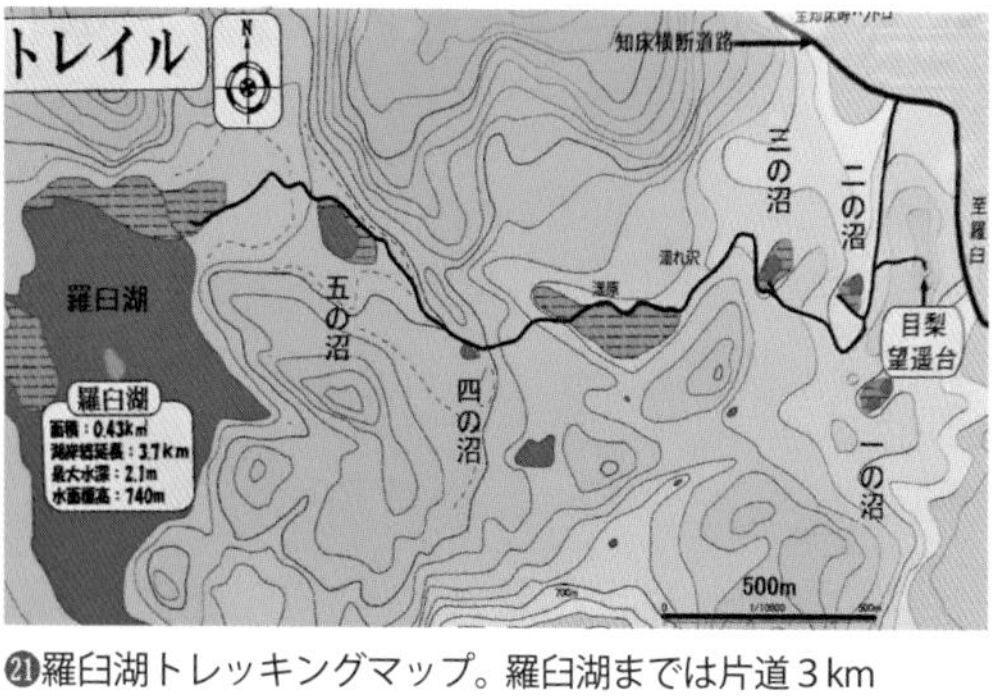

㉑羅臼湖トレッキングマップ。羅臼湖までは片道3㎞

羅臼湖

歩き始めて2時間半、羅臼湖の北にある湖畔展望台に着く。光り輝く湖と雲の隙間に見え隠れする知西別岳が美しい㉒。

一見穏やかな表情の知西別岳。しかしその山腹は大きく窪んでいる。巨大地滑りの跡だ。羅臼湖や周辺の沼はこの地滑り跡の凹地に水が溜まったものとされる。

帰りも同じ道を戻る。

■ホエールウォッチング

羅臼側のアトラクションの一つにホエールウォッチングがある。高い確率でクジラやシャチに出会えるとあって観光客に人気だ。シャチは日本では珍しく5~6月頃に多い。

船は羅臼港から向かい側の国後《くなしり》島を目指して進む。好天に恵まれ根室海峡は波静かで穏やか。国後島の中央に聳える活火山・羅臼山がひときわ目を引く㉓。長い裾野が美しい。

1時間後、国境に近づいた時だった。海に白い水煙が上がった。マッコウクジラの噴気だ。

国境の壁

更に接近を試みるが「ここから先はロシア領で進めません」のアナウンス。厳しい現実を思い知る。エンジンを止めて遠く眺める他ない㉓。

クジラはおよそ40分毎に息継ぎに浮上するという。今のチャンスを逃すと暫く見られない。

このクジラは息継ぎを5分ほど繰り返し、尾びれを高く上げたあと海の中へと消えていった。

観光船はクジラが

㉒知西別岳（1317m）と巨大地滑りでできたとされる羅臼湖

㉓北方領土の国後島。中央右に活火山の羅臼山が聳える。888m。1880年に噴火した

発するクリック音をソナーで拾い、おおよその位置を掴んでいる。そこで今度は別の個体へと移動。しばらくして発見するもこれまた国境の向こう側。暫く様子を眺め、港へ引き返す。約2時間半のクルーズだった。

■羅臼側の見どころ

ビジターセンターと間欠泉

センターは羅臼から知床峠に向かう途中にある。トレッキングやホエールウォッチングなど様々な情報が得られる。

センターから歩いて数分の所には間欠泉がある㉔。玄関に貼ってある噴出予測時刻に合わせて行ってみるとよい。

漁港と昆布漁

羅臼漁港は北海道有数の水揚げ量を誇る。1日に何度もセリが行われ、豊富な魚介類と活気のある独特のセリが見ものだ。

高級品として評判の羅臼昆布。夏の間、あちらこちらの浜で昆布漁が行われる㉕。

露天風呂

知床半島には温泉が多い。

熊の湯はビジターセンターに近い森の中にあり森林浴も同時に楽しめる㉖。

瀬石《せせき》温泉と相泊《あいどまり》温泉は羅臼港から約20㎞、道路沿いの海岸にある❸。

瀬石温泉は満潮時には沈んでしまう㉗。

相泊温泉は日本最北東端の温泉で87号線の行き止まりの手前にある。

波の音を聞きながら湯に浸り海峡越しに国後島を眺めるのもよい。

㉔間欠泉。およそ50分おきに噴き上げる

㉕昆布が干された海岸。崖の上には鯨の丘公園と灯台がある

㉖森林浴も同時に楽しめる熊の湯

㉗瀬石温泉。満潮時には水没する個人所有の温泉

❶山水画の世界を彷彿させる黄山最高峰の蓮花峰。1864m。中生代の花こう岩からなる

花こう岩と浸食作用が生み出した山水の世界

⑮中国・黄山

中国　2014.09

DATA

■交通：上海からバスで黄山市屯渓まで約６時間。屯渓から更に風景区湯口まで約１時間。列車、航空機も利用できる

■ベストシーズン：７月～10月

■登録：1990年（複合遺産）

■地形：花こう岩の浸食地形、節理、断崖絶壁など

■地質：中生代ジュラ紀～白亜紀の花こう岩

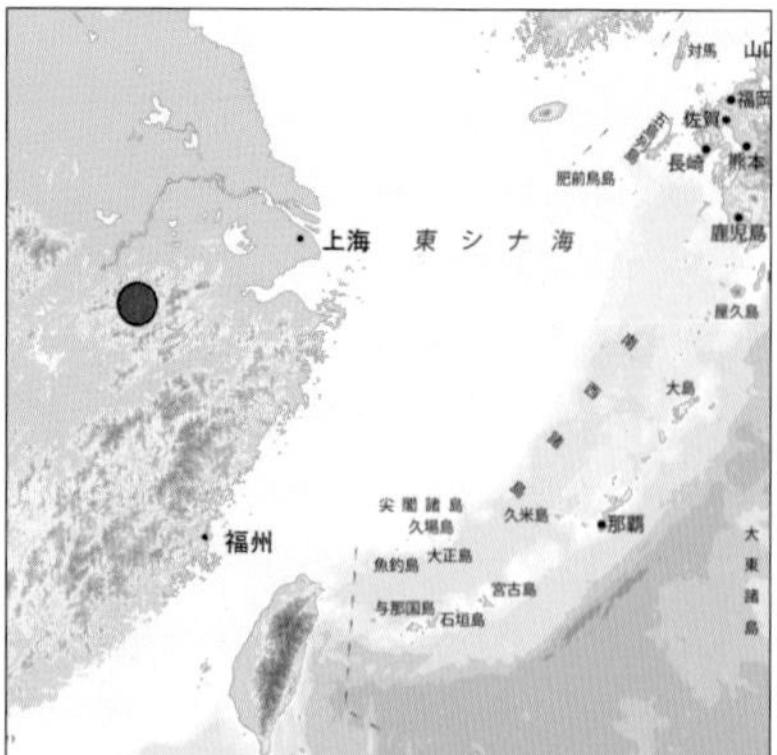

山水画の原風景と黄山の成り立ち

■中国を代表する山

中国では「黄山を見ずして山を見たというなかれ」と言われる。それほど中国の人たちの黄山への思い入れは強い。

仙人が住み山水画の原風景になったともいう険しくも美しい峰々。文人墨客を始め多くの人々を魅了してきた。今でも内外から年間200万人もの観光客が訪れる中国屈指の観光地だ。

黄山には大小72の峰がある。最高峰は蓮花峰《れんかほう》で標高1864m❶。さほど高くはないが光明頂《こうみょうちょう》（1840m）と天都峰《てんとほう》（1810m）を合わせた3主峰とその周辺が黄山の見どころとなる❸。

■黄山の成り立ち

黄山は主に中生代白亜紀の花こう岩からなり、ヒマラヤ山脈とほぼ同じ時期に隆起し始めたとされる。

花こう岩と浸食作用

花こう岩には地下深くでマグマが冷え固まる際の収縮や地表に向かって上昇する時の減圧によって縦横に無数の割れ目（節理）が入る❷。奇岩怪石が多い黄山独特の景観は、この花こう岩の割れ目にそって氷河や風雨が浸食を繰り返した結果できたものだ。

さらにその割れ目に根を下ろし隙間を広げる植物の働きが加わる。特に黄山松とよばれるマツは生命力が強く、白い岩山に映える独特の姿形が見る者を引きつける❶。

■「四絶」

黄山には往々にして白い雲がかかる。東シナ海から流れ込む湿った空

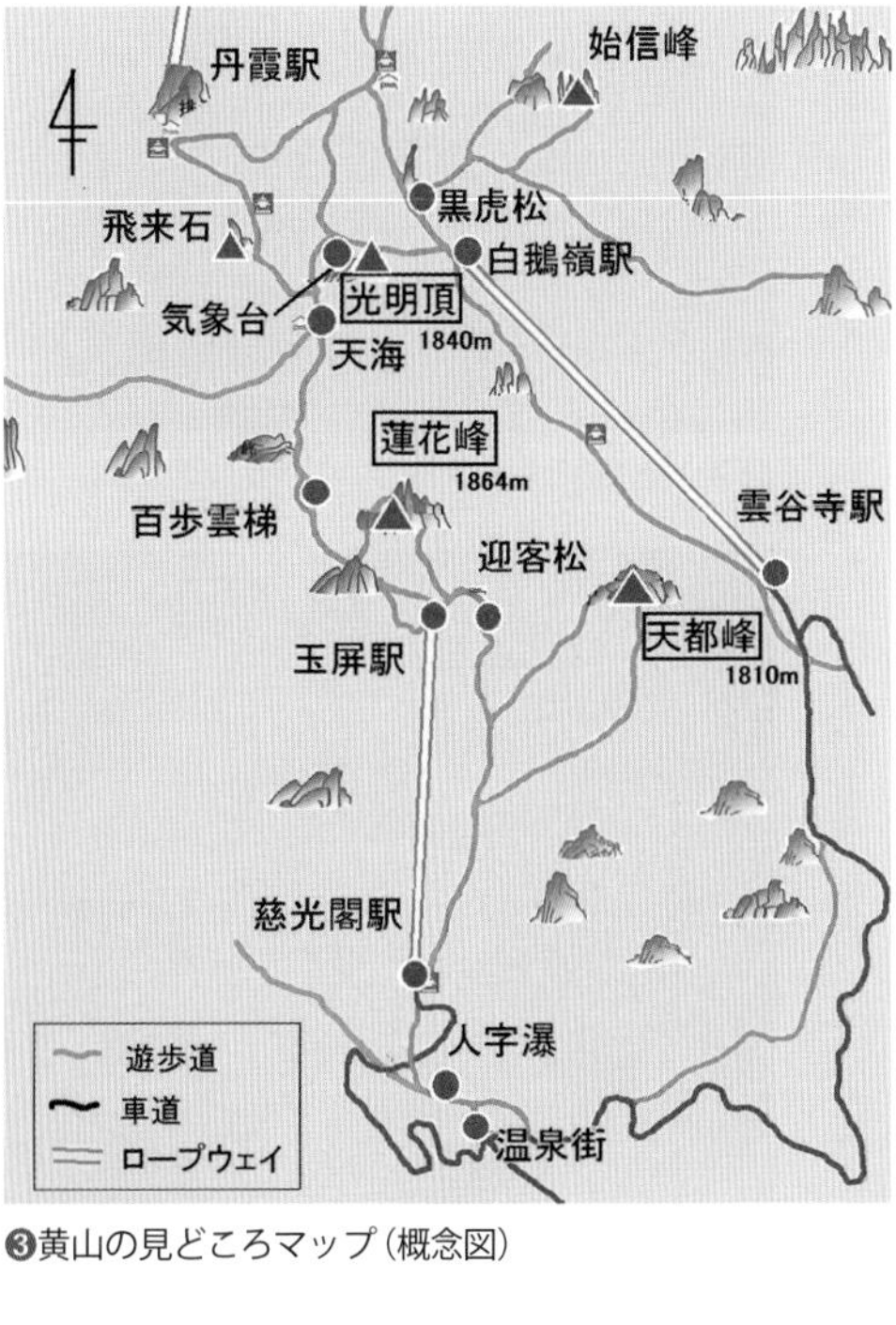

❸黄山の見どころマップ（概念図）

❷黄山を構成する花こう岩には節理が発達する

気が標高1800mの峰々にぶつかって霧や雲海を発生させ、幽玄で幻想的な雰囲気を醸《かも》し出す。そして年間2300㎜に達する大量の雨が黄山の岩山を削ってゆく。

こうした奇岩、青松、雲海に温泉を加えた「四絶」が黄山の魅力とされる。

黄山風景区は南北40㎞、東西30㎞に及び、温泉景区、北海景区、雲谷景区など6つの景区に分けられている。

広大で変化に富む黄山を歩くには2日は見ておきたい。

温泉景区を歩く

■黄山駅から風景区へ

もう一つの世界自然遺産・武夷山《ぶいさん》から青島《チンタオ》行きの寝台列車に乗り黄山駅に着いたのは朝の7時前だった。ここで黄山風景区行きのバスに乗り換え黄山へ向かう。

高速道路を走って約50分、黄山風景区の湯口に着く。予約したホテルは更に奥の温泉景区にある。

■温泉景区

湯口から温泉景区まではバスでおよそ15分。

9：00。ホテルに到着❹。早めのチェックインを済ませ散策に出かける。

温泉と人字瀑

渓谷の上流へ向かって進むと小さな温泉プールがあった。水温42℃、弱アルカリ性の炭酸泉は美肌効果がありリューマチにも効くという。熱源は花こう岩マグマの貫入に伴う構造熱だ。温泉は花こう岩の割れ目に沿って地下深くから湧き出るらしい。

この先には人字瀑《じんじばく》がある❸。長さ130m、落差80m。人の字のように二手に分かれて流れる滝だ❺。今は水量が少なく右側部分は枯れていた。

❹深い緑に覆われた渓谷沿いの静かな温泉景区

❺人の字形に二手に分かれる人字瀑。右側部分は枯れている

前海景区を歩く

■慈光閣から玉屏駅へ

観光客の多くは慈光閣《じこうかく》か雲《うん》谷寺《こくじ》からロープウェイに乗って黄山の中腹まで上り、そこ

から歩き始める❸。

ミニトレッキング

8：00。温泉景区のバス停。観光客はまだ少ない。窓口で慈光閣までの切符を買おうとすると、ぜひ歩いて行け、という。およそ1.5㎞の上りだ。

勧められるがままに人字瀑の奥から上り始める。すると「サルにエサを与えるな」の標識。この辺りではサルの群れが出没するらしい。いかにもサルがいそうな深い森だ。しかし予想外に傾斜がきつい。

慈光閣

8：25。慈光閣。切符売り場は空《す》いており直ぐ切符が買えた。片道80元、入山料230元、合計310元。日本円で6200円はかなり高いが、60歳以上は外国人でも半額だ。

慈光閣は16世紀に建てられた古い寺院だ❻。しかし現在は博物館に変わっている。

ロープウェイの乗り場に着くとすでに長い列ができていた。幸い6人乗りキャビンは回転が速く15分で乗れた。

キャビンは小さなピークを越え氷河が削ったとされるU字谷の中を上ってゆく❼。

玉屏駅

9：10。7分ほどで標高1600mの玉屏《ぎょくへい》駅に到着❽。ここも大勢の人で混雑していた。駅前広場からの眺めが素晴らしいのだ。背後に蓮花峰の断崖絶壁が迫り、眼下には雄大な景色が広がる。

とくに目を引くのは岩壁にへばり付く黄山松だ。よくもあんな急な崖にと思えるが、白い岩壁と青い松、その取り

❽山上の玉屏駅の背後には険しい岩山が迫る

❻慈光閣。ここで入山料230元を支払う

❼氷食地形ともいわれるU字谷。玉屏峰より

合わせが美しい。

　歩くコースを思案していると急に霧が濃くなってきた。麓の慈光閣ではよく晴れていたのに…。山の天気は変わりやすい。

■「迎客松」

　たくさんの人が周遊コースとは逆方向に歩いていく。不思議に思い地図を見ると近くに有名な松の木がある。この松がお目当てらしい。駅から500mほど先だ。

　9：50。その松は玉屏峰の麓にあった。手前の広場は大勢の人でごった返し人気のほどが窺《うかが》える❾。

　高さ10m、太さ70cm、樹齢約800年の端正な松❿。気品のある優美な姿は「迎客松」と名付けられ、世界の人々との友好の証として北京の人民大会堂の客間に描かれている。

　1972年に山火事が発生した際には当時の周恩来首相が1000人を動員して国宝級のこの松を守らせたという。

■変化に富む遊歩道

　10：20。道を引き返し蓮花峰へ向かう。この道もまた大勢の人。急な階段の手前など所々で渋滞が起きる。

　遊歩道はほとんどが階段か石畳になっており滑る心配はない。中には革靴やハイヒールの人もいる。急な岩山でも観光客が安全に登れるようにルートの設定や歩道の造り方に工夫がみられる。

　ときに岩壁からせり出し下を覗くと足が竦むようなところもある。変化のあるスリリングな遊歩道と雄大な眺めにアドベンチャー気分をそそられ楽しい⓫⓭。

　遠くの岩山の上に白く丸

❾賑わう迎客松広場。後方はハスの花に似た蓮花峰

⓫岩壁からせり出すように造られた遊歩道

❿有名な迎客松（樹齢約800年）。右後方は天都峰

いものが見えてきた。光明頂にある気象観測レーダーのドームだ。午後にはそのあたりを歩くはずだ。

■蓮花峰

10：30。蓮花峰の登り口に出る。しかしなぜかゲートが閉まっている。標識を見ると「2013年12月1日から補修のため閉鎖」とある。

環境保護と補修

人気の蓮花峰と天都峰は環境保護と遊歩道の補修のため5年ごと交互に閉鎖になる。つまり2018年の12月まで蓮花峰には登れないのだ。

やむなく蓮花峰の山腹を迂回するルートを進む⑬。

迂回路からはロープウェイの玉屏駅とその奥の迎客松、垂直の節理が発達した天都峰が望める。ここに来て少し地理が分かってきた。黄山にはデフォルメされた概念図はあっても正確な地図がないため位置関係が分かりにくい。

しばらくするとまた霧が出てきた。遠くの天都峰や迎客松に薄いベールがかかり幻想的な雰囲気に変わってゆく。写真に収めればそのままで山水の水墨画になりそうだ。黄山が山水画、水墨画の原風景となったとされる所以が分かる。

世界ジオパーク

遊歩道が幅2～3mほどの狭く切り立った岩壁のすき間に入った⑫。回廊のような不思議な空間。説明板によると節理が密集した部分の風化浸食によってできたとある。黄山は世界ジオパーク（地質公園）にも登録されており、随所に興味深い地質現象が見られる⑬。

蓮花亭

11：10。蓮花峰の西側登山口「蓮花亭」に到着。ここには小さな売店がありその前で弁当を広げている人たちがいる。ここは眺めの良いポイントでもあるがあいにくの霧。回復を期待して早めのお昼にする。

⑫風化浸食でできた狭く細長い回廊

⑬蓮花峰迂回ルートと突き出した石英脈（左）

■鰲魚洞から天海景区へ

蓮花亭から天海《てんかい》景区へ抜ける道は百歩雲梯《うんてい》とよばれる難所だ。手摺《てす》りのない急な階段を下る時は緊張を強いられる。

下に着くと今度は高さ100mほどの岩壁・鰲魚洞《ごうぎょどう》が立ち塞《ふさ》がる。岩壁に取り付く階段も上りと下りは別のルートに分かれる⑮。

下りはジグザグ下るが、上りは一線天《いっせんてん》とよばれる狭い谷間の階段を一直線に上る⑯。途中で立ち止まる人がいるとすんなりとは上れない。

人一人がやっと通れる狭い岩の割れ目を抜けると風景が一変。目の前に緩やかな緑の台地が広がった⑭。天海景区だ。奥には白い建物と丸いドームのある丘、光明頂が見える。黄山3主峰の一つだ。

天海景区を歩く

天海景区は起伏の小さい台地の上にあり穏やかな雰囲気に変わる。険しい岩山の岩登りが多かった前海景区とは打って変わって歩きやすくなる。

⑭天海景区。中央に標高1840mの光明頂、山頂には気象観測所がある

⑯一直線に延びる百歩雲梯の一線天

⑮下りジグザグルート、上り一線天ルートを行く人が見える。鰲魚洞

■海心亭から光明頂へ

後ろを振り返ると蓮花峰がすぐそこにあった。割れ目が無数に入りばらばらに崩れそうな姿はその名の通り蓮《はす》の花のようにも見える⑨。

12：50。坂道を下って行くと大勢の人で賑わう広場に出る。天海の海心亭だ。ここにはホテルやレストランがあり、西海と北海の各景区への分岐点でもある③。

強力《ごうりき》

ここから光明頂までは松林の階段を上る。時おり野菜や飲み物などを天秤棒で担いだ強力たちとすれ違う。車が入れない黄山では人力に頼らざるを得ないのだ。

なかには観光客を乗せたカゴかきたちもいる⑰。険しい山道だけに大変な力仕事だ。

■光明頂と気象台

13：10。光明頂。標高１８４０ｍ。黄山で蓮花峰に次いで高い3主峰の一つだ。ここは雲海と日の出、日の入りの絶景スポットとしても人気がある。

山頂には気象台があり、建物の屋上に気象観測用の大きなレーダー・ドームが設置されている⑱。気象台は１９５５年以来観測を続けているそうだが今は全面改装中で内部の見学は出来なかった。

■不思議な飛来石

光明頂の隣のテレビ塔に向かって歩いていくと道端に立ち止まって遠くを眺めている人たちがいた。

視線の先には小山の頂から突き出た大きな岩が見える。飛来石とよばれる高さ12ｍの奇岩だ⑲。空から飛んで来て突き刺さったように見えることからこの名がついたという。

光明頂から歩いて30分。いま人気のパワースポットだ。

⑰観光客を運ぶカゴかき。険しい山道の重労働だ

⑱光明頂には気象観測用のレーダーがある

■氷河が削ったU字谷？

光明頂とテレビ塔の間に展望台がある。ここから見下ろす谷は氷河が削ったU字谷とされている⑳。

しかし黄山は屋久島とほぼ同じ北緯30度だ。数万年前の氷期に果たして標高１８００ｍに氷河が存在したかどうか異論もある。

東海〜北海景区を歩く

■東海景区

14：00。東海景区と北海景区への分岐点。ここでは下山道のある東海景区を選択する。

この辺りは黄山でも奥地にあたる。蓮花峰周辺の賑わいに比べるとさすがに人も少ない。静かな松林の中を進む。

20分ほどで白鶴山荘に着く。「ここは絶景撮影ポイント」の標識もあいにくの霧。それでも標識の横で霧をバックに記念写真を撮るグループもある。

14：40。よく整備された石段を下りると展望台の広場に出る。しかし相変わらずの霧。眺望はきかない。

道迷い

ここからは「雲谷ロープウェイ迄約10分／歩行下山約2時間」の標識に従い、歩いて下りるコースを進む。

しかしどうも様子がおかしい。下山道が見当たらない。分岐点を見逃したのだろうか。

黄山では要所に地図や標識はあっても距離や時間表記がなかったりデフォルメされた地図が多くて分かりにくい。

20分くらい進んだころだった。標識を見るといつの間にか下山道を大きく逸《そ》れ北海景区に向かって歩いていることが判明。急に疲れが出る。

■北海景区

こうなると歩いて下山するのも億劫《おっくう》になる。迷ったついでに北海景区に足を伸ばすことにした。

見どころの一つとされるのが黒虎松《こくこしょう》とよばれる松だ。への字形に伸びる枝ぶりが虎が

⑲山に突き刺さったとされる飛来石。左下に人がいる

⑳U字型の谷。氷河の浸食によるものか疑問もある

走っているように見える。

また探海松は垂直の岩壁に根を張り斜めにまっすぐ枝を伸ばす姿が印象的だ㉑。

それにしてもなぜこんな断崖絶壁に松なのだろう。

黄山松

黄山松の根には特殊な働きがある。根から酸性物質を分泌し花こう岩に含まれる雲母や長石などからカリウムを溶かし出す。黄山松はこの成分を栄養素として吸収し成長するという。

しかしその成長速度は驚くほど遅い。高さ3.5mほどの探海松で樹齢500年に達するという。

■始信峰

この先をしばらく進むと始《し》信峰《しんぽう》の料金所（10元）がある。標高1683m。さほどきつい登りではなさそうだが、もうその気にはなれない。それにこの霧だ。

薄く霧のかかった始信峰が幻想的に見える。その谷底は足がすくみそうになるほど深い㉒。黄山ではかつて仙人が住み修行をしたといわれるが、きっとこんな場所が選ばれたことだろう。

しばらくすると雨が降り始めた。気温もぐっと下がり肌寒く感じる。結果的には徒歩での下山をあきらめてよかったのかもしれない。いつの間にか人影も減っている。

■下山

16：00。ロープウェイ白鵝嶺駅❸。時間と天気のせいだろうか乗客は誰もおらずすぐに乗れた。

麓の雲谷寺駅まではおよそ15分。駅を出ると近くに黄山地質博物館がある。展示を一通り見学し下山バスに乗る。

㉒切り立った始信峰東斜面の深い谷

㉑垂直岩壁に根を張る探海松。推定樹齢500年

❶中生代ジュラ紀の砂岩・礫岩層からなる武夷山の丹霞地形と九曲渓

豊かな自然が織りなす碧水丹山と銘茶の里

⑯中国・武夷山

中国　2014.09

DATA

■交通：福州から鉄道で約５時間、上海から快速で約９時間。上海、北京、広州からのフライトもある

■ベストシーズン：７月〜11月

■登録：1999年（複合遺産）

■地形：丹霞地形など

■地質：中生代ジュラ紀〜新第三紀の砂岩・礫岩層

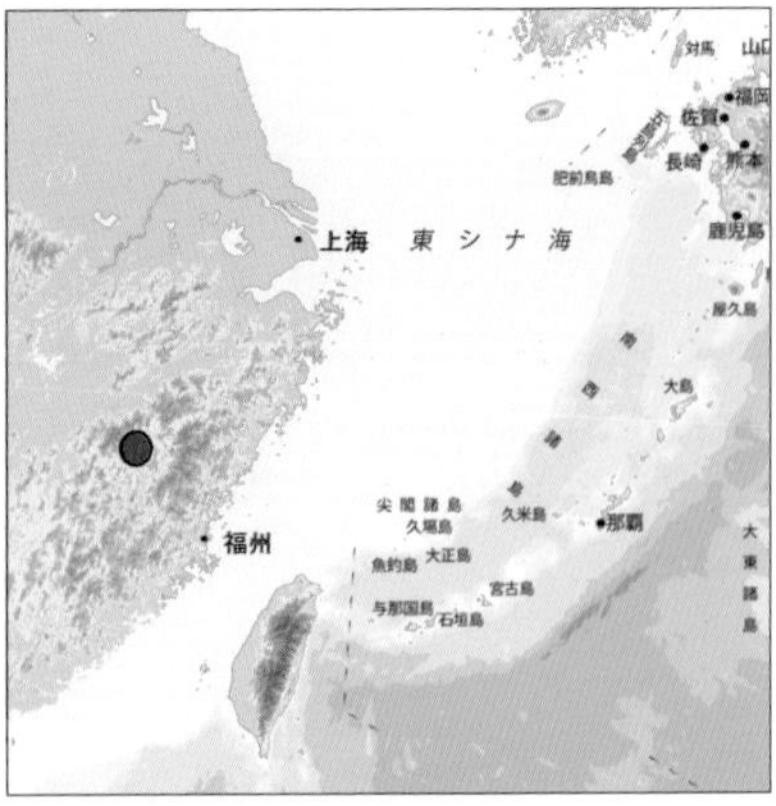

武夷山と丹霞地形

■山水の名勝・武夷山

黄山、桂林と並び山水の名勝として知られる武夷山《ぶいさん》。お茶好きの人の間では高級ウーロン茶の産地としてよく知られるが、日本での知名度はさほど高くない。

武夷仙境

武夷山の魅力は丹霞《たんか》とよばれるその独特の景観にある。赤く切り立った岩壁や岩塔、谷間を縫って流れる渓流❶。

その景観は武夷仙境と称えられるが同じ仙境でも黄山とはまた違った趣がある。男性的な黄山に対して女性的な武夷山とでも言えるだろうか。

武夷山風景区は黄山の南約300kmの福建省にある。東西5km、南北12kmのエリアは九曲渓《きゅうきょくけい》、天游峰《てんゆうほう》、武夷宮など6つの景区に分かれるが、絶景ポイントの天游峰、有名な茶樹「大紅袍」、九曲渓の川下りなど、主な見どころを巡るだけでも2日はかかる。

■武夷山の成り立ち

では武夷山の多様で美しい景観はどのようにしてできたのだろう。

丹霞地形

武夷山の外にも中国南部では「丹霞」とよばれる独特の地形が知られる。日本では夕焼け雲の意味で使われるが、中国では丹《あか》い堆積岩が織りなす切り立った岩壁や岩塔を伴う地形を意味する。広州の丹霞山（世界自然遺産）がその典型とされ、地形の名の由来ともなっている❷。

赤い砂礫層

丹霞をなす地形の多くは中生代ジュラ紀から新第三紀にかけて亜熱帯の川や湖に堆積した砂や礫の層からなる。赤い色は堆積物に含まれる鉄やマンガンに由来

❷赤い岩壁と岩塔が特徴の典型的な丹霞地形。丹霞山

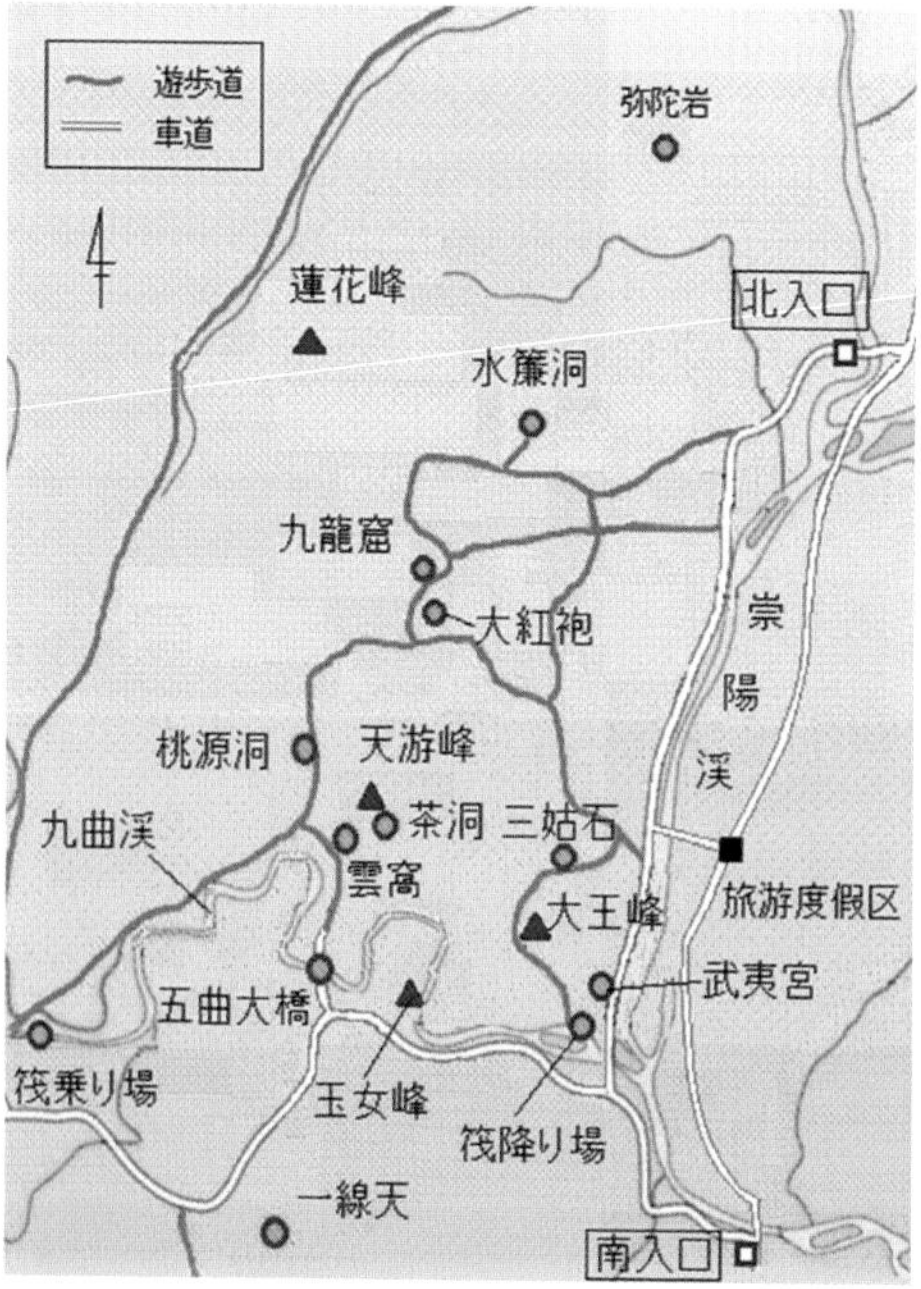

❸武夷山の見どころマップ（概念図）

する色だ。
これらの堆積物はヒマラヤ造山運動の影響を受けて隆起。雨が多い亜熱帯の中国南部で風化と浸食が進み独特の景観が生み出されたのだ。

幼年期の丹霞

武夷山も丹霞地形の一つだ。しかし浸食作用はあまり進んでおらずまだ幼年期の段階にある。浸食が進むにつれ丹霞山の様に谷が広がり岩塔が林立するようになるのだろう❷。

武夷山は年間降水量が2000㎜を超える亜熱帯にある。多種多様な動植物も武夷山の魅力の一つだ。

■観光の拠点

武夷山観光の拠点は武夷山市の南15㎞にある旅游度假区だ❸。ホテルやレストラン、みやげ物屋が建ち並び大勢の観光客で賑わう。街から望む大王峰が間近に見えて迫力がある❹。

ここは南北2ヶ所にある風景区の入口の中間に位置し、崇陽渓（川）の対岸には武夷宮景区が広がる。各景区へは南北どちらかの入口まで行き、入場券を買って専用バスに乗り換える。

天游峰景区を歩く

■ゲートへ

9：15。旅游度假区からバスで約10分、武夷山風景区の南入口に着く❸。ツーリストセンターで3日間有効の入場券、バスと筏下りの切符を購入（計225元＝約4000円）。

9：45。景区内循環バスに乗車。15分ほどで天游駅に着く。トレッキングはここから始まる。

❹武夷山観光の拠点・旅游度假区から見た大王峰

❺のんびりと進む九曲渓の筏下り

❻天游峰の断崖絶壁を登っていく人々の列

森の中の所どころに茶畑がある。その奥には九曲渓(川)が流れ、お茶の研究所もある。森と川、お茶にはこんな環境が良いらしい。

しばらく歩くと人だかりの橋に出る。九曲渓に架かる五曲大橋だ。橋の下を観光客を乗せた筏が次から次へと通り過ぎて行く❺。長閑な筏下りにしばし見とれる。

朱子学

武夷山は南宋時代に朱熹《しゅき》が朱子学を興《おこ》した場所としても知られる。再建された書院がこの橋の近くにある。世界遺産（複合）の登録には自然景観や生物多様性と合わせてこうした朱子学の史跡も評価されている。

10：30。天游峰景区のゲートに着く。入場券を示すと天游峰の文字部分を手で破って戻された。各景区に1回しか入場できないようだ。

■風化浸食と崩落

ここから天游峰への上りが始まる。前方の断崖絶壁にはアリのように点々とへばり付く人の列❻。スリルのある登山になりそうだ。

絶壁の中腹に東屋《あずまや》がある❻。ここからひと息眺める景色が素晴らしい。眼下に蛇行する九曲渓、背後に大岩壁がそそり立つ❶。説明板によると垂直の岩壁は割れ目に沿った風化浸食と岩盤の崩落によってできたとある。その説明をちょうど裏付けるような岩山が向かい側に見える❼。同じ様な説明は黄山にもあった。しかし見た目は両者でずいぶん違う。それは黄山は花こう岩、武夷山は砂礫層からなり地質が異なるからだ。

■不思議な空間「茶洞」

11：00。切り立った岩山に囲まれた広場に出る。良質の茶葉がとれる茶洞だ。野球場の半分ほどの平地を高さ100mもありそうな岩壁が取り囲む。険しい岩山の中腹にこんな広く平らな空間があるとは思いもよらなかった。

茶洞の一角に岩山の割れ目にできた狭い沢、仙浴澤がある。割れ目は幅数m、70度斜めに傾いている。しかも沢の両側で地層がつながらない。

❼まず垂直な割れ目が入り（左）、次第に浸食が進む（右）

❽茶洞（左上の緑の部分）からの急な登り坂と九曲渓

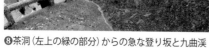

仙浴澤は断層らしい。

　茶洞の特殊な空間はこうした断層や割れ目に沿って浸食と崩落が進み、沢から流れ出た土砂がたまって生み出されたのだろう。

■絶景スポット天游峰

　ここからはいよいよ急な上り階段となる。高度が上がるにつれ展望が広がる一方で足元は身が竦《すく》むほどの急傾斜が続く❽。所々で渋滞が起きて思うように上れない。

　11：40。標高409mの天游峰に着く。山頂は思いのほか広く、大きな廟も建つ。ここからの眺めは武夷山でいちばん美しいと言われる❾。

　展望台から遠くを見渡すと、なだらかな山並みの割に断崖絶壁が多い武夷山の特徴がよく分かる。そしてところどころにタケノコのような岩塔が突き出る。幼年期の丹霞地形の特徴の一つだ。浸食が進むにつれ岩塔が増え谷が広がる。

　足下では岩山を縫って流れる九曲渓が180度向きを変える❶。

　対岸の岩壁には舟形の棺《ひつぎ》が吊されているはずだ。3000年以上も前の珍しい棺だが展望台からは小さくてよく分からない（後述）。

■少女たち

12：20。お昼を済ませ標識を頼りに桃源洞《とうげんどう》へ向かう。

　篆刻《てんこく》が並ぶ谷間を抜け小さな公園を過ぎると道は出口と桃源洞方面の二手に分かれる。桃源洞まで910mとある。

　森はしだいに深くなりいつしか人の姿も消

❾武夷山の絶景ポイント天游峰展望台と九曲渓

⓫道で出会った少女たちと写真の応酬

❿岩壁下に静かに佇む桃源洞。春には桃の花が咲く

えていた。道を間違えたのか不安になる。

しばら進むと若い女の子4人が立ち止まって話しあっていた。彼女たちも道に不安があるのだ。声をかけ一緒に辺りを探すと「桃源洞方面」の標識が見つかった。

こんな山奥を日本人が一人歩いているのが珍しいのか4人一斉に私の写真を撮り始めた。こちらも応酬するとお互い爆笑⑪。心和む一瞬だった。

■桃源洞

13：10。突然目の前の視界が開けた。桃源洞を見下ろす高台に出たのだ。大きな老君の石像と岩山を背にひっそり佇む小さな寺院⑩。突如異空間に彷徨《さまよ》い出たような不思議な感覚だった。

境内でしばらく静かな時間を過ごし出口へ向かう。

山道を下ること5分、九曲渓の河原に出る。ちょうど筏の一群が下っていくところだ。

行く手に柱状節理のような縦筋が入った大岩壁が立ち塞がった⑫。武夷山のシンボル雲窩の晒布《さらし》石だ。流れ落ちる雨水が長い時間をかけて削ったとされるが自然のものとは思えない見事な壁だ。

14：10。天游のバス停から筏の乗り場、星村に向かう③。

九曲渓景区と筏下り

■6人乗りの筏

筏下りの乗り場は大勢の観光客で大混雑、長蛇の列だった。最後尾を探していると突然声がかかった。

「あなた日本人でしょ。もし一人だったら私たちのグループに来ませんか」

川下りの筏は6人乗り。彼らは5人連れだったのだ。事情がよく分からない私にはありがたい申し出だった。

■山水の世界

15：50。予約時間の30分遅れで出発。筏は長さ10mほどの孟宗竹を組み合わせ、その上に椅子をくくりつけただけのシンプルな作りだ⑬。

しばらくするとゆったりした流れが一転。急な流れの浅

⑬筏は孟宗竹を10数本組み合わせたもの

⑫武夷山のシンボルの一つ雲窩の晒布石

瀬にさしかかった。2人の船頭が息を合わせ巧みに操る。竹筏は底を擦っても転覆の心配はない。

蛇行する川

九曲渓（川）は名前の通り9ヶ所で大きく曲がる。最初が九曲で最後が一曲。屈曲部の岩壁に刻まれた文字を見れば位置が分かる。曲がる度に変わる景色が楽しい。

同乗した中国人男女5人はよく笑う陽気な人たちだった。仲の良い家族か親戚かと思って尋ねると職場の同僚とのこと。きっと明るい職場なのだろう。

森と岩と水

武夷山は沖縄とほぼ同じ緯度にある。筏はゆったりした川の流れに乗って亜熱帯の深い森と険しい岩山を縫うように進んで行く⑭。天游峰から見下ろす山水も見事だったが渓谷を進みながら見上げる景色もまた変化と迫力があって素晴らしい。

見どころが近づくとその都度船頭が詳しい説明を始める。大半はカメやゾウなどに似た岩の説明だ。みんな結構盛り上がって楽しそうだ。そんな折り言葉が分からない私を察して若い女性が英語で教えてくれる。そのさりげない気遣いが嬉しい。

16：50。五曲大橋。天游峰景区を歩いたとき筏下りを見下ろした橋だ。意外にもアーチを描く美しい橋だった。

⑭険しい岩壁と亜熱帯の森の渓谷を進む九曲渓の筏下り

■舟形木棺

四曲あたりで船頭が崖の上の方を指さして詳しく説明を始めた。5人も一斉に崖を見上げて何か探している。すると例の女性が「ほら崖の上の方に板が見えるでしょう。あそこに遺体が安置され

⑯岩壁に吊された舟形木棺。図⑮の円内の拡大写真

⑮崖の中腹に棺がある

てるの」という⑮。

よく見ると岩のすき間に板が差しこまれその上に棺《ひつぎ》が置かれている⑯。中国南部からフィリピンにかけて見られるおよそ3000年前の舟形木棺だ。なぜ危険を冒してまでこんな断崖絶壁に遺体を葬ったのか、どのようにして木棺を運んだのか謎が多い。

■玉女峰

三曲を過ぎると正面に美しい岩塔が見え始める。武夷山のシンボル玉女峰だ⑱。垂直の割れ目に沿って浸食と崩落が進みタワー状の岩山となった典型的な丹霞地形だ。その独特の形と黒とピンクの縦縞模様は玉女の名にふさわしく美しい。

川を挟んで玉女峰の向かい側にある大王峰が見え始めると筏下りの終点は近い。

17：40。武夷宮景区の船着き場に到着。ここで5人ともお別れだ。およそ10㎞、2時間の筏下りだった。

武夷宮景区を歩く

武夷宮景区の見どころは大王峰と武夷宮だ。

筏を降り武夷宮に向かって歩いて行くと宋の時代の町並みを再現した倣宋古街通りに出る。ここの武夷山博物館には舟形木棺の詳しい展示があり謎の風習についての理解が深まる。

再建された1000年前の通りからは王冠の形をした大王峰が見える。武夷宮はその麓にある。

武夷宮は武夷君とよばれる仙人を祀った社だ。前漢の武帝が建立し、その後何度も消失・再建が繰り返されたという。格式のある建物と緑の庭園、背後に迫る大王峰が美しい⑰。

⑰武夷宮の社殿と大王峰。左の岩山が王冠に見える

⑱武夷山のシンボル玉女峰。二曲付近

水簾洞景区を歩く

2日目は風景区の北部を歩く。よく晴れてかなり暑い。

11：20。北入口❸⑳。黄山行きの夜行列車の予約やバス停の降車ミスで遅くなる。

北入口から水簾洞《すいれんどう》景区まではバスで5分ほど。ゲートで前日購入した入場券を示しトレッキング開始。手入れの行き届いた茶畑に沿って進むとしだいに谷が深くなり切り立った岩壁が迫ってくる。

20分ほどで水簾洞への登山口に着く。標識が小さく分かりにくい。

12：10。石段を10分ほど上ると広場に出る。その先に赤い巨大岩壁が立ちはだかる。水簾洞だ。高さ100m幅200m。手前に覆い被さるようにせり出す（ざっと10m）巨大岩壁に圧倒される⑲。3～5月の雨期には見事な滝が出現するというが今は糸のごとくかすかに垂れ下がるだけだ。

巨大岩壁と3賢者の廟

岩壁はジュラ紀の砂岩、礫岩からなり、いたるところに縦横の割れ目が走る。そこに水が進入して割れ目が拡大しはがれ落ちる。するとその上の地層は支えを失うので崩落する。オーバーハングした巨大岩壁はこうしたことを繰り返してできたのだろう。

岩壁の下には南宋代の朱熹など儒学者3賢人を祀った小さな廟がある⑲。しかし頭上に覆い被さる岩壁を見上げながらの参拝には多少の勇気と覚悟がいる。

ここから更に大紅袍景区まで道は続くがかなり距離がある。

⑲オーバーハングした水簾洞の巨大岩壁と３賢者の廟

⑳丹霞地形幼年期の武夷山の山並み。川を渡ると北入口

大紅袍景区を歩く

■銘茶「大紅袍」

武夷山のお茶は広く内外に知られる。なかでも大紅袍景区の山奥に自生する6本の茶樹「大紅袍《だいこうぼう》」からとれる岩茶は最高級品とされる。その名は昔このお茶を飲んで病が治った貴人がお礼として贈った紅色の布に由来する。

一般に大紅袍の名で売られている茶葉はこの茶樹の挿し木で育った別物だ。

■大紅袍景区

13:30。大紅袍景区入口。

ゲートを潜ると谷間の遊歩道沿いに茶畑が広がる㉑。様々な種類の茶樹が植えられ、さながら茶樹博物館といったところだ。熱心に観察する人も多い。

奥へと進むにつれて谷間は狭くなり時おり渋滞がおきる。

14:00。大勢の人が広場から岩壁に向かってカメラを構えていた。「大紅袍」と朱記された岩壁のすぐ隣りに石垣に囲まれた茶樹がある㉒。かの有名な大紅袍だ。

上段に4株、下段に2株。あわせて6株。かつて皇帝に献上され今でも限られた人しか口にできない貴重な茶樹だ。

特殊な環境

何の変哲もない茶樹に見えるが、砂礫層に含まれるミネラルや水はけの良い岩場と湿気の多い谷間の環境が茶樹の生育に最適条件となり良質の茶葉がとれるのかもしれない。

標識によるとここから先ほどの水簾洞まで2760mとある。しかし複雑な山道は迷いやすくもと来た道を引き返す人が多い。

㉑遊歩道沿いには様々な種類の茶樹が植わる

㉒岩壁で育つ茶樹・大紅袍

❶青く透き通った水を湛えた五花海。九寨溝を代表する湖。湖底には石灰華が沈殿する

神秘の水を湛えた中国屈指の秘境絶景

⑰中国・九寨溝

中国　2014.09

DATA

■交通：九寨黄龍空港からバスで約2時間。成都からバスで約9時間
■ベストシーズン：7月〜10月
■登録：1992年
■地形：石灰華でできたダム・滝。U字谷モレーン、地滑り地形
■地質：古生代石炭紀〜ペルム紀の石灰岩

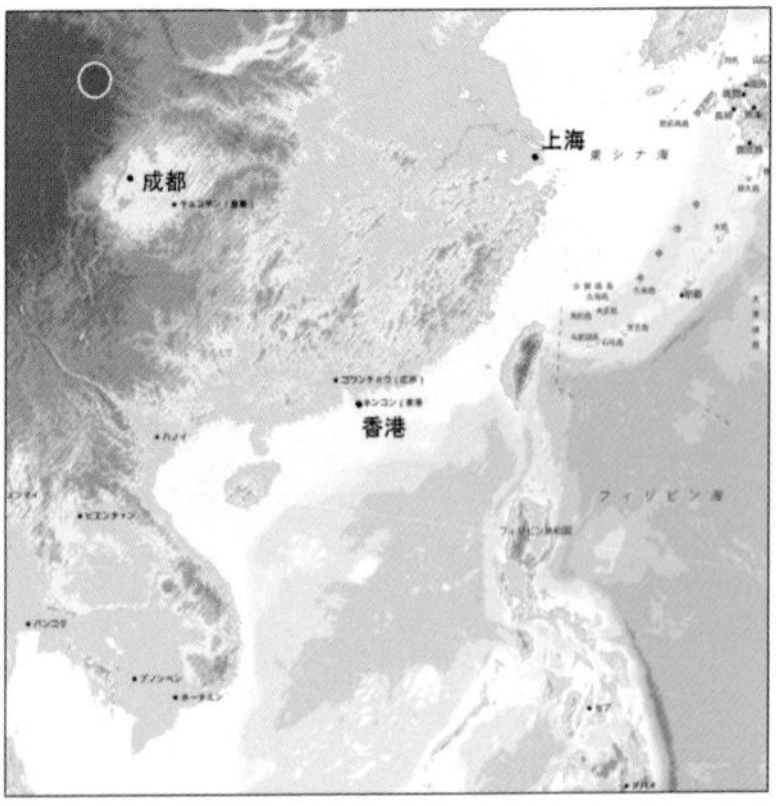

九寨溝の成り立ち

■発見とその魅力

四川省にある中国を代表する景勝地、九寨溝《きゅうさいこう》。世界の絶景写真集にもしばしば登場する秘境だ。

3000m級の山々に囲まれたこの渓谷は1960年代に森林作業員によって偶然発見された。その後、1992年に世界遺産に登録されると世界に広く知られるようになった。その名は九つのチベット族の村（寨）がある渓谷（溝）という意味だ。

九寨溝の魅力は渓谷に散らばる100を超す湖沼群と豊かな自然にある。とりわけ青く透き通った水の美しさは筆舌に尽くしがたく神秘的ですらある❶。風景区の入口付近で合流する川の色を比べるとその美しさが際だつ❷。

■九寨溝の成り立ち

では九寨溝はどのようにして形成されたのだろうか。

石灰岩

九寨溝の山々は約3億年前、古生代石炭紀からペルム紀の石灰岩からなる。水に溶けた石灰成分は水中を漂う細かい泥や木の枝葉などを取り込み沈殿。澄んだ水と石灰華《せっかいか》（トラバーチン）のダムなどを生み出す。九寨溝の立役者はこの石灰岩だ。

地震と大雨

九寨溝の湖の多くは海《かい》子《し》とよばれる堰止《せきと》め湖だ。

犠牲者が9万人を超えた2008年の四川大地震をはじめ四川省には地震が多い。訪問後の2017年8月にもM7.0の九寨溝地震が発生。土石流やダムの崩壊などで湖沼群に大きな被害が出た。

繰り返し起きる地震や地滑り、大雨による崖崩れ、土石流が川を堰き止め湖をつくる原因となる。

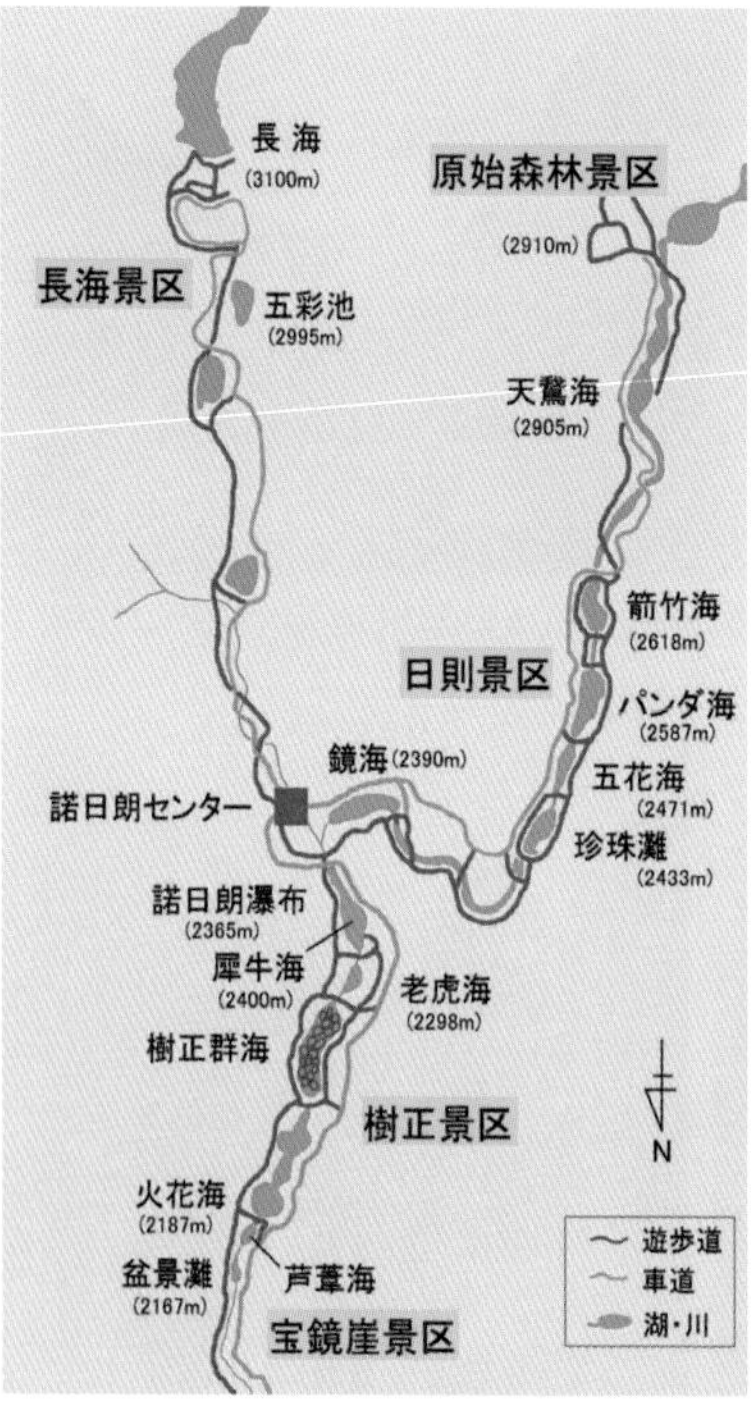

❸九寨溝の見どころ概念図。南北逆転に注意

❷風景区の入り口付近で合流する川。奥が九寨溝からの水

氷河

氷河の堆積物モレーンも川を堰き止める。九寨溝で一番高い3100mにある長海は氷河湖だ。

九寨溝の広く平らな谷も氷河が削ったU字谷だ❹。

美しい九寨溝の自然は石灰岩と地震や大雨、氷河、そして植物など様々な要素が絡み合ってできたのだ。

■九寨溝の歩き方

九寨溝風景区は標高およそ2000mの入口から最奥の長海《ちょうかい》まで1000m以上の標高差がある。気温や気圧差が大きく服装や高山病への注意がいる。

南北に伸びる渓谷は2つの谷に分かれYの字形をしている❸。風景区は原始森林景区、長海景区など5つあるが見どころは西側の谷に多い。じっくり楽しむには最低2日はかかる。

1日目は高度順応を考えて原始森林景区と日則《にっそく》景区、2日目は長海、樹《じゅ》正《せい》、宝《ほう》境《きょう》涯《がい》の各景区を歩くことにする。いずれも上流から下流に向かって歩いた方が人の流れに乗りやすく楽に歩ける。

❹氷河が削った九寨溝のU字谷。双龍海の車道

原始森林景区へ

■風景区入口

7:30。風景区入口。混雑を避けて早めに来たつもりがすでに大勢の人❺。1日1万人以上の観光客がこの入り口から入園しバスで移動するというから当然なのかもしれない。外部車両の乗り入れは一切禁止だ。

窓口で入場料220元とバスのフリー乗車券90元、合計310元を支払

❻公園バスの終点「原始森林」。標高2910m

❺早朝でも大勢の人で混み合う九寨溝風景区入口

う。日本円で約6000円（当時）はかなり高い。

ゲートを通ると今度はバス乗り場が長蛇の列。20分待って渓谷最奥部の原始森林景区方面行きのバスに乗る。

■静かな原始の森

8：40。終点「原始森林」❻。乗り換えを含めおよそ50分。九寨溝は思いのほか長い。

標高2910m。肌寒く息切れがする。空気が薄いのだ。

チベット族の土産物屋の横から遊歩道へ下りる。道は全面板張りで歩きやすい。

森にはトウヒの仲間の雲杉やモミの木などに加えカズラやツツジなど灌木が生い茂る。人影も少なく静かな森だ。

遊歩道は芳草海から天鵞海へと続くが人影は少ない。

日則景区を歩く

九寨溝の見どころが集まる人気のエリア。青く澄んだ湖や滝、豊かな緑。変化に富む景観が10kmに渡って続く。

■箭竹海

9：30。箭竹海《せんちくかい》❼。標高2618m、深さ6mの湖。湖岸にパンダの好物、箭竹が生えることからこの名が付いた。

バスを降りて湿地を進むと箭竹海に出る。鏡の様な水面に映る山々が美しい❼。さすがに人も多い。

湖のはずれから林に入る。しかしただの林ではない。水が林の中をザーッと水しぶきをあげて流れているのだ❽。異様な光景だがこれが九寨溝の特色でもある。

木の多くは柳やトウヒの仲間だ。根から水中の養分を吸収する水中根をもっている。

❼パンダの好物・箭竹が生える箭竹海

■箭竹海瀑布

10：20。林を抜けるとたくさんの人で賑わう箭竹海瀑布《ばくふ》（滝）に出る。
幅150m、落差7m。木々のすき間から音をたてて勢いよく流れ落ちる水のカーテンが心地よい❿。

❽林の中を勢いよく流れる水。箭竹海瀑布

■パンダ海

水が流れる林の先にパンダ海がある。かつて水を飲むパンダが目撃されたことからこの名がついたという。この辺りはパンダの生息域なのだ。

下流へと進むにつれ水深が深くなるため水の色が明るい青緑から深い群青色に変わってゆく。

九寨溝で唯一の魚

湖岸から水の中を覗き込む人たちがいた。見ると魚が泳いでいる。高地に棲息する珍魚・裸鯉《はだかこい》だ。ウロコのないイワナの一種、九寨溝で唯一の魚だという。

パンダ海瀑布

11：50。パンダ海瀑布。滝の上には板張りの広場がある。大勢の人が寛《くつろ》ぐ中、カラフルな民族衣装で着飾ったチベット族の女性が目を引く❾。ここでお昼とする。

パンダ海瀑布は床板の下から何段にも分かれて流れ落ちる。落差78ｍは九寨溝で最大、かつ最も古い滝だ。真冬には完全に凍ってしまうという。

滝から先は森の中を歩く。板張りの道は歩きやすいが五《ご》花海《かかい》が近いとあって人が多い。

❾美しく着飾ったチベット族の女性とパンダ海

❿迫力のある美しい箭竹海瀑布。水量が多いが人も多い。高さ７ｍ、幅150ｍ

■五花海

13：20。五花海。標高2472m、深さ5m。この湖は九寨溝最大の見どころといってもよい。透き通った水と湖底の色合いの美しさは神秘的ですらある。

車道展望台

遊歩道から車道に上がると五花海を見下ろす展望台がある。きつい坂道を上らなくてはいけないが湖全体が見渡せるのはここだけだ。

湖底は青白く妖《あや》しげに輝く⑪。この見事な色彩と模様は銅やマグネシウムなどを含む石灰の沈殿と水草や藻類がつくりだしたものだという。

サンゴの化石

ここでもう一つ見逃せないのは展望台のすぐ隣りにある石灰岩とサンゴの化石だ。3億年ほど前の九寨溝は暖かく穏やかな海だったのだ。

展望台から車道を少し下ると再び遊歩道へ戻る道がある。

九寨溝一絶

五花海に架かる橋が黒山の人だかりになっていた⑫。橋からの眺めが素晴らしいのだ。碧《あお》く澄んだ水と白い泥が醸し出す色合いが見事で九寨溝一絶（九寨溝にしかない景色）と称されるほどだ。湖岸には結婚記念の写真撮影に夢中のカップルもいる。

五花海の湖水は水の存在を忘れさせるほど透明度が高く、石灰華でコーティングされた湖底の倒木が独特の景観を醸し出す⑬。実はこの倒木も澄んだ水を生み出す立役者の一つだ。石灰華が倒木の表面に付着するとき水中の不純物を一緒に取り込むからだ。

⑪車道脇の展望台から見た五花海。すぐ隣にサンゴの化石がある

⑬石灰華が付着した倒木が独特の景観を醸し出す

⑫周囲の景色を湖面に映し出す五花海

■珍珠灘

15：10。珍珠灘《ちんじゅたん》。標高2433m。五花海の1㎞下流にある。

珍珠灘に沈殿した石灰華は表面がゴツゴツしている。そのため勢いよく流れ下る水は至る所で細かい水飛沫《みずしぶき》をあげる⑭。この水飛沫に日の光が当たると珍珠（真珠）のように輝いて見えることからその名がついたという。石灰華の早瀬を流れる水の特徴を言い当てた趣のある名前だ。

人気《ひとけ》のないところで休んでいると涼しげな水の音が聞こえてきた。

■珍珠灘瀑布

15：35。珍珠灘瀑布⑮。この滝は一風《いっぷう》かわった滝だ。滝の多くは水に削られ上流側へ後退していくがここでは逆に下流側へと前進しているのだ。

滝直下の石灰華テラスや石柱にその理由の一端が窺える。

水が勢いよく落下すると溶けていた二酸化炭素が逃げ出すため水中の石灰は石灰華として沈殿する。鍾乳洞の石筍と同じ仕組みだ。このとき植物の枝葉や根なども一緒に取り込み更に石灰華の沈殿を促し滝を成長させるという訳だ⑮。

■鏡海／日則溝群海

珍珠灘瀑布の先には鏡海《きょうかい》と日則溝群海がある③。地滑りによって川がせき止められ、大小18にもなる湖沼群を形成している。碧い湖面に映る景色がとりわけ美しいとされる。

16：00。山の日暮れは早く急に肌寒くなる。そろそろ帰りの混雑が始まる時間でもある。鏡海はスルーしてバス停へ向かう。しかし既に長蛇の列。30分近く待たされる。

17：10。風景区の出口を出るとすぐビジターセンターがある。九寨溝の地質や動植物の展示を見てホテルに戻る。

⑭水しぶきが真珠玉のように輝いて見える珍珠灘

⑮前進・成長する珍珠灘瀑布。植物が石灰華の沈殿を促す

樹正／宝境崖景区を歩く

樹正と宝鏡崖の2つの景区は東西2本の谷が合流する諾《だく》日朗《にちろう》センターの下流にある❸。土石流などによって堰き止められて出来た湖が多い。

2日目は朝から小雨。疲れと軽い高度障害だろうか、体調が優れない。九寨溝で最も高い標高3100mの長海景区は諦《あきら》め諾日朗センターから歩き始める。天気のせいだろう、長海行きのバス停には誰もいない。

■諾日朗瀑布

8：50。標高2365mの諾日朗瀑布。落差25m、幅320m。石灰華の滝としては世界最大だ⑯。

この長い滝の土台には氷河堆積物の土砂（モレーン）があり、北西～南東方向に走る断層が滝の形成を促したとされるが詳細は分からない。

「ドーッ」。水量が多く滝の音にも迫力がある。遊歩道から見上げると水のカーテンが美しいが、滝全体は道路を挟んだ高台の展望台からの方が良く見える。滝のすべてが凍る冬のアイスカーテンもまた素晴らしいという。

雨は降ったりやんだり、すっきりしない。それでも冷たい雨の中、記念撮影に興ずる人が絶えない。

※この滝は2017年8月、M7.0の九寨溝地震で崩壊したが、その後人為的に修復された。

■犀牛海

諾日朗瀑布の下流4kmにある長海に次ぐ大きな湖。ここはバスで移動する。

9：40。犀牛海《さいぎゅうかい》⑰。この湖は土石流による堰止め湖だ。背後に崩壊地が見える。

雨が上がり歩きやすくなった。ふと見上げると遠くの山にうっすら雪が積もっている。どうりで寒いはずだ。

⑯諾日朗瀑布。幅320m、世界最大規模の石灰華の滝

⑰透き通った美しい色合いの水を湛える犀牛海

橋の脇ではドラム缶のような大きな筒が川の流れに乗ってくるくる回っていた⑳。チベット仏教のお経が書かれたマニ車だ。この近くにはチベット族の村がある。

湖はトウヒやモミなどの針葉樹とカエデやナラなどの広葉樹の森に囲まれ静寂が漂う。秋になると紅、黄、緑に染まる山々が湖に映え、とりわけ美しいという。

■**老虎海《ろうこかい》**

10：05。犀牛海の500m下流にある湖。この湖も堰止め湖だ。下流の滝の音が虎の鳴き声に似ており、山の紅葉も虎《とら》のしま模様のように見えることからこの名が付いたという。紅葉にはまだひと月早いが青い湖面に映る緑もまた美しい⑱。

湖畔を歩いている時だった。首筋に何か触ったので手で払うと突然鋭い痛みが走った。おそらくミツバチだ。しばらく痛みが収まらず難儀する。

■**樹正群海**

11：00。大小19もの湖が1kmにわたって続く湖沼群。棚田のような段差があり一番上と下では100mの高低差がある。個々の湖はヤナギやポプラなどの木々に囲まれ見づらいが車道まで上がると全体の様子がつかめる⑲。

緑の木々の間に散らばる青く澄んだ湖全体が箱庭のようにも見える。

■**火花海**

11：30。バスで火花海《かかかい》へ移動。日の光を反射すると湖面から火花が散っている様に見えるという。

この湖は水の流れが遅く石

⑱湖に映える緑の木々が美しい老虎海

⑲大小19の湖沼群が１㎞に渡って続く樹正群海

⑳チベット仏教のお経が書かれたマニ車が回る

灰華が沈殿しやすい。木の根の周りには石灰華が発達し湖水の色が濃い青緑から薄い黄緑に変わる。そのグラデーションが美しい㉑。

不思議な水の色

火花海の下流には落差8m、幅50mの火花海瀑布がある。この滝のすぐ前には板張りの遊歩道があり間近で流れ落ちる水を眺めることができる。

歩道の途中には光の具合によって、水の表面に青い水彩絵の具を塗ったように見える、目を疑うような場所がある㉒。石灰華と水と光の屈折がなせる不思議な現象だ。

※火花海も2017年の地震で石灰華ダムが崩壊し湖水が消失した。

■芦葦海

車道の脇を歩いていると突然直径2m近い石が落ちてきた。人や車にぶつかれば一大事、肝を冷やす一瞬だった。

13：00。芦葦海《あしかい》。葦原を縫うように青く澄んだ水が流れる㉓。この辺りまで来ると人もぐっと減り静かなトレッキングが楽しめる。

■盆景灘

14：10。標高2167mの盆景灘《ぼんけいたん》。石灰華の浅瀬に自生するヤナギやイトスギ、マツなどの木々がその名の通り盆栽のように見える。その美しさから山の神が植えたとする伝説がある。

九寨溝の見どころはこの辺りまで。あとは近くのバス停からバスに乗り出口へ向かう。

㉑木々の根元に石灰華が沈殿する。火花海

㉓葦原を流れる水の色が美しい芦葦海

㉒色鮮やかで不思議な流水表面。火花海瀑布

❷世界遺産・澄江の化石モニュメント

❶石灰岩の尖塔が林立する石林とイ族の女性たち

林立する石灰岩の尖塔群と生物進化の謎を秘めた大地

⑱ 中国・石林 & 澄江

中国　2011.12

DATA

■交通：雲南省昆明から石林まで約80㎞。バスで1.5時間。澄江まで約60㎞。車で1.5時間。バスはない

■ベストシーズン：11月～4月の乾期

■登録：石林2007、14年／澄江2014年

■地形：カルスト地形／丘陵

■地質：石林は古生代ペルム紀の石灰岩及び玄武岩。澄江は古生代カンブリア紀の頁岩・砂岩

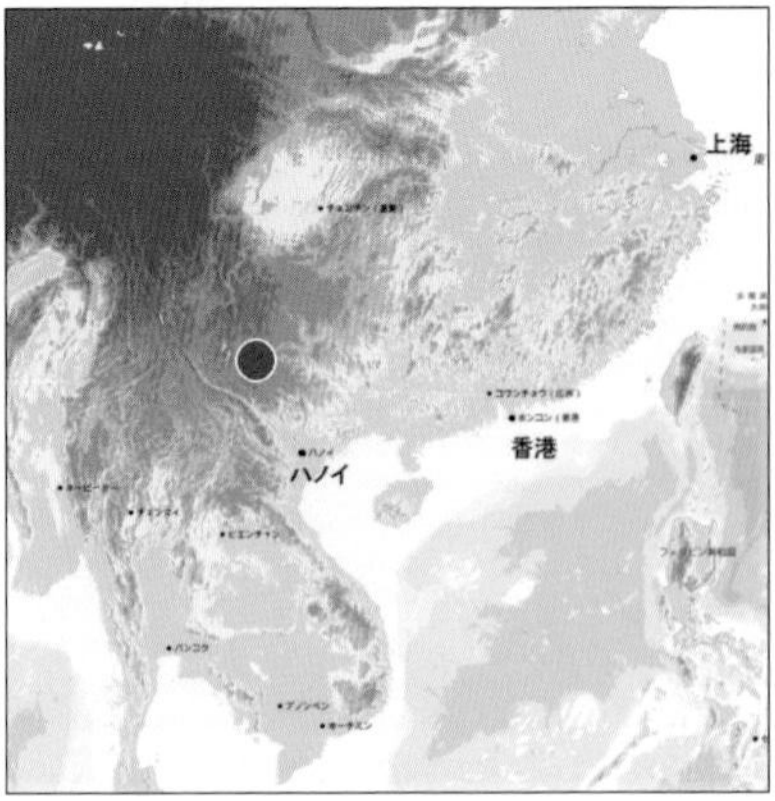

雲南省昆明から行く 二つの世界自然遺産

中国南部・雲南省の省都昆《こん》明《めい》の近くに2つの世界自然遺産がある。石灰岩の奇岩が林立する石林《せきりん》と生物進化の謎を秘めた澄江《ちょうこう》だ❶❷。

いずれも昆明から車で2時間足らずの場所にあり、特に石林は観光名所としてたくさんの人が訪れる。

■中国南方カルスト

中国南部には古生代後期の石灰岩が広く分布し世界最大規模のカルスト地形をつくる❸。その面積130万㎢は日本の3倍半にもなる。

そのうち、貴州省の荔波《れいは》、重慶市の武隆《ぶりゅう》、雲南省の石林の3ヶ所が2007年に「中国南方カルスト」として世界自然遺産に登録された。更に14年には桂林、環江など4ヶ所が追加登録され合計7ヶ所となった❹。

これらの中で桂林と並んでよく整備され見応えのあるのが石林だ。昆明から東におよそ80㎞、車で1時間半ほどにある❺。先の尖った石柱や刃物のような岩壁が石の林のごとく林立する様は圧巻と言ってよい。

■石林の成り立ち

では石林のカルスト地形はどのようにしてできたのだろうか。

石灰岩

その起源は2億7000万年前の古生代ペルム紀までさかのぼる。当時の中国南部には浅い海が広がり、サンゴや二枚貝などカルシウムを多く含む生物の遺骸が堆積し石灰岩の地層がつくられていた。その厚さは実に数千mにもなる。

その後、地殻変動が起きて海底が隆起し陸になると石灰岩が地表に露出し風化浸食が始まる。

溶食作用

炭酸カルシウムを主成分とする石灰岩には「溶食」とよばれる浸食作用が働く。雨や地下水に含まれる二酸化炭素が炭酸カルシウムと反応して石灰岩を溶かすのだ。

石林の石灰岩には縦横にたくさんの割れ目が入

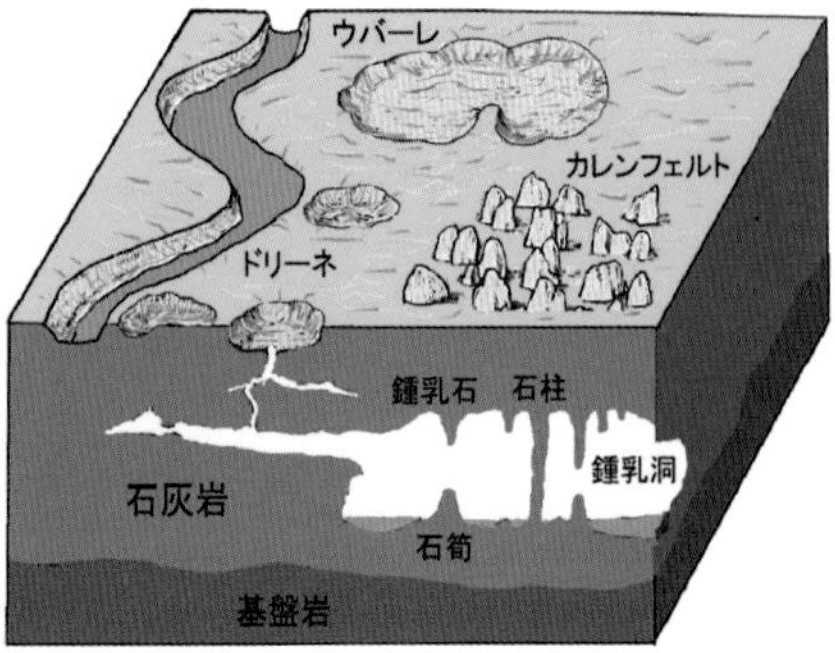

❸カルスト地形。独特の地形ができる

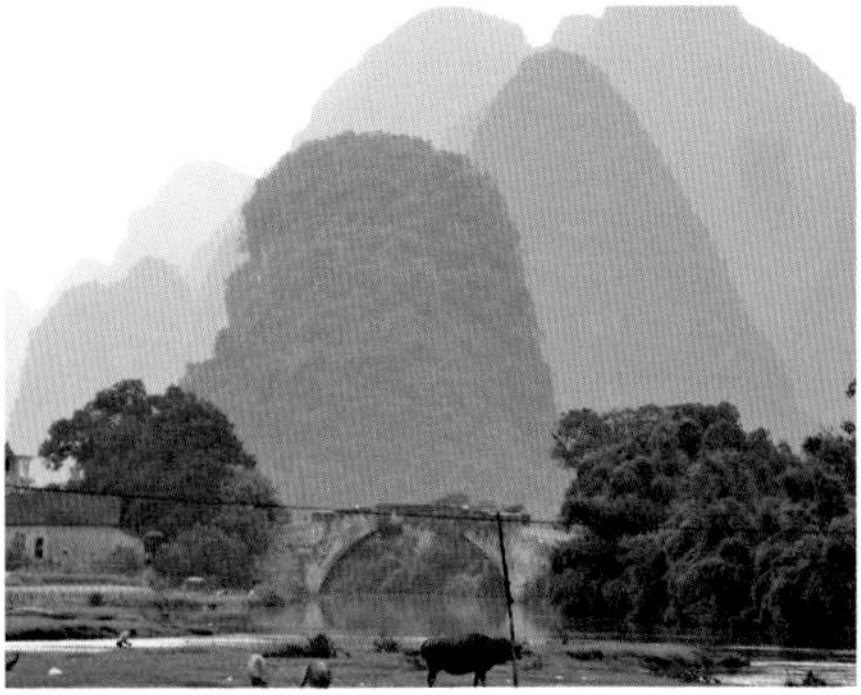
❹桂林のカルスト地形。山水の名所として人気がある

る❻。その多くはおそらく海底が隆起し圧力が下がった際にできたものだ。

二酸化炭素を含む雨水や地下水はこの割れ目にも侵入し内側からも石灰岩を溶かしてゆく。特に雨が多い亜熱帯の石林ではより強く働き、林立する石柱群をつくりだしたと考えられる。

溶岩の噴出

石林一帯の石灰岩はペルム紀の終わりころに火山の噴火があり玄武岩の溶岩で覆われたことがある。しかし6千万年前ころにはこの溶岩も削り取られ、再び石灰岩が地表に露出するようになりカルスト地形の形成が再開される。石林は複雑な過程を経て現在に至っている。

世界の石林博物館

石林には鍾乳洞やドリーネ、カレンフェルトなど様々なカルスト地形が発達し世界の石林博物館、と称されている❸。一般公開されている石林風景区では城壁状、塔状、剣状のものなど様々な浸食カルストが見られる。

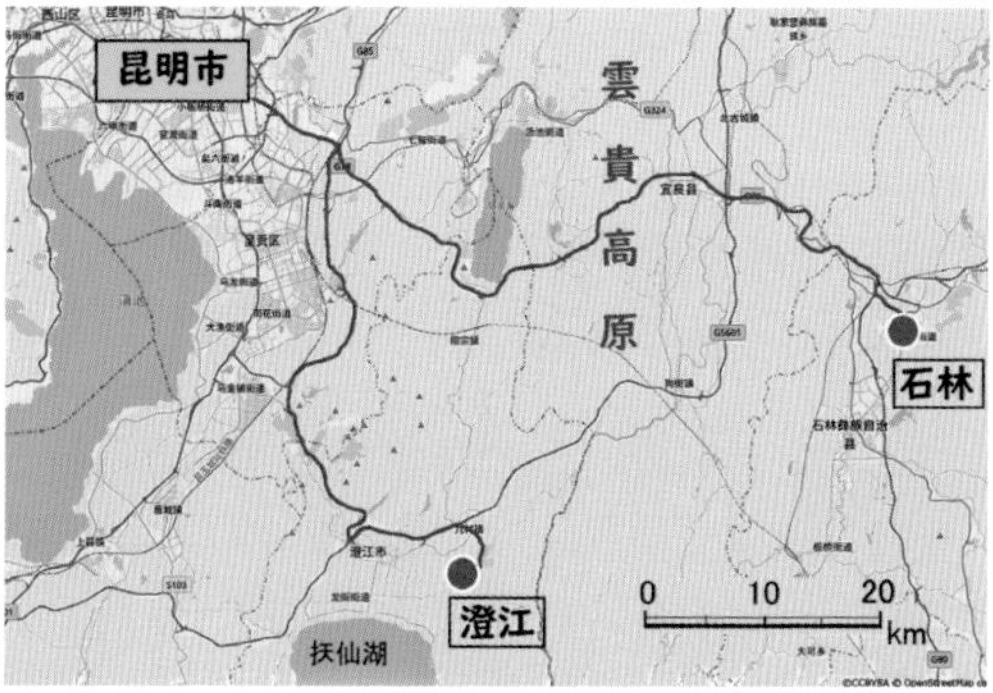

❺昆明から２つの世界自然遺産「石林」「澄江」へ

■澄江動物群～世紀の大発見

石林の南西約40㎞に小さな町、澄江《ちょうこう》がある❺。

1984年、当時まだ無名だったこの町である重要な発見があった。

それは町はずれの帽天山で長い間眠っていた古生代初期の動物化石だった❼。しかも化石として残りにくい軟体部の構造が鮮明に記録された見事な化石だった。

「澄江動物群」と名付けられた化石はその後30年の時を経て世界自然遺産に登録され世界に広く知れ渡ることになる。

■澄江動物群化石の価値

ではその化石の価値とは一体何だろう。

❻縦横の割れ目が見られる石林の石灰岩

私たち地球上の生命は38億年前に誕生して以来、気が遠くなる様な長い時間をかけてゆっくり進化してきた。先カンブリア時代とよばれる期間だ。

カンブリア爆発

ところが5億4千万年前、古生代に入ると事情は一変。突如多種多様な動物が大量に出現したのだ。

この急激な進化はカンブリア爆発とよばれ、現在の地球上で見られる動物の祖先がほぼ全て出そろったといわれる。今ではいない奇想天外な謎の動物まで出現した。

最古の脊椎動物「昆明魚」

澄江では既に知られていたた三葉虫やアノマロカリス、ピカイアなどに加え新たに200種ほどが見つかった。

なかでも世界を驚かせたのは昆明魚とよばれる世界最古の脊椎動物（魚類）だった。つまり私たちの直系の先祖ともいうべき動物が出現したのだ❽。

保存状態

澄江動物群はカナダで見つかった同じ世界遺産のバージェス動物群より1500万年ほど古いとされる。しかも化石の保存状態は澄江の方が良好とされ立体的な姿を細部まで留めているものまであるという。

当時の澄江は陸に近い水深150m程度の海の底だったと推定される。

あるとき海底斜面で乱泥流が発生。これに巻き込まれた生き物たちが一瞬の間に泥に埋まり化石化したのだ。

❼保護区入り口の石碑。その左後方が帽天山

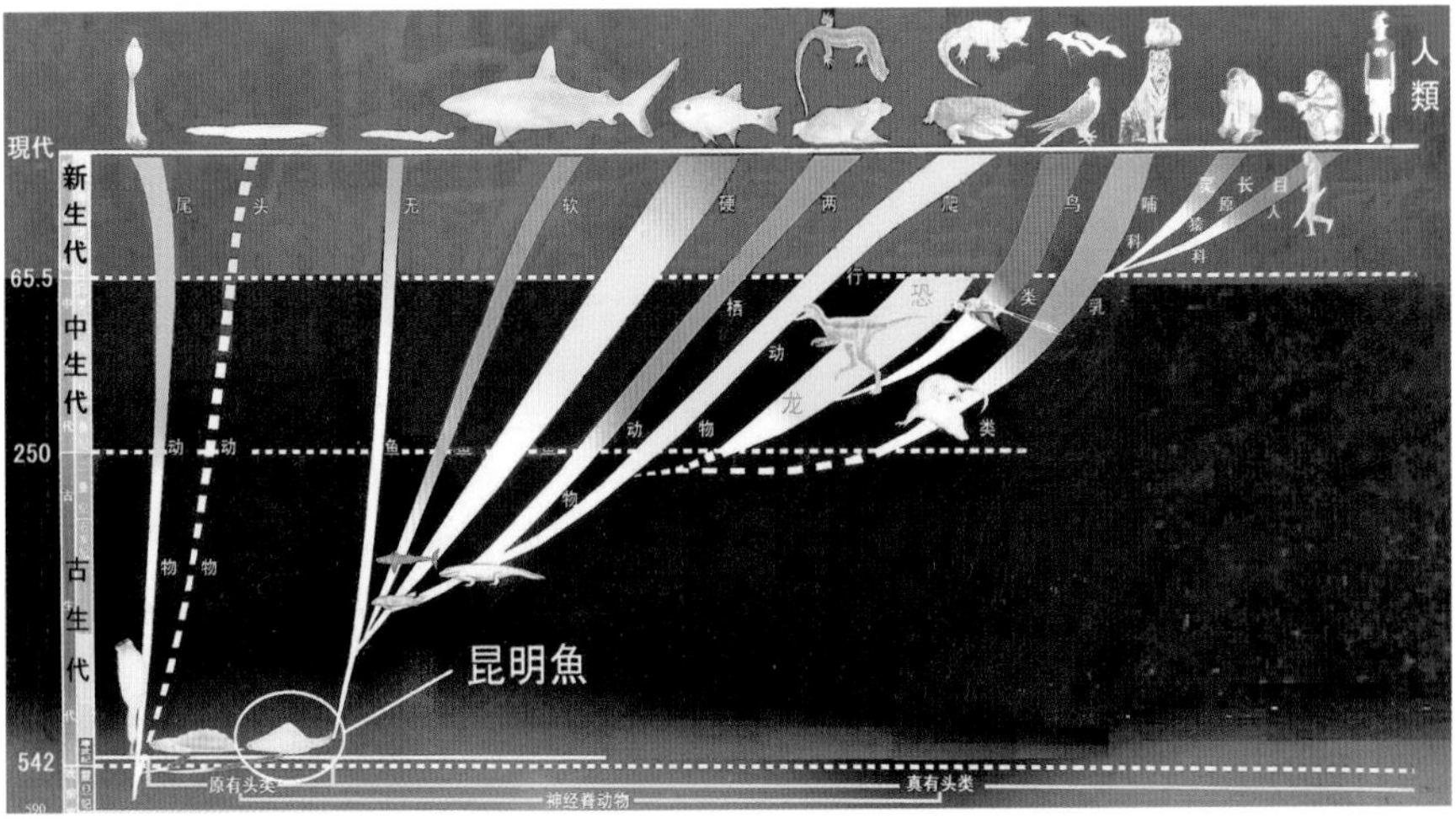

❽昆明魚から始まったとされる私たち脊椎動物の進化・系統樹。説明板の写真に加筆修正

石林風景区を歩く

■石林への道

石林は昆明から東へ80㎞。ツアーやバスもあるが今回はタクシーをチャーターした（400元。当時約6千円）。

昆明から高速道路に入り標高2千mの雲貴高原を走る❺。渋滞もなく順調に進む。

石林に近づくと道路沿いにカルスト地形のカレンフェルトが見え始める。溶食が進み、まるで墓石のようだ。

筆談の会話

1時間半ほどで石林風景区に到着。運転手と帰りの時間と場所を打ち合わせる。言葉は通じないが同じ漢字圏、筆談で何とかなるものだ。

■石林保護区

石林はイ族の自治区にある。突然、美しい民族衣装を着た若い女性に声をかけられる。民芸品の土産物売りだ。

入園料175元（約2500円）を支払い風景区に入ると「世界遺産」「世界地質公園」（ジオパーク）と刻まれた2つの石柱がある❻。ここは地質学的にも価値の高い名所なのだ。

迷路のような遊歩道

石林の保護区は約350㎢に及ぶ。琵琶湖のおよそ半分だ。観光客向けの景区を見て歩くだけでも3時間はかかる。しかも遊歩道は迷路のように複雑ですぐに自分の居場所が分からなくなってしまう。

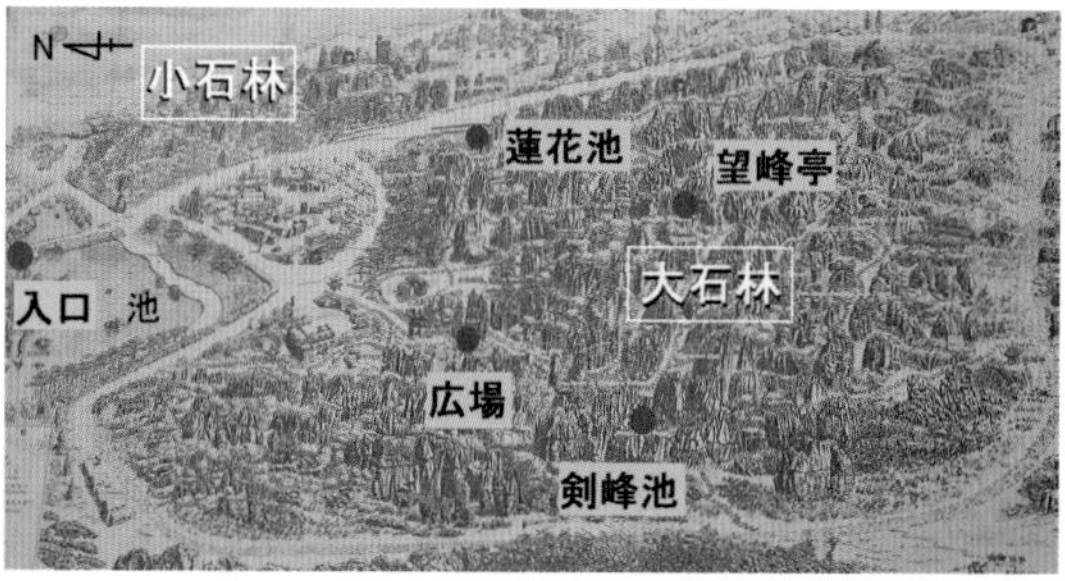

❾石林風景区の複雑な遊歩道。大石林と小石林が主な見どころ

❿360度の展望がきく大石林の望峰亭。高さ20m くらい

⓫大石林の尖塔群の谷間を歩く

入り口から橋を渡って右へ進むと大石林、左は小石林とよばれる区域となる⑨。この2つの景区が石林の主な見どころだ。

■荒々しい大石林

大石林には、城壁状、塔状、剣状のものなど様々なオブジェが林立する。狭い通路やトンネルまである。入り組んだ内部の散策は深い森の中を彷徨《さまよ》うような感じだ⑪。探検気分をそそられ楽しい。

望峰亭／広場

奥深くへ進んで行くと望峰亭とよばれる展望台に出た⑨。高さは20mくらいだろうか。大石林の真ん中にあり360度の眺めが素晴らしい⑩。とりわけ薄い刃物や剣のように尖った石灰岩が目を引く。マダガスカル島の世界遺産ツインギとよく似ている。

賑やかな声に誘われて進んでいくと大勢の人が集まる広場に出た。カラフルな民族衣装で着飾ったイ族の女性たちが観光客の記念撮影に応じていた①。

サンゴの化石

小さな剣峰池の手前にサンゴの化石を含む石灰岩がある。2.7億年前のペルム紀にはこの辺りに美しいサンゴの海が広がっていたのだ。

どこをどう進んでいるのかよく分からないまま歩いていると蓮花池に出た⑨。大通りを挟んだ向こう側が小石林だ。

■優雅な小石林

小石林は緑の草地や森が広がり美しい池が現れるなど荒々しい大石林とは対照的な景観をなす⑫。石柱群はそんな風景に溶け込み全体として優雅な庭園を思わせる⑬。

しかし現在の草地や森もかつては石灰岩に覆われていたはずだ。つまり小石林は大石林より浸食が速く進んでいるのだ。

小石林の遊歩道を北に向かって歩いて行くと出口にでる。

⑫深い森の中に林立する岩塔。小石林

⑬優雅な庭園を思わせる小石林のカルスト地形

澄江化石保護区を歩く

■澄江への道

　昆明から澄江の化石保護区へはツアーやバスの便がない※。今回は日本語が堪能なドライバー兼ガイドの李さんに案内してもらう。しかし李さんの旅行社でも澄江は初めてだという。中国では澄江はまだよく知られていないようだ。

　昆明から澄江まではおよそ60㎞。車で1.5時間ほどだ。

※2019年時点でチェックすると昆明からのツアーがあった。新しい見学施設などの整備が進んだからだろう。

⓮澄江は５～６億年前の地層からなる丘陵地帯にある

⓯澄江と同時期のバージェス頁岩の露頭（世界自然遺産）。カナディアン・ロッキーにある

リンの精錬所

　昆明から1時間、澄江が近づくと山道に入る。すると黒い土砂を満載したトラックが行き交い、白い煙を吐く精錬所が目につくようになる。李さんによるとこの辺りでリン鉱石が採れるという。そういえば最近リンと生物進化の関係が注目されているのを思い出した。澄江の化石と何か関係があるのだろうか。

■澄江化石保護区

　リンの製錬所を過ぎるとやがて「地球生命揺籃・帽天山」と刻まれた石碑と澄江化石地管理事務所が見えてくる❷❼。

ここから澄江動物化石保護区だ。

　この辺りは主に古生代カンブリア紀の地層からなり、緩やかな丘陵と長閑《のどか》な田園風景が広がる⓮。同じ時期の化石を産するバージェス頁岩が人里離れた険しいカナディアン・ロッキーの山奥にあるのとは対照的だ⓯。

研究と学習の場

　道路ぎわに真新しい看板があった。その横には褶曲して傾いた地層が露出する。

　車を降りて看板を見ると地層の説明板だった。英語も併記された専門的な地質柱状図だ。この場所の地球史的な重要性が強調されている。ジオパークや世界遺産の登録を意識したものと思われるが、専門家以外に一般市民の学習の場としてもこうした解説は大切だ。

　更にボーリング調査の跡もあった。アメリカやデンマークとの共同研究として取り組まれ、化石が出現する地層を含め208mのコアを採取したという。

ジオパーク

　動物化石が大量発見されたのは帽天山だ❼。形が帽子そっくりなので遠くから見るとすぐ分かる。

　化石はその帽天山の中腹の頁岩層から見つかった。調査研究が進むにつれ保存状態の良さと多種多様な動物相が明らかになり、2001年に中国では初めてユネスコのジオパーク（地質公園）にも登録された。

■「野外博物館」

　山道を下ってゆくと帽天山の中腹にある駐車場に出る。ここで車を駐め化石の発見場所と古生物研究所へ向かう。

　ゲートの手前に当時の温家宝首相直筆のモニュメントがあった。温・元首相は地質大学の出身だ。澄江の手厚い保護保全には温家宝氏の計らいもあったのだろう。

　ゲートを潜ると道沿いに化石の説明板や模型が並んでいた。澄江動物群について一通り学習できる仕組みだ。暗くて中国語の説明しかない研究所の展示より分かりやすい。

　ここでの注目は昆明魚（ミロクンミンギア）と海口魚（ハイコウイクチス）、そしてハルキゲニアだ。

昆明魚の発見

　昆明魚は世界最古5.2億年前の魚類で脊椎動物の祖先とされる❽⓰。つまり私たち人類の祖先だ。詳細は1999年に科学雑誌「ネイチャー」に

⓰昆明魚の化石と復元図。© Degan Shu (1999)

発表された。魚類の出現が従来の定説オルドビス紀より5千万年さかのぼり、古生代初期のカンブリア紀には出現していたことを示す大発見だった。

ハルキゲニアの上下前後逆転

ハルキゲニアはすでにカナダのバージェス山で発見され、棘《とげ》のような足をもつ奇妙な生き物とされていた。しかし1列とされていた背中の触手が2列見つかり、実は従来の復元図は上下前後が逆で触手が足であることが判明⑰。澄江の化石がいかに保存状態が良いかを示す例として興味深い。

地層保存館

坂道の途中に完成直後の真新しい建物があった⑱。丸い屋根は帽天山を模し、入口に「澄江動物群発見の地」とある。まだオープンしていないようだがガラス越しに地層が見える。歴史的、科学的に価値の高い露頭を保護し公開する施設らしい。

建物のすぐ横にその延長部の地層が露出していた⑱。東に緩く傾いた褐色の頁岩は、固く緻密なバージェス頁岩とは対照的に脆く割れやすいのが意外だった。

■澄江古生物研究所

研究所は道路の突き当たりにあった。奇妙な形の建物は海口虫という生き物をモチーフにしたという。

建物の1階に展示室があり、ここでしか見られない化石が一般公開されている。

化石の大半は魚拓のように体の鋳型が泥に刻印された印象化石だ。しかも多くは10㎝以下。体の大半が腐食して化石として残りにくく、大きな動物もまだ少なかったのだ。

世界を驚かせた昆明魚の化石は見あたらなかった。世界に1体しかないという貴重な化石は発見者の舒徳干博士が所属する西北大学に保管されているのかもしれない。

雲南虫とアノマロカリス

李さんからスタッフにここ

⑰上下前後を正しく復元されたハルキゲニア。野外展示

⑱化石の発見場所を保護する建物。左に地層が一部露出する

で一番貴重な化石を尋ねてもらった。すると雲南虫だという⑲。まだ謎が多い生き物だが昆明魚に近い生き物らしい。

人気のアノマロカリスのほぼ完全個体と復元模型も興味深い⑳。ただ説明はすべて中国語で英語表記がないのが残念だ。

■リン鉱床と進化

澄江は先カンブリア時代と古生代の地層の境界部分が観察できる点でも注目される。研究所で場所を尋ねると案内できる人が生憎《あいにく》不在。代わりにリン鉱石の採掘場所を教えてもらい見に行くことにした。

その場所は帽天山の西側にあった。リンを含む地層は黒いのですぐ分かる㉑。道に黒い塊がごろごろ転がっていた。

殻と骨格に必要なリン

このリン鉱床はちょうど化石を含む地層の下にある。研究者たちは固い殻や骨格をもつ生物の出現とこのリン鉱床との関係に注目している。殻や骨格の形成にはリンが必要だからだ。古生代初期のカンブリア紀に生き物が爆発的な進化を遂げたのはこの大量のリンが一つのカギを握っているのかもしれない。

■澄江への旅

澄江は特に景観に優れた場所というわけではない。世界自然遺産の主役は地層の中に眠る小さな生き物たちだ。彼らは現在の地球がどのようにして多種多様な生命あふれる星へと進化したのか、その謎をひも解くカギを握っている。

世界自然遺産・澄江への旅は太古の地球のロマンに触れる旅でもある。

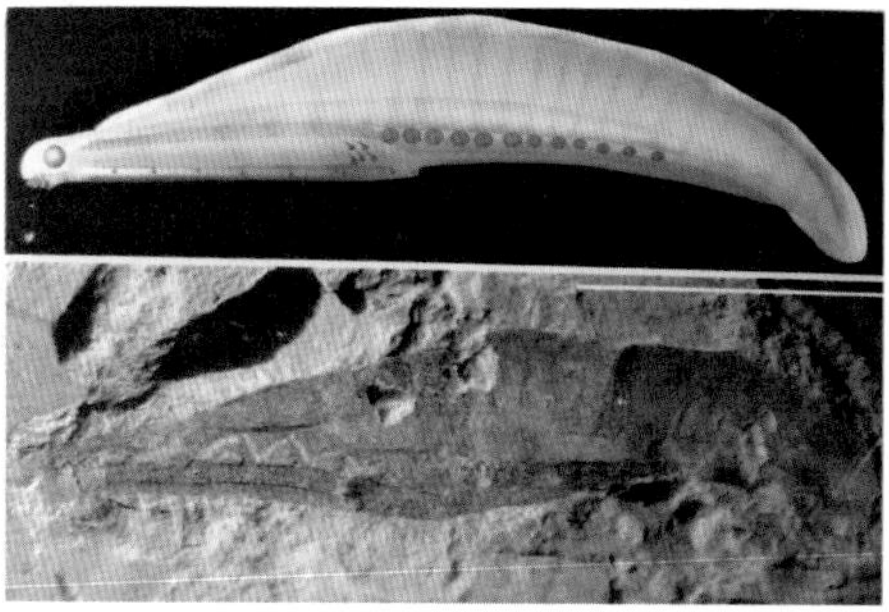

⑲魚類に近い雲南虫（ユンナノズーン）。展示物より

㉑黒っぽい部分がリンを多く含む地層。カンブリア爆発との関係が注目される

⑳アノマロカリスの復元模型。澄江古生物研究所

❶奇岩怪石が林立する波静かなハロン湾のカルスト地形。©Disdero (2013)

「海の桂林」～海に沈んだカルスト台地

⑲ハロン湾

ベトナム　2013.01

DATA

■交通：首都ハノイから東へ150㎞、バスで約3時間
■ベストシーズン：11月～4月の乾季
■登録：1994年
■地形：石灰岩からなるカルスト地形。ハロン湾に大小2000の島が散らばる
■地質：古生代石炭紀～ペルム紀の石灰岩

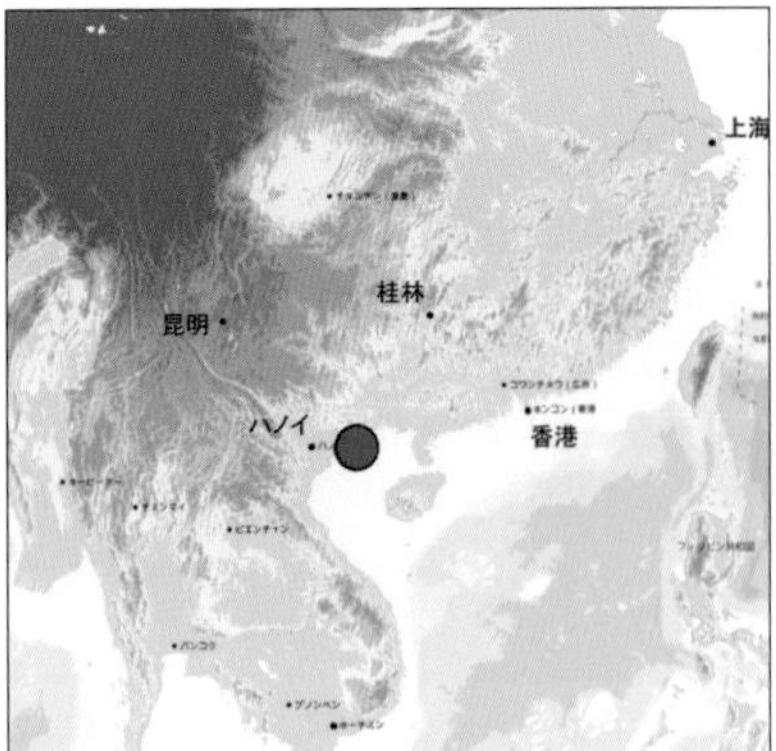

「海の桂林」ハロン湾の成り立ち

■ハロン湾とは

年間250万人もの観光客が訪れるベトナムきっての景勝地ハロン湾。東京湾ほどの広さの湾に独特の形をした島が無数に浮かぶ❶❸。

海の桂林

ベトナムの首都ハノイの東150kmにあるこの湾は川下りが人気の中国の桂林の風景に似ていることから「海の桂林」とも呼ばれる❷。

大小2000にも及ぶ島はかつて海賊からの隠れ家として利用され、モンゴル軍の侵入を防ぐ要塞の役割を果たしたという。現在はフローティング・ビレッジとよばれる浮き島で1600人ほどの人々が水上生活を送っている。

■海のカルスト地形

美しいハロン湾の景観は桂林や石林と同じ石灰岩からなるカルスト地形だ。

今から3億年ほど前、中国南東部からベトナム北部にかけて浅く暖かい海が広がっていた。その海でくらしていたサンゴやフズリナなどが堆積してできたのが石灰岩だ。

溶食作用と沈降

この石灰岩はその後隆起し広大な台地を形成。石灰岩は前項の「石林」で述べたように二酸化炭素を含む酸性の雨に溶ける（溶食）ため独特の地形を生み出す。

ハロン湾が桂林に似ているのは同じ時代・性質の石灰岩からなり、同じ亜熱帯の気象条件で溶食作用を受けたからだ。

しかしベトナム北部ではカルスト台地が再び沈降し海が広がった。海のカルスト地形は世界的にも珍しく、その規模が大きいことも評価され世界自然遺産に登録された。

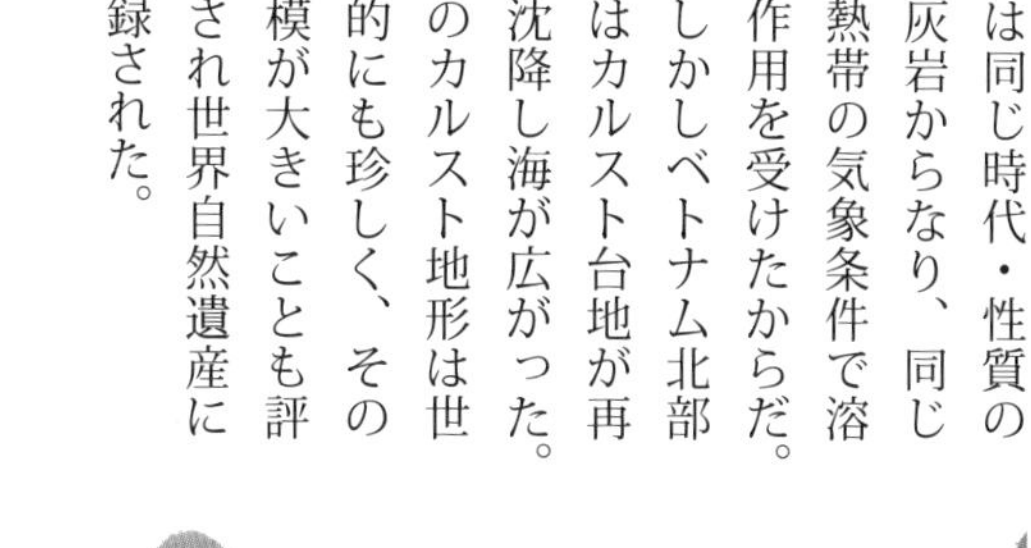

❷中国・桂林のカルスト地形と漓江の川下り

❸ハロン湾西部の島々

ハロン湾クルーズ

■ハノイからハロン湾へ

ハロン湾へはハノイから路線バスがある。15分~30分間隔で運行されているが所要約3時間。日帰りの場合はツアーを利用したほうが何かと便利だ。船と昼食付きで約8000円ほどだった。

紅河デルタを走る

8:30。ホテルでピックアップしてもらい、国道5号線を東へ向かう。参加者は日本人、ベトナム人あわせて8人。

どこまでも続く広大な平野は中国雲南省から流れ下るホン河（紅河）がつくったデルタだ。沿道には稲田や工場が広がる。

天気はどんよりした曇り空。見通しが悪い。

ベトナムは常夏の亜熱帯のイメージが強いが、北部は乾期の12月～3月に意外なほど寒い日がある。日本から着て来たダウンのジャケットに違和感がない。

途中の休憩を含め3時間ほど走ると大きく削られた山が見えてきた。時どき大型ダンプカーが行き交い埃《ほこり》をまき散らして行く。

ホンゲイ炭

この辺りはレンガに使う粘土やセメント材の石灰岩、そして石炭が採れる。特に石炭は純度95%以上と品位が高くホンゲイ炭の名で世界各地に輸出されている。

削り取られた山々や頻繁に行き交うダンプカーは急速に経済発展を遂げるベトナムを象徴するかのようだ。

12:35。ハロン湾のクルーズ船乗り場バイチャイに到着❸。途中、日本人の一人が会社の呼び出しで急遽ハノイへ引き返すというハプニングがあり1時間遅れとなる。

■ジャンク船クルーズ

12:50。ジャンク船とよばれる木造の船に乗り出航❹。霞がかかり視界良好とはいえ

❹ハロン湾クルーズ船乗り場。バイチャイ

❺ホンゲイ炭の運搬船。ハイフォン港に向かう

ないが、波静かな海をゆっくり進んでいく様はどこか幻想的でもある。

　間もなくキャビンから「お昼をどうぞ」の声がかかる。ちょっと遅い昼食だが甘辛く味付けした魚のフライが美味しい。

　早々に食事を済ませ展望デッキに上がると大小たくさんの島が浮かんでいた。

　目の前を石炭を満載した船が横切って行く❺。近くのハイフォン港で積み替え世界各地へ輸出するのだろう。

　その直後、一艘の小船が近づいてきた。そしてクルーズ船にぴたりと横付けし並走し始めた。船にはバナナやマンゴーなど熱帯のフルーツが並んでいる。観光客に果物を売るいわば行商人だ。見事な舵さばきだが、波静かなハロン湾ならではだ。

❻縦の筋は雨水の通り道。一番下の窪みはノッチとよばれる波食窪

波静かなハロン湾

　静かな海の秘密はハロン湾独特の地形にある。水深5～6mの浅く平らな海底が波を和らげ、湾内に散らばる大小2000にも及ぶ島々が防波堤の役割を果たしているのだ。海ではなく穏やかな湖を進んでいくかのようだ❼。

　やがてクルーズ船は島と島の間の狭い水道に入っていった。

❼波静かなハロン湾。たくさんの島々が外海からの波を和らげる

■奇岩怪石

切り立った岩壁には縦の筋がたくさん入り、下の方には鍾乳石がぶら下がる❻。雨水が流れ落ちる際に溶食された溝と沈殿物だ。

ノッチ

興味深いのはどの島も海面のすぐ上の部分が大きく窪んでいることだ❻❾。この窪みは水平方向にまっすぐ続き、横から見ると窪みの上の岩壁が海にせり出しているように見える。窪みの高さと奥行きはともに数mのものが多い。

これはノッチ（波食窪）とよばれ、波の浸食と溶食によって石灰岩の崖が削られて出来たものだ。

岩壁に開いた大きな穴は鍾乳洞の入口だろうか。

イヌ岩、闘鶏岩、香炉岩…

海に浮かぶ島は丸みを帯びたものから尖ったものまで大小様々で奇岩怪石も多い。ぼんやり眺めているだけでも楽しい❽。

奇岩怪石の中でも特に目を引くものには名前が付いており、その都度ガイドから説明がある。曰《いわ》く「イヌ岩」「ゴリラ岩」「闘鶏岩」…❾。

中でも一番人気はお香を立てる香炉によく似た「香炉岩」だ❿。この小さな島はベトナムの20万ドン紙幣に印刷されハロン湾を代表する島として親しまれている。

❽ハロン湾の人気スポットに集まる観光船。右端に香炉岩が見える

■水上集落と入り江探検

香炉岩の北、ダウゴー島の入り江に赤や青、黄色、色とりどりの家が浮かんでいた⑪。海で暮らす人たちの水上集落だ。屋根に「…BANK」の文字があるのは銀行、ベトナム国旗のはためく家屋は役所だろうか。

水上集落

クルーズ船は大勢の観光客で賑わう集落の一角に横付けし可愛い子犬の出迎えを受ける。すぐ隣の養殖生《い》け簀《す》ではたくさんの魚が泳いでいた。

ここでライフジャケットを身につけ6人乗りの手漕ぎボートに乗り換える。入り江の奥を探検するのだ。

異空間を探検

行く手に立ちはだかる岩壁の下に小さな穴が開いている。その穴を介して奥の入り江とつながっているようだ。

ボートはトンネルのような穴をゆっくり潜《くぐ》って行く⑫。天井を見上げると大きな鍾乳石がぶら下がっており今にも落ちてきそうで落ち着かない。

トンネルを抜けると目の前に海とは思えない静寂の空間が広がっていた。

直径およそ150m。周囲はぐるっと切り立った岩壁に取り囲まれ、波静かな海は鏡のように景色を映し出す⑬。ボートのさざ波がゆっくりと広がって行く。

ここは周囲の海から隔離された別世界だ。何か特別な生き物が住んでいそうな秘境の雰囲気が漂う。

岩壁の一角に大きな穴が開

⑨奇岩のゴリラ岩とイヌ岩

⑩香炉岩とベトナムの20万ドン紙幣

⑪水上集落と養殖生け簀。ここで船を乗り換える

⑫手漕ぎボートで入り江の内部に向かう

き鍾乳石が垂れ下がっていた⑭。洞窟の奥は行き止まりになっているようだが、いつか反対側の海とつながってしまうのだろう。

ミニ探検は30分ほどで終わった。水上集落まで戻ってクルーズ船に乗り換え次のポイントに向かう。

■ティエンクン洞

ダウゴー島にある鍾乳洞❸。20年ほど前にサルを追いかけてきた漁師がこの洞窟の中に逃げ込んだのを見て偶然発見したものという。

ハロン湾には他にも観光用の鍾乳洞があるが、ティエンクン洞は大半のクルーズ船が立ち寄る最もポピュラーな洞窟だ。

島に上陸し10分ほど坂道を上ると人が1人、2人やっと通れるくらいの小さな穴が開けられていた。ティエンクン洞の入口だ。

カラフルな地下空間

なかに一歩足を踏み入れるとカラフルな地下空間が広がっていた⑯。

天井から氷柱《つらら》のように垂れ下がる鍾乳石、地面からタケノコのように盛り上がる石筍、そして太い柱の石柱など様々な造形物が赤、青、緑などカラフルにライトアップされ幻想的な雰囲気を醸し出す。そこかしこでため息のような声がもれる。

2層からなる鍾乳洞

ティエンクン洞は70万年ほど前からでき始めたとされ、上下2層になっている。一般

⑬鏡のように波静かで別世界のような入り江の内部

⑭岩壁に大きな口を開けた鍾乳洞。手前にノッチ、奥に鍾乳石が見える

公開されているのは上の部分だ。

　洞窟は高さ約20m、幅10m。出口まで190m続く中規模の鍾乳洞だ。


「天宮」


　カラフルにライトアップされた洞窟はさながら芸術作品の趣がある。なかでも天井から垂れ下がる鍾乳石は藤の花やシャンデリアのように美しく見応えがある⑰。洞窟の名前ティエンクンには天宮の意味があるという。

　見学路は石畳や階段が整備され滑る心配もなく歩きやすい。

サルの穴／展望台

　奥へ進むと外に通じた明るい窓があった。20年前に漁師に追われたサルが逃げ込んだという穴だ。

　見学路は一方通行で20分ほどで出口に出る。

　散策を終え、船乗り場へ戻る途中の展望台から見下ろすタウゴー湾も美しい⑮。

　16：20。バイチャイ港に戻る。クルーズは他に6時間、1泊2日コースなどがある。

⑮洞窟の近くから見たタウゴー島の船着き場と展望台

⑰シャンデリアや藤の花のようにも見える鍾乳石

⑯ライトアップが美しい鍾乳洞

❷不思議な丘チョコレートヒル。ボホール島

❶新世界七不思議の１つ、パラワン島の地下河川

世界一長い地下河川と不思議な丘

⑳ 地下河川とチョコレートヒル

フィリピン　2017.06

DATA

■交通：地下河川はパラワン島の州都プエルトプリンセサから車、バスで2.5時間。チョコレートヒルはボホール島の州都タグビラランから車、バスで2.5時間。いずれの島へもマニラからフライトがある

■ベストシーズン：4月～6月の乾期

■登録：1999年／未登録

■地形：カルスト地形

■地質：古第三紀／第四紀の石灰岩

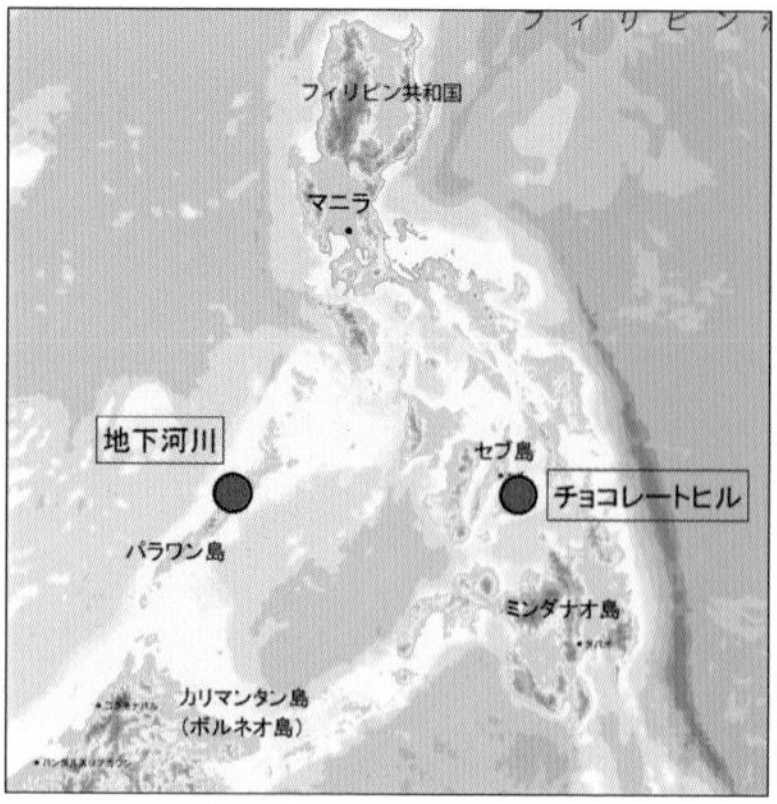

地下を流れる不思議な川

■新世界七不思議

世界にはあっと驚く不思議なものや場所がある。

２０１２年、世界中の人々の投票によって「新世界七不思議～自然版」として新たな７ヶ所が選ばれた。テーブルマウンティンやハロン湾の他に今回の目的地、フィリピンのプエルトプリンセサ地下河川が含まれる❶。

■地下河川

ボルネオ島のすぐ北にあるフィリピン最西端の島、パラワン島。地下河川はこの島の州都プエルトプリンセサから北へおよそ50㎞にある❸。

８㎞以上にわたって地下を流れてきた水量たっぷりの川が南シナ海へと注《そそ》ぐ様は確かに不思議でもある。自然の状態で普通の川がこれほど長いトンネルを流れることはない。

■地下河川の成り立ち

ではこの地下河川はどのようにしてできたのだろう。

その不思議をひも解《と》くカギは地域一帯に広く分布する石灰岩にある。地下河川はこの石灰岩からできたセント・ポール山（１０２８ｍ）の地下を流れている❹。

鍾乳洞を流れる川

この石灰岩は今からおよそ３０００万年ほど前の新生代古第三紀に形成されたものだ。

炭酸カルシウムを主成分と

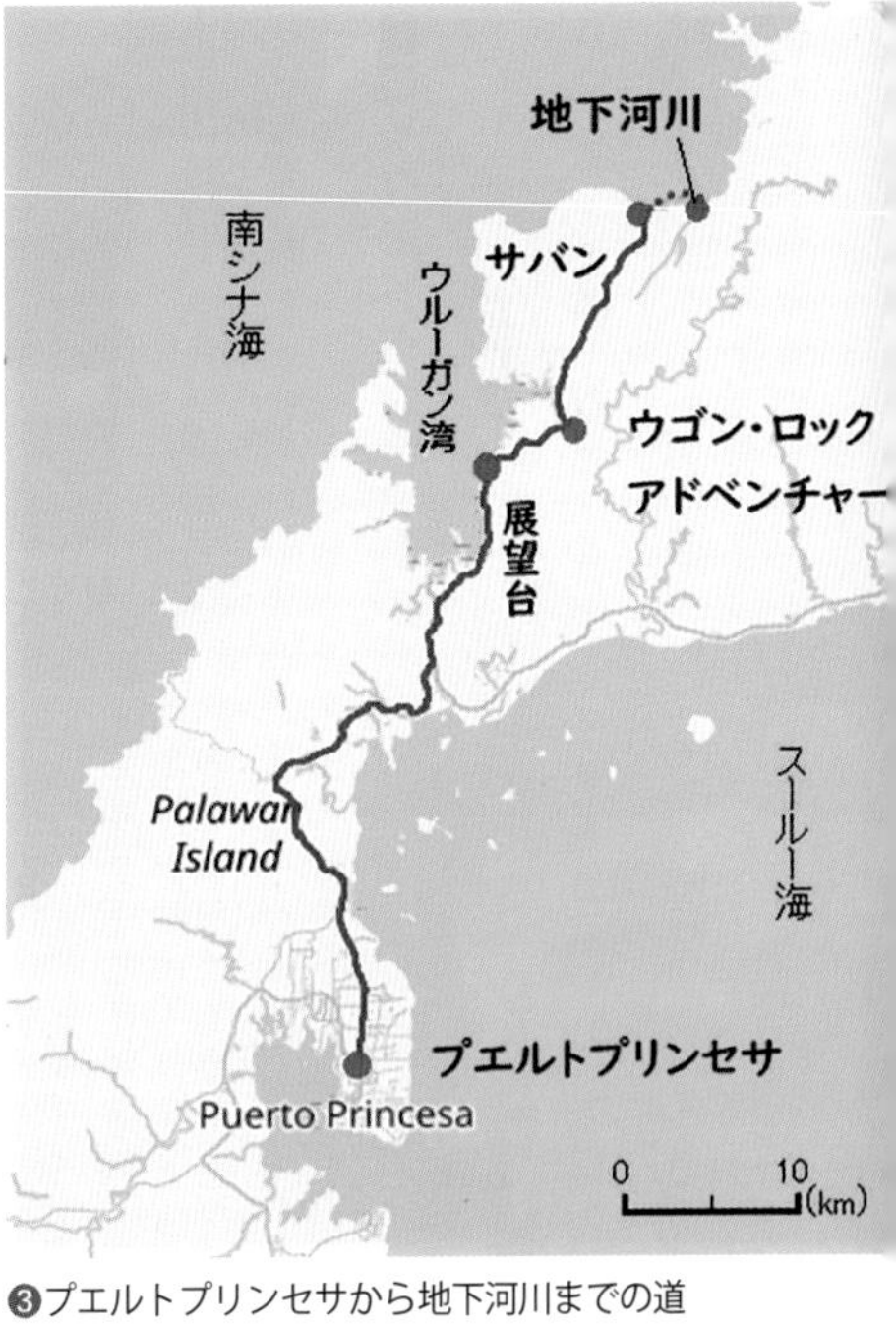

❸プエルトプリンセサから地下河川までの道

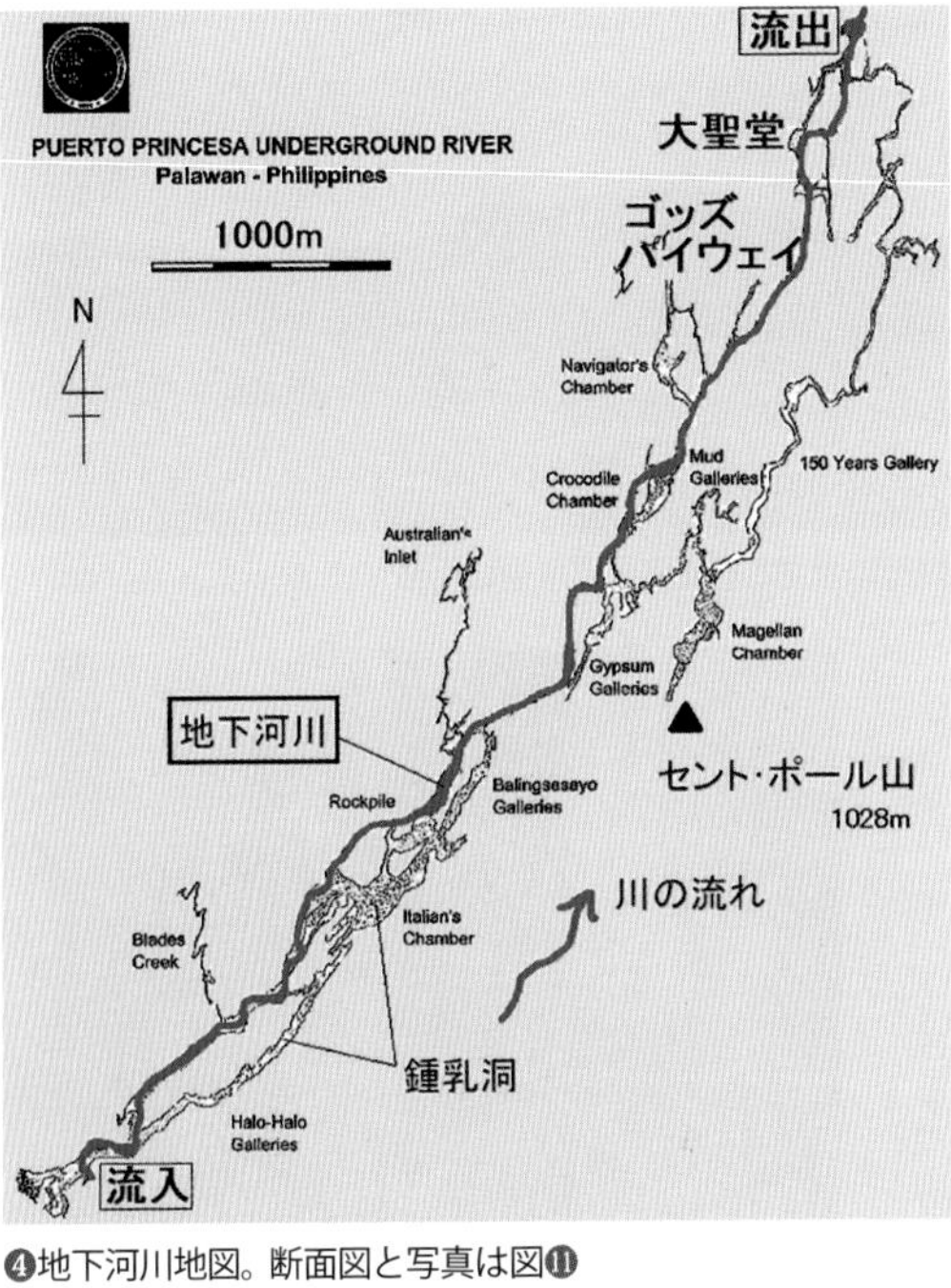

❹地下河川地図。断面図と写真は図⓫

する石灰岩はすでに述べたように二酸化炭素を含む酸性の雨や地下水に溶けやすい。溶食作用とよばれるこの働きはカルスト地形や鍾乳洞などを生み出す。

　プエルトプリンセサの地下河川はこの鍾乳洞を通路として流れているのだ。

地下河川への道

■日帰りツアー

　地下河川は州都プエルトプリンセサから北へ車で2時間半の村サバンにある❸。バスは1日1便。入園許可の申請やボートの手配なども考えると日帰りツアー（約5000円）が便利だ。

　7：30。ホテルでピックアップ。参加者は10人。すべて地元フィリピンの人たちだ。

　街を抜け10分ほど走るとカーブの多い山道に入る。車も少なく順調に進む。

　1時間半ほどで島の西側の南シナ海に抜ける❸。波静かな美しいウルーガン湾を見下ろす展望台で休憩。

　ここからサバンへはおよそ1時間。そのまま直行かと思いきや途中でアドベンチャー施設に寄り道するという。

　この日はフィリピンの3連休の初日。人数制限のある地下河川が混み合い時間待ちする必要があるらしい。

❺アニメ映画の世界を彷彿させる空中自転車

■ロックアドベンチャー

　9：10。ウゴン・ロックアドベンチャー❸。鬱《うっ》そうとした熱帯の森の奥にいま人気のジップラインが見える。

❻鍾乳洞の中でロック・クライミングが体験できる

　まずは入り口の休憩所で説明を聞く。ここでは石灰岩の岩山を利用した様々なアドベンチャーが体験できるという。

ジップライン

　山に囲まれた田んぼの上に長さ100mほどのワイヤーが4本架かっていた。「ジーッ」という鈍い音とともに2台の自転車がそのワイヤーの上を走り始めた❺。2本のロープで自転車と人が滑車にしっかり繋がれているため安定感がある。空中で寄り添いペダルをこぐ親子の姿はいつか見たファンタジーのアニメの世界を彷彿させる。

ロック・クライミング

石灰岩の岩山上りもスリルがあって面白い。トンネルのような狭い鍾乳洞を抜けた後、高さ50mほどの岩山を岩の隙間をぬうようにして上る。中腹の鍾乳洞では急な岩壁をロック・クライミングでよじ登って洞窟の外に出る❻。ちょっとしたアドベンチャー気分が味わえる。

洞窟を抜けると山頂はすぐそこにあった。木が生い茂り見晴らしはあまり良くないが、山頂からはスーパーマンや吊りかごスタイルでジップラインをいっ気にかけ下りることができる。

プエルトプリンセサ地下河川クルーズ

■サバン村

12：10。サバン着❽。浜辺のレストランで昼食。床や壁、屋根など全て竹を組み合わせて造った上げ床式の建物は涼しくて気持ちが良い。

13：20。近くの桟橋から8人乗りボートに乗船。10分ほどで地下河川のある浜辺に着く❸。白い砂浜と透き通った海が美しい❼。

ノッチと地球温暖化

ここの海辺のノッチは見事

❽長閑なサバンの村。竹造りの伝統家屋

❾人の食べ物を狙うカニクイザル

❼石灰岩の崖に刻まれた2段のノッチ。上段は12万年前の海面を示す。右上は拡大図

だ。ノッチは「ハロン湾」でも目にしたが、この辺りでは海面付近とその上6~7mの上下2段ある❼。上段のノッチは12万年前のものだ。

パラワン島はプレート境界から遠く離れ地震等による島の隆起はない。12万年前は今より気温が高く海水面も6~7m高かったのだ。現在の温暖化がこのまま進むと上段のノッチは再び海水にさらされることになるかもしれない。

■地下河川の河口

浜辺の奥に国立公園管理事務所がある。ここで入園手続きを済ませボートの順番を待つ。するとの森の中からカニクイザルが現れ悠然と歩き始めた❾。彼らの狙いは観光客の食べ物。うっかり襲われないよう注意が必要だ。

地下河川の河口は鬱蒼とした森の奥にあった❿。河口には水が滞留し一見するとラグーン（潟）のように見える。しかしその水は確かに洞窟から海の方へとゆっくり流れている⓫。

地下河川の出口にあたる洞窟の天井には大きな鍾乳石がぶら下がる❶。

ボート乗り場でヘルメットとライフジャケット、携帯用音声ガイドを受け取り10人乗りの手漕ぎボートへと進む。

■暗闇の生態系

ボートが地下河川に入ると即暗闇《くらやみ》になった。漕ぎ手が示すライトが唯一の頼りだ⓬。「チッチチッチ…」洞窟の

❿奥の洞窟が地下河川の出口

セント・ポール山
鍾乳洞
出口
地下河川
wer half of the river is brackish and subject to the ocean tide.
ciated tidal influence in the Puerto Princesa Underground River
es it the most unique natural phenomenon of its type to exist.

⓫上：地下河川断面図。下：海に注ぐ地下河川

中は意外にも騒々しい。洞窟を住《す》み処《か》とするツバメとコウモリ。かなりの数だ。今までの調査でコウモリ9種、ツバメ2種が確認されている。

■排泄物

突然首筋に冷たいものが触った。天井から落ちてきた水滴だ。時に彼らの排泄物も落ちてくる。「上を見るときは口を閉じてください」携帯ガイドフォンから注意が流れる。

しかしその排泄物も微生物や小動物にとっては欠かせない栄養源となり洞窟内に独特の生態系を生み出しているという。興味深い話しだ。

■地下河川の構造

この地下河川は1930年に探検調査が行われて以来、多くの探検家、科学者によって詳しく調べられてきた。

その結果、地下河川は世界最長の8.2kmに達し、いくつもの支流が流れ込み、洞窟は上下2層になっている部分もあるという❹⓫。河口から4kmまで船で行けるが、観光船は2km手前で引き返す。

■海水と淡水

大潮になると海水は6km上流まで遡上する。また乾期には重い海水の上に淡水の層が重なって流れるという。

洞窟が思いの外蒸し暑いのは外界との間で海水や空気の循環が起きているからだろう。

⓬ゆったり流れる地下河川を上流へと向かう

⓭聖母マリアに似た石筍。「大聖堂」

■大聖堂/化石

狭い水路を進むと「大聖堂」とよばれる天井の高い空間に出る❹。凸凹した床の一角には照明が当たっている。何だろう。

天井から落ちる水滴に含まれる石灰が沈殿し積み上がると石筍《せきじゅん》ができる。その石筍の一つが聖母マリア像のように見えるのだ⓭。漆黒の闇に浮かび上がる純白の像はどこか神聖に見える。カトリック教徒の多いフィリピン。そっと祈りを捧げる人もいる。

更に上流のゴッズハイウェイの岩壁には海牛化石の骨の一部が露出する❹。しかし暗闇に紛《まぎ》れ見落としたようだ。

ボートはゴッズハイウェイでUターンし元の乗り場へ引き返す。40分ほどの地底探検だった。

【番外】ボホール島 チョコレートヒル

■不思議な丘

パラワン島から東へ600kmのボホール島。ここにも自然のものとは思えない不思議な丘がある❷。チョコレートヒルとよばれるこの丘はセブ島から日帰り可能とあって人気の観光地になっている。

ここは世界遺産でも「七不思議」でもないがパラワン島の地下河川と同じ石灰岩からなる。他に類を見ないカルスト地形として興味深い。

■丘の成り立ち

熱帯の森の中にポコポコと頭を出す円錐形の丘の数々⓯。高さ30～50m。その数約1300。遥か彼方の地平線まで広がっている。乾期になると草が枯れ褐色に変わることからチョコレートヒルの名がある。

古墳ともアリ塚とも見える不思議な丘はいったいどのようにして出来たのだろうか。

若い石灰岩

丘を造るのは200万年ほど前のサンゴや貝の化石を含む若い石灰岩だ。今は海抜300mの高原もかつてはサンゴ礁や砂浜が広がる海辺だったのだ。

この石灰岩はパラワン島の地下河川の石灰岩と比べるとかなり新しくまだ十分に固まっていない。そのため溶食作用に加え雨風に容易に削られる性質があ

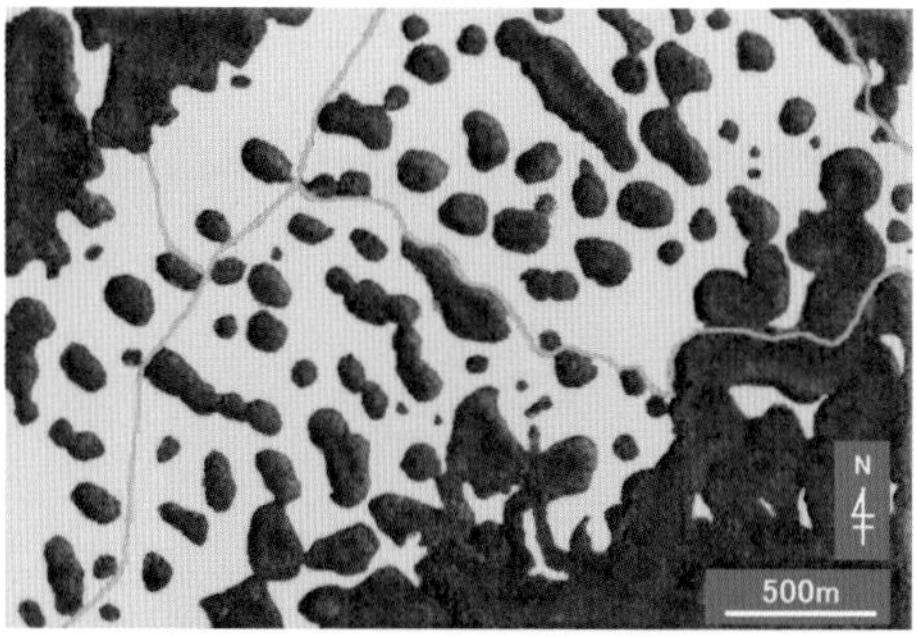

⓮チョコレートヒルの分布。列状に並ぶ傾向が見られる

⓯遥か彼方まで続く不思議な丘チョコレートヒル。乾期には草が枯れ、チョコレート色になる

る。

丘のタイプ

グーグルアースで上空から眺めると、米粒のように1個1個独立したものから3個、4個と丘どうしが結合し連なったもの、たくさんの丘が集まって塊となったもの、など姿形は様々だ⑭。

その違いは浸食作用の進み具合にあると思われる。浸食が進むつれ、塊状の丘から列状の丘へ、そして独立した丘へと変わってゆくのだろう。雨の多い島の若い石灰岩だけにその変化はかなり速いに違いない。

■島とチョコレートヒル

チョコレートヒルへは州都タグビラランからが便利だ。バスは30分毎にあり2時間半ほどで公園の入り口に着く。隣のセブ島からツアーでやって来る観光客も多い。

ボホール島は自然豊かな美しい島だ。道沿いには深い森と美しい田園、そして自然と共生しながら暮らす人たちの生活がある⑯。かつての日本にもあったどこか懐かしい風景が続く。

展望台

チョコレートヒルに近づくと右前方に展望台のある高さ40mほどの丘が見えてくる。この展望台から見渡す360度の眺めが素晴らしく大勢の観光客で賑わう⑮。

丘の密集度は場所によってかなり異なるが展望台の奥に並ぶ丘陵群が見事だ。

丘の表面にはごく薄い土壌しか出来ないため樹木は育たず大半が草で覆われる。

チョコレートヒルはその形と数に加えて、禿げ頭のような丘が密林のあちらこちらから頭をもたげる様が何とも奇妙で面白い。

ターシャ

ボホール島ではこの丘の他にも「ターシャ」が人気だ⑰。体長わずか10㎝。世界最小のメガネザル・タグビラランにほど近い保護センターで見ることができる。

⑯長閑な農村風景。米の二期作、三期作が行われる

⑰世界最小のメガネザル・ターシャ。体長10㎝、体重100g

❶ブルーマウンテンズ国立公園の象徴スリー・シスターズとエコーポイント展望台

大都市シドニーに隣接する世界自然遺産

㉑ ブルーマウンテンズ国立公園

オーストラリア　2014.02

DATA

■交通：シドニーから列車で２時間、車で1.5時間

■ベストシーズン：12月～２月の夏

■登録：2000年

■地形：標高１１００mほどの高原を形成。グレートディヴァイディング山脈の東側に位置する

■地質：３～２億年前の砂岩、頁岩、玄武岩

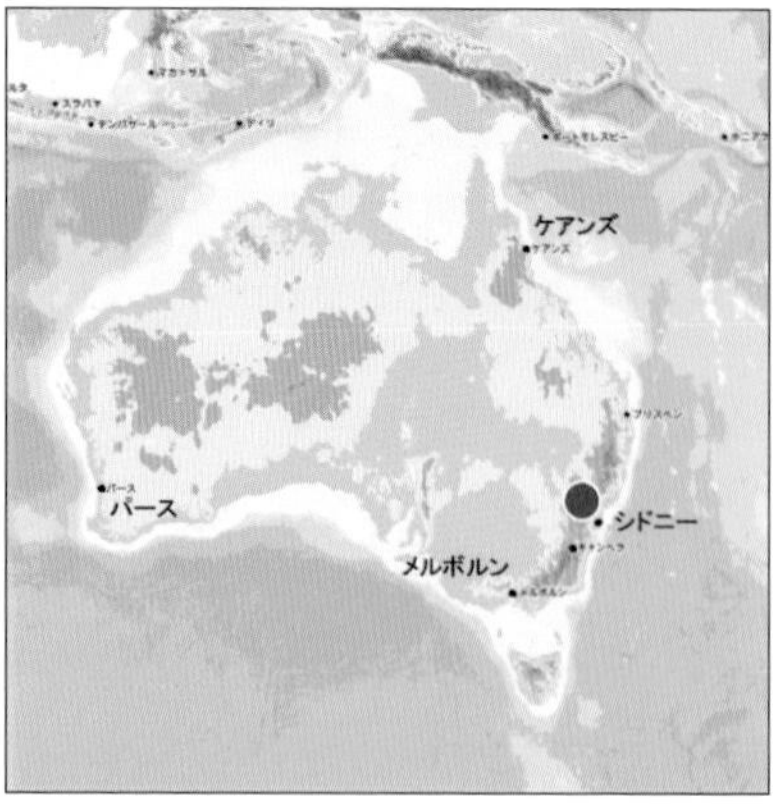

ブルーマウンテンズ国立公園と成り立ち

平らな大地が突如切れ落ち深い渓谷が広がる。その先には延々と青く霞んだ山並みとユーカリの森が続く❶。

■大都市に隣接する自然遺産

世界自然遺産「ブルーマウンテンズ国立公園」はオーストラリア最大の都市シドニーから西へわずか80km、車でおよそ1時間半、鉄道で2時間の距離にある。日帰りも可能とあって年間2700万人もの観光客が訪れるオーストラリアきっての観光地だ。

青く霞む山々

ブルーマウンテンズの名前は文字通り山々が青く霞んで見えることに由来する。ユーカリの木が発する揮発性の油成分テルペンが太陽光の青色を反射させるからだ。

「三姉妹」

この公園はスリー・シスターズとよばれる3本の奇妙な岩塔でよく知られる❶。その昔、魔物から3人の姉妹を守るため父親が魔法を使って岩に姿を変えた、というアボリジニの伝説もあってその姿は見るものを引きつける。

■国立公園の成り立ち

オーストラリアの東部にはグレート・ディバイディング（大分水嶺）山脈が南北に走り国立公園はその東側にある。

公園はおもに3~2億年前（古生代ペルム紀から中生代三畳紀）の砂岩や頁岩からなり一部に石炭を挟み玄武岩の溶岩も見られる。太古の昔、公園あたりからシドニーにかけて砂や泥が堆積する海が広がり、時に火山も噴火したのだ。

山地と盆地の形成

ところが新生代に入ると海底が隆起し陸へと変わる。特に西側で大きく隆起し標高1000m前後の山地を形成。一方の東側では隆起は少なくシドニー盆地とよばれるお皿のような凹地となっ

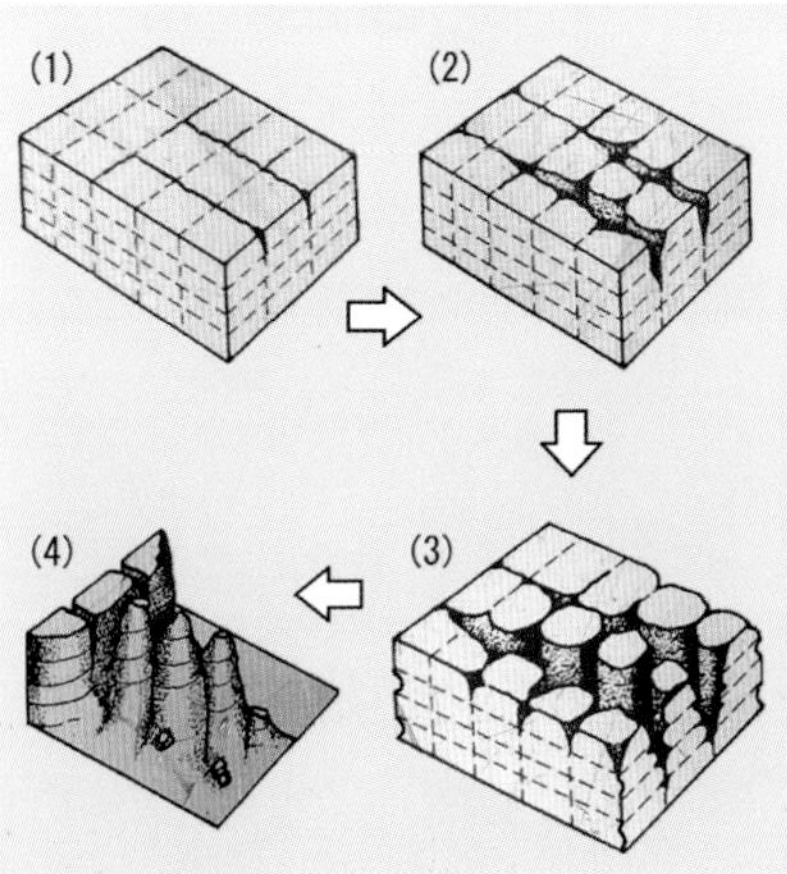

❸スリー・シスターズの形成過程

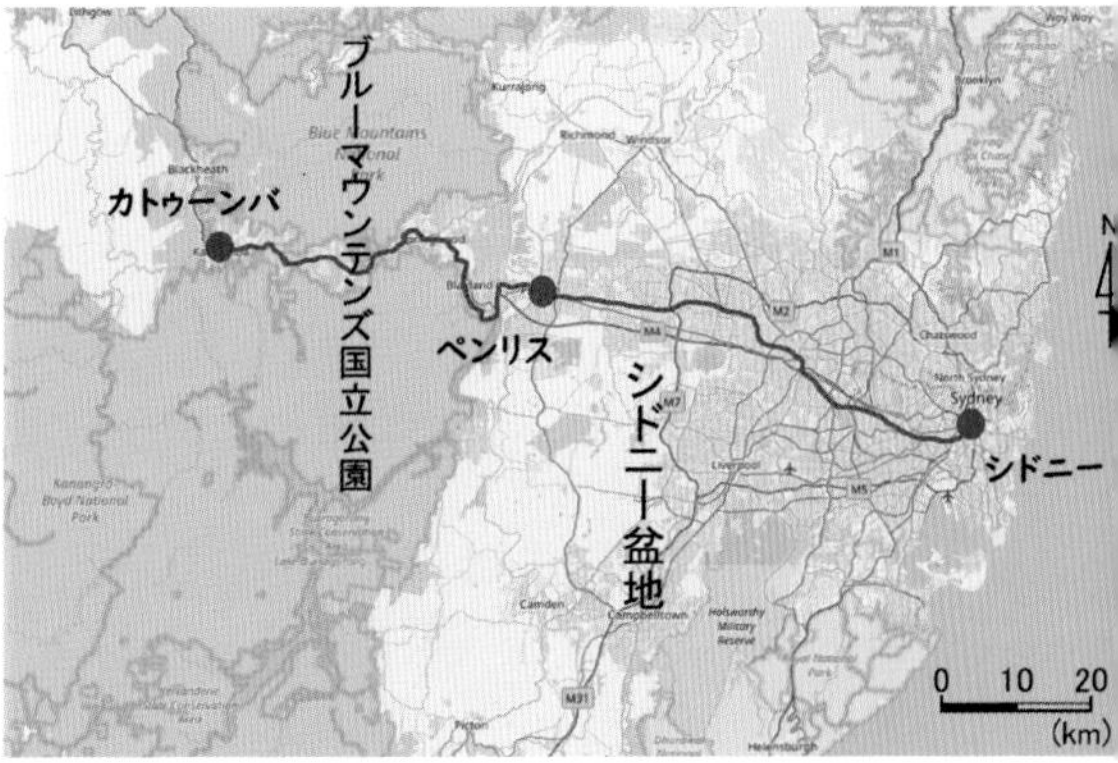

❷ブルーマウンテンズ国立公園への鉄路

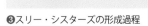

たのだ❷。

では公園の特徴でもある台地状の山地と断崖絶壁はどの様にしてできたのだろう。

台地と断崖の形成

展望台から岩壁を眺めると公園の地層はほぼ水平な砂岩や頁岩からなることが分かる❹。一般に砂岩層は頁岩より固くて削られにくい。この固く水平な砂岩層が帽子の役割をして浸食を押さえ平らな山ができたと思われる。

更に岩壁には水平垂直の両方向に節理とよばれる割れ目がたくさん入っている。おそらく地層が海底から隆起した際にできたものだ。

浸食作用はこの節理に沿って速く進むため垂直方向の割れ目はしだいに拡大し成長してゆく❸。

また崖の部分では頁岩の方が優先的に削られ窪みができる。するとその上の地層は支えを失い崩落する。

垂直の岩壁やスリー・シスターズのような岩塔はこうした浸食と崩落を繰り返してできたのだ。

エコーポイントとその周辺を歩く

■公園の玄関カトゥーンバへ

ブルーマウンテンズ国立公園はシドニーから車、列車での日帰りや半日観光が可能なことは既に述べた。500万人を超える人々が暮らす大都会のすぐ隣りにある大自然、自然遺産も珍しい。

国立公園の玄関口カトゥーンバまではシドニー駅から1時間に1本の列車がある。

❹岩壁には水平な砂岩・頁岩層が露出する

❺青く霞がかるブルーマウンテンズとユーカリの森。エコー・ポイント展望台

1000mを上る鉄道

セントラル駅を出発して約1時間。ずっと平地を走ってきた列車は山地にさしかかり少しずつ高度を上げ始める❷。小さな駅に何度も停車しながらユーカリの森の中をゆっくり進んでゆく。しかし、勾配が非常に緩やかなため高度が上がってゆく実感はない。

更に1時間。カトゥーンバに到着❻。ここは標高1000m。港町シドニーからいつの間にか1000mを上ってきたことになる。

■エコー・ポイント

カトゥーンバ駅の南約3㎞、バスで5分ほどのところに人気の展望台エコー・ポイントがある❻。

バスを降りて広い展望台の先端に立つと目の前に息を呑《の》む様な雄大な渓谷が広がる❺。

ユーカリの森

どこまでも続く平らな山並みと広大な谷。山もユーカリの森に覆いつくされその名前通り青く霞んで見える。

展望台の喧噪とは裏腹に深い緑に覆われた渓谷にはシンとした静寂が漂う。人々の声が谷間の青い霞に吸い取られていくような気がする。

■スリー・シスターズ

展望台の脇には公園のシンボル「スリー・シスターズ」が屹立する❼。中生代三畳紀の砂岩、頁岩からなる3本のタワーは長い時間をかけて浸食と崩落をくり返し最後に残ったものだ。

その独特の姿が発するオー

❼公園のシンボル「スリー・シスターズ」

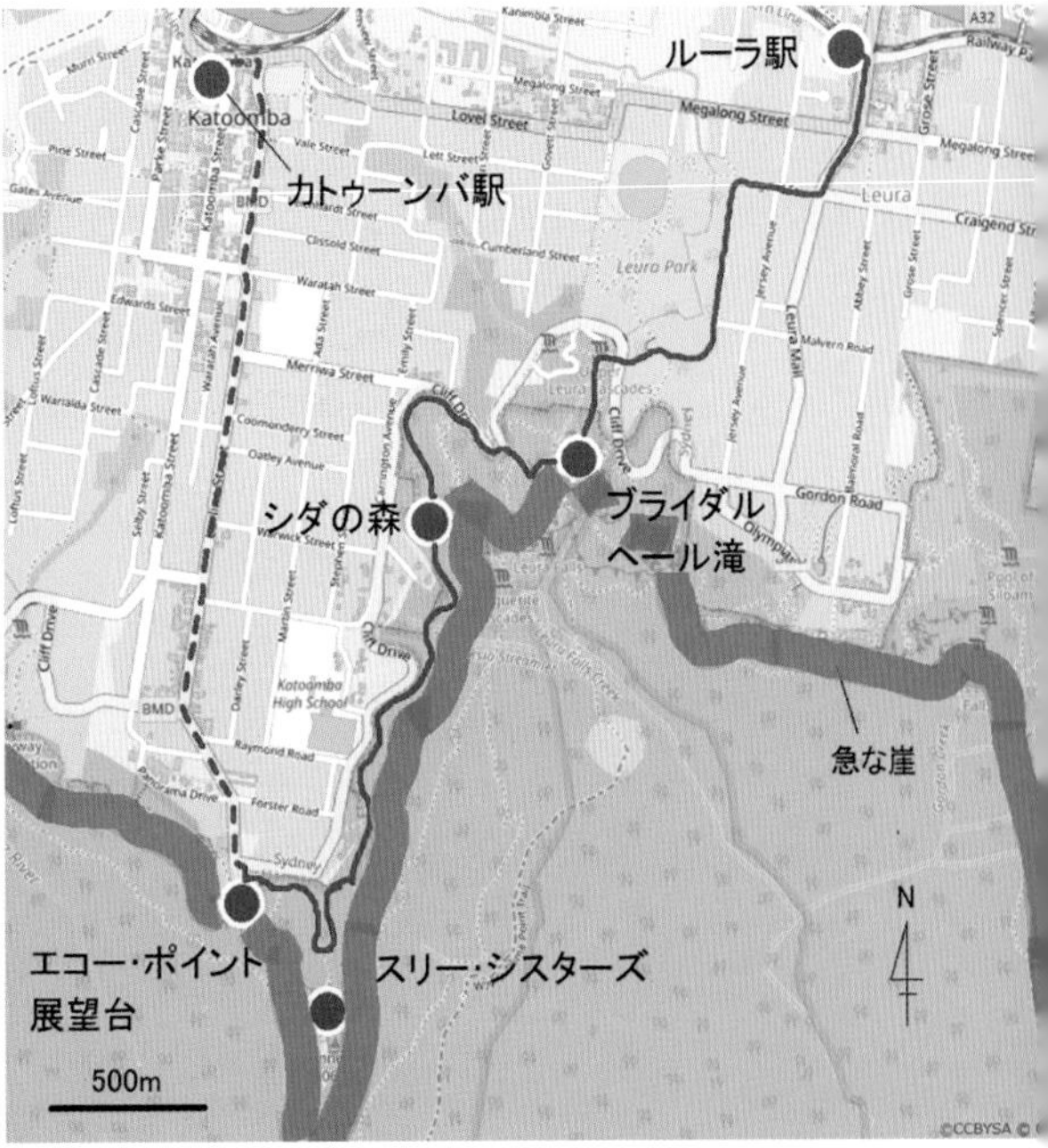

❻カトゥーンバ周辺の見どころマップ

ラは見るものの想像力をかき立る。魔法で岩に変えられたという3姉妹伝説が実話のようにも思えてくるから不思議だ。この岩が公園のシンボルとして人々に親しまれている所以だ。

セブン・シスターズ?

ところがである。説明板には「3姉妹はかつて7姉妹だった」とある。つまりその昔、7本のタワーが並んでいたというのだ。

3姉妹の隣を見ると切り株のような高まりが2つ残っている❶。岩塔の上部が崩落、消失した残骸だ。確かにかつては5本のタワーが並んでいたようだ。しかし残り2つのタワーの痕跡は展望台からはよく分からない。

■ミニトレッキング

展望台の手前にインフォメーションがある。ここでトレッキングガイドを買ってスタッフに尋ねると「プリンス・ヘンリー・クリフ・ウォーク」がお勧めだという。谷を見下ろしながら絶壁の縁を歩く3.5kmのコースだ❻。

歩き始めて程なく「ジャイアント・ステアウエイ」の標識と石のゲートが見えてくる。谷底まで900段の階段を下りるコースだ。途中で「第1姉妹（長女）」の肩の部分まで寄り道もできるがここはスルーして先に進む。

差別浸食

岩が道の上に覆い被さった崖があった❽。庇《ひさし》の部分は固く締まった砂岩、下の窪みは落書きが掘ってあるほど軟らかい頁岩だ。頁岩層が選択的に削られオーバーハングしたのだ。

支えを失った庇が今にも崩れ落ちそうで危なっかしいが、いずれ崩れ落ちることは間違いない。公園で見られる垂直な断崖絶壁はこうした差別浸食と崩落を繰り返した結果できたのだ。

遊歩道はユーカリが生い茂り見晴らしは今ひとつだ。しかしところどころに展望台が設けてあり谷を見下ろすことができる。行き交う人も少なく静かな森に鳥のさえずりが響く。

❾ゴンドワナ時代の植物の末裔・木生シダ。樹高3〜4m

❽張り出した砂岩層はやがて崩落し、垂直の崖をつくる

ゴンドワナの植物

歩き始めておよそ1時間。明るい森から暗く湿っぽい森へ、様子が変わってきた。ところどころにぬかるみもある。

木もユーカリに代わってシダ植物が増え、日本では見られない高さ3、4ｍもある木生のシダもある❾。

このシダ植物、実はゴンドワナ時代からの生き残りだ。オーストラリアが超大陸ゴンドワナの一部だったおよそ1億年前に繁栄していた。

シダの森を抜けると15分ほどで車道に出る。

ブライダル・ベール滝

午後7時。2月のオーストラリアは真夏だ。まだ日は高く日没まであと1時間ある。更に足を伸ばしてブライダル・ベール・フォールズに向かう❻。

遊歩道を10分ほど下ると小さな橋がある。ここを渡ってしばらく進み階段状に流れ落ちるルーラ滝に出る❿。谷間の滝はひんやり心地よい。

ブライダル・ベール滝はこの滝のすぐ下流にあった。落差180ｍ。滝の横から見下ろすと迫力がある⓫。滝の先はV字谷になり深い森に覆われる。どこか秘境のような雰囲気が漂う。

ここからルーラの鉄道駅までは歩いて30分ほど。シドニー行きの列車に乗る。

⓫落差180ｍのブライダル・ベール滝

❿階段状のルーラ滝。冷たい水の音が心地よい

シーニック・ワールドを歩く

エコー・ポイントと並ぶ人気スポットのシーニック・ワールド⑫。

午後の遅い時間にシーニック・ワールドの頂上駅に行くと係員に呼び止められた。

「日本の方ですよね。最終が16：50ですから急がれた方が良いですよ」。ここは日本の観光客も多いのだろう、若い日本女性のスタッフだった。

■ジャミソン・バレー

世界最大傾斜の鉄道

まずシーニック・レイルウェイで頂上駅から谷底のジャミソン・バレーまでいっ気に下る⑫。わずか415mの短い鉄道だが、傾斜角52度は世界最大だという⑬。

乗車時間約1分。あっという間の旅だった。スリルや景色を楽しむ余裕はなかったが滑り落ちていく様な感覚はあった。

炭坑跡

この鉄道はもとはジャミソン・バレーで採掘されていた石炭を運び上げるために百数10年前に造られたもの。ちなみに公園の玄関口カトゥーンバも石炭で栄えた町だ。

その炭坑跡が谷底駅のすぐ近くにあった⑭。石炭層は砂岩と頁岩の層に挟まれ厚さはたったの1m。しかし地層はほぼ水平。採掘しやすかったはずだ。かつてこの辺りには40もの炭坑があったという。

興味深いのは石炭層を境に地形が大きく変わることだ。石炭層より上の砂岩層は切り立った崖をつくるのに対し、その下の頁岩層の部分は広くなだらかな谷となりレインフォレストに覆われる。

谷底には細かく砕かれた砂や泥が堆積し崖から崩れ落ちた巨大な岩が転がる。

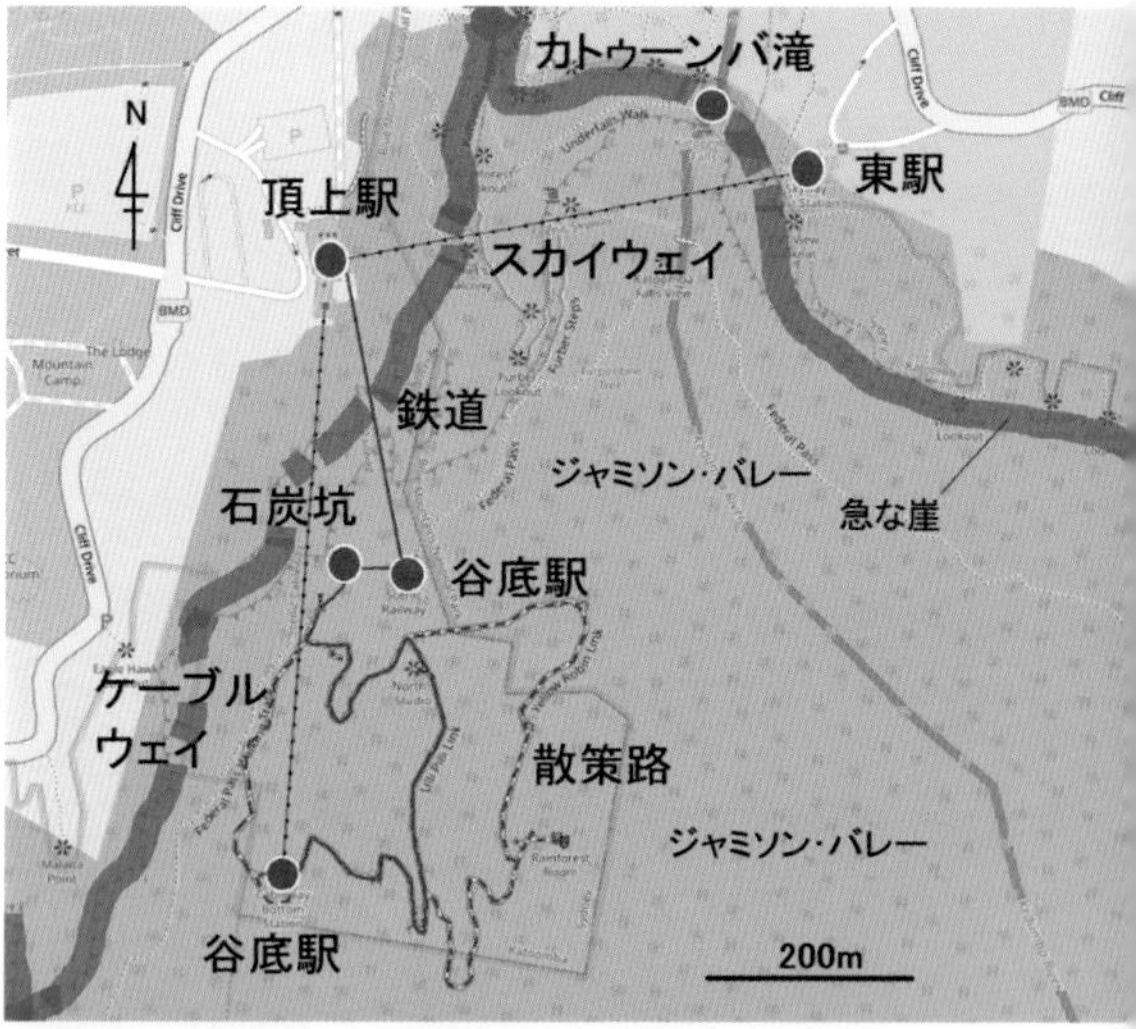

⑫シーニック・ワールドの散策コース

⑭石炭抗の跡。ずっと奥まで線路が延びる

⑬シーニック・レイルウェイ。傾斜52度

谷底の散策路

ここから先は静かな森の中を進む。板張りの散策路は車椅子でも通れるように整備され歩きやすい。

歩道沿いにはジャミソン・バレーで最大といわれる高さ11m、樹齢250年を超える木生シダが自生する。かつてこういうシダの森で暮らしていた恐竜もいたことだろう。

歩道沿いには動植物や地質の説明板がたくさんある。説明文は簡潔で分かりやすく目を通す人も多い。一通り見て歩くとブルーマウンテンズの成り立ちや歴史があらまし理解できるようになっている。

30分ほど急ぎ足で散策しケーブルウェイの谷底駅に着く⑫。時間が遅いせいか並ばずに乗れた。

■空中散歩

動き始めるとすぐ森を抜け視界が一気に広がった。どこまでも続くユーカリの森。その中でひときわ目を引くのがスリー・シスターズだ。

標高差250m。2分ほどで頂上駅に着く。ここで谷を横断するスカイウェイに乗り変える⑮。足下に広がる樹海とカトゥーンバ滝が見ものだ⑯。落差209m。薄くベールを引くように流れ落ちる姿が美しい。下車後はルーラ駅行きのバスに乗る。

⑯スカイウエイから見下ろすカトゥーンバ滝

⑮ジャミソン・バレーを横切るスカイウェイ

❶朝日を浴びて赤く染まっていくウルル。縦の筋はほぼ垂直に傾いた地層

世界最大級の一枚岩とアボリジニの聖地

㉒ウルル〈エアーズロック〉

オーストラリア　2014.02

DATA

- ■交通：シドニーから飛行機で3.5時間。アリス・スプリングスから470㎞、車で約6時間
- ■ベストシーズン：4月～10月
- ■登録：1987年(自然遺産)、1994年(文化遺産)
- ■地形：世界第2位の巨大1枚岩。浸食地形。砂丘
- ■地質：5.5億年前の扇状地堆積物の砂岩・礫岩

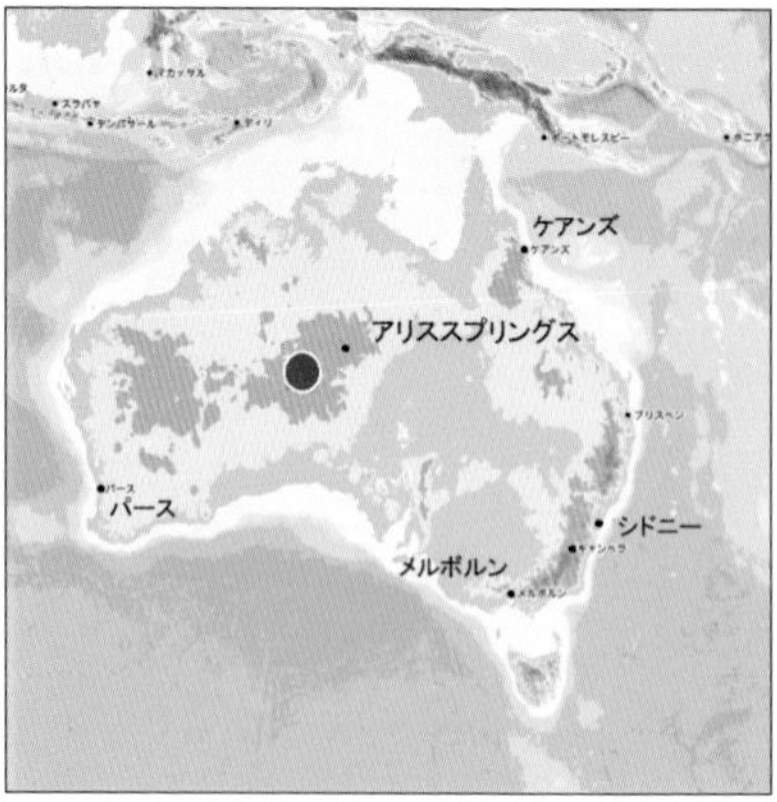

ウルル／カタ・ジュタ国立公園

■巨大な一枚岩

「地球のヘソ」

オーストラリア中央部の広大な砂漠の中に忽然《こつぜん》と姿を現す巨大な岩山ウルル。「地球のヘソ」とも呼ばれる大きな一枚岩だ❷。

ここはまた「セカチュー」ブームを巻き起こした小説『世界の中心で、愛を叫ぶ』の舞台としても知られる。

アボリジニの聖地

この岩山はイギリスの探検家が名付けた「エアーズ・ロック」の名でよばれてきた。しかし元々ここは先住民アボリジニの聖地だ。いまはオーストラリア政府がアボリジニから土地を借り国立公園として管理するという関係にある。名前もアボリジニの名称「ウルル」に変更されている。

朝日や夕日に赤く染まる岩山はとりわけ美しく、神々しささえ感じさせる❶。アボリジニがここを聖地として崇めてきたのも頷ける。

ウルルの西にもよく似た岩山カタ・ジュタがある❺。ウルルとセットで訪れる観光客も多い。

■ウルルの成り立ち

東西3㎞、南北2㎞。高さ348m（海抜は863m）。巨大な岩山がなぜ平らな大地に忽然と姿を現すのか。ウルルはいつどのようにして出来たのだろう。

垂直に傾く砂礫層

ウルルを遠くから眺めるとたて縞《じま》が目立つ❶。垂直に傾いた地層だ。特にもろい部分が選択的に削られ深い溝ができている。

一方近くで見ると岩の中に

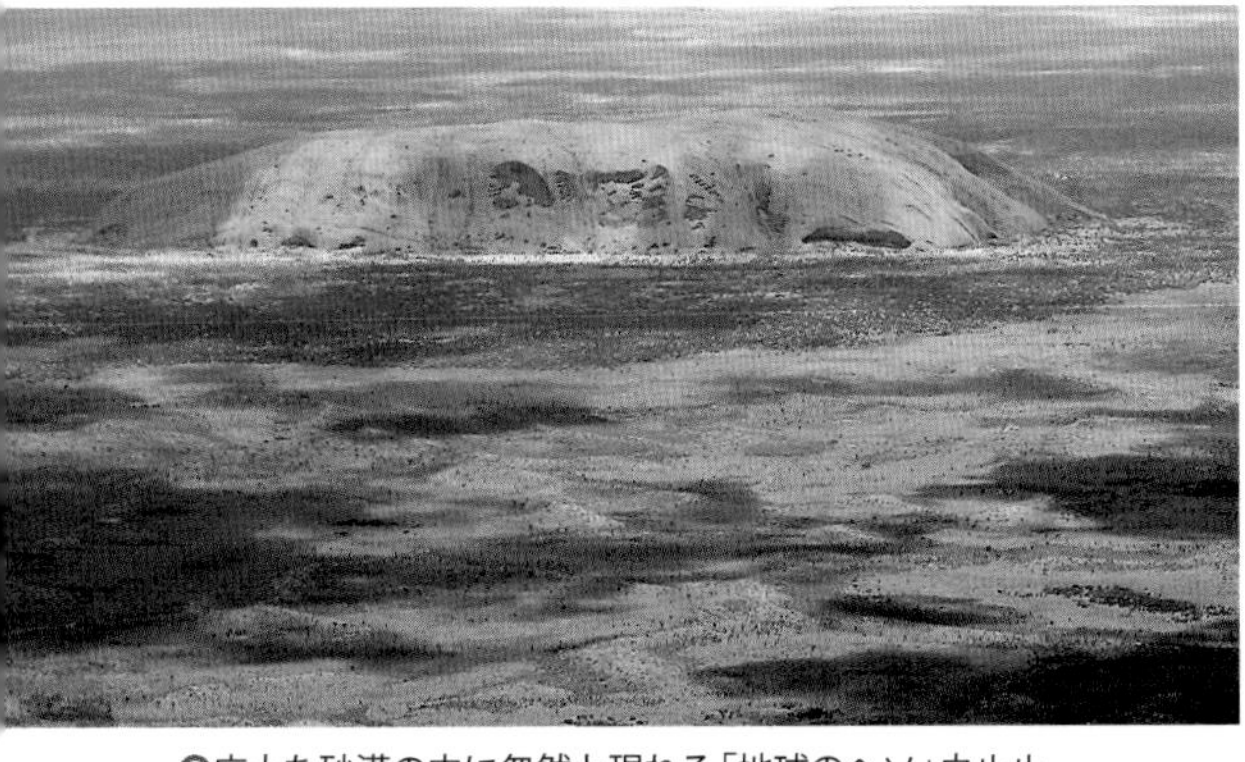

❷広大な砂漠の中に忽然と現れる「地球のヘソ」ウルル

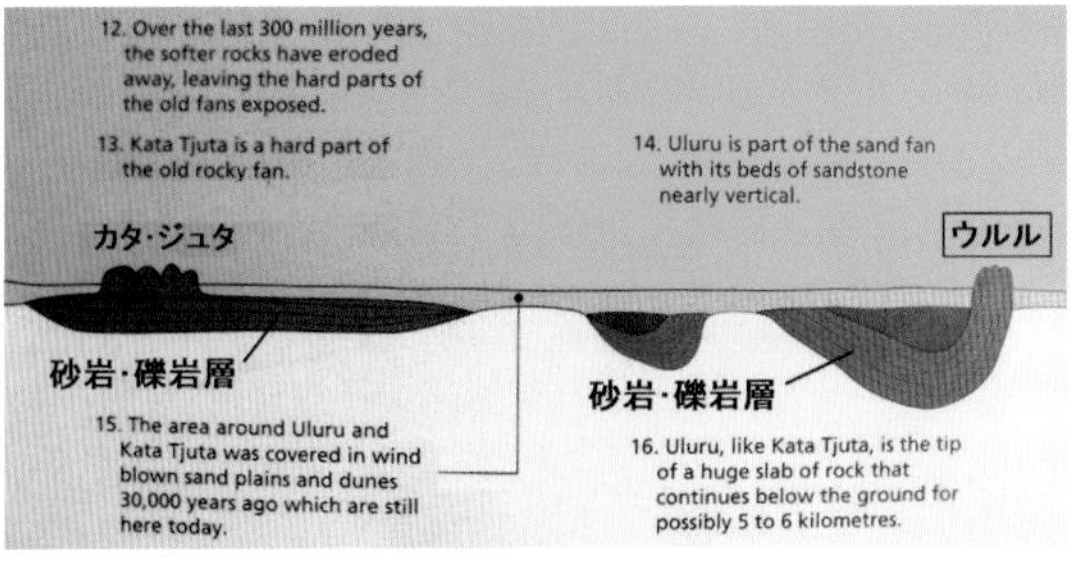

12. Over the last 300 million years, the softer rocks have eroded away, leaving the hard parts of the old fans exposed.
13. Kata Tjuta is a hard part of the old rocky fan.
14. Uluru is part of the sand fan with its beds of sandstone nearly vertical.
カタ・ジュタ
ウルル
砂岩・礫岩層
砂岩・礫岩層
15. The area around Uluru and Kata Tjuta was covered in wind blown sand plains and dunes 30,000 years ago which are still here today.
16. Uluru, like Kata Tjuta, is the tip of a huge slab of rock that continues below the ground for possibly 5 to 6 kilometres.

❹ウルルとカタ・ジュタの地質断面図。ビジターセンターの説明図

❸角張った小さな礫を含むウルルの砂礫層

は赤っぽい砂や角張った小さな礫がたくさん含まれる❸。しかもかなり固い。

ウルルは垂直に傾いた固い砂礫層からできている。

扇状地の堆積物

その起源は5.5億年前の先カンブリア時代末まで遡る。

今は平らな砂漠も当時は山脈が聳え麓には扇状地が広がっていたとされる。ウルルやカタ・ジュタの砂礫層はその扇状地の堆積物だ。

その後、一度は海に沈んだものの4億年前ころには大きな力が働いて地層を曲げながら再び陸となる。それ以降はもっぱら浸食作用が進み今のような平らな大地とウルルのような固い岩山が残ったのだ。

地下に隠れた地層

では地下はどうだろう。エアーズロック・リゾートのビジターセンターの展示の中に地下の断面図がある❹。

それによるとウルルの地層は地下5～6kmの深さまで続き地下で大きく折れ曲がる。地表部分は全体のわずか5％にすぎないという。

砂漠の砂

一方、ウルルの周りには砂漠が広がる。その細かい砂はここ数万年の間に風で運ばれてきたものだ。

エアーズロック・リゾート（ユララ）

ウルルの観光拠点は公園の北20kmにあるエアーズロック・リゾート（ユララ）だ❺。ホテルの他にスーパーや雑貨店、ビジターセンターなどがある。ここを外すと300km北のキングスキャニオンまで宿泊施設がない。そのためリゾートはかなり混み合う。

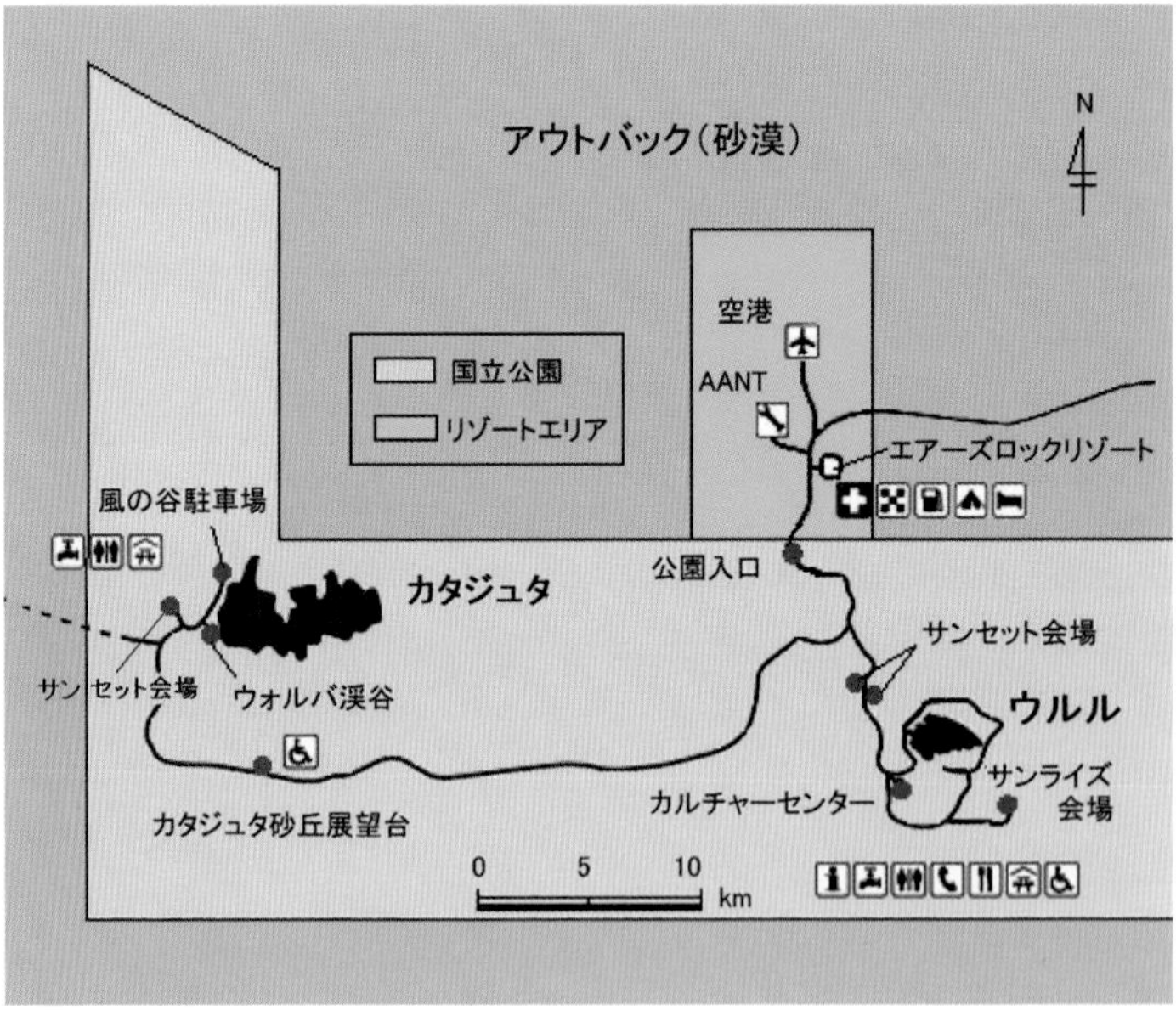

❺ウルル・カタジュタ国立公園の地図

■炎熱の大地

シドニーから3時間半。広大な砂漠にポツンと一つ巨大な岩山が見えてきた❷。その様は正に大地のヘソだ。

12:30。空港に降り立つとムッとした熱気が体を包む。すでに35℃を超えている。

空港でリゾート行きのシャトルバスに乗り換える。20km以上も離れたウルルが灌木の間から見え隠れする。やはりウルルは大きい。

命を落とす観光客

車内では陽気なドライバー氏が「水を飲め。水、水…」を何度も繰り返す。快適なシドニーからいきなり炎熱の砂漠のど真ん中へ。水分補給を怠り熱中症で命を落とす人があとを絶たないという。

10分ほどでエアーズロック・リゾートに到着。

チェックインを済ませ早速ビジターセンターへ向かう。

■ビジターセンター

ところが歩き始めてすぐ、今まで経験したこともない猛烈に暑い空気に包まれる。あるはずの遊歩道も見つからない。ここは無理をせずしばらく体を慣らす必要がありそうだ。

いったんホテルへ戻りフロントで相談するとリゾート内を15分ごとに巡回する無料バスがあるという。バス停はホテルのすぐ前。バスで行くことにした。

気温摂氏40℃

センターの入口で温度計を見ると気温40℃、湿度10%だった。どうりで暑いはずだ。

館内の展示は簡素だがウルルの地質や生き物、公園の歴史など興味深いものが多い。

見学後、近くのショッピングセンターで食糧と水を購入。帰路は歩いてみることにした。

相変わらず危険な暑さだが、赤い砂の遊歩道が白雲が浮かぶ青い空と緑の草木に映えて絵画のように美しい❼。乾燥した砂漠に咲くピンクの花が印象的だった❻。

❻砂漠の花。肉厚の葉や茎が水分を蓄え乾燥に耐える

❼リゾート内の遊歩道。結構緑もあって美しい

ウルル日の入り観賞

ウルルは6～9月の冬以外、日中の暑さが厳しい。代わって人気なのが日の入りと日の出の観賞、そして早朝ウォーキングだ。

到着初日は日の入りを見る。エアーズロック・リゾートからウルルまではおよそ20㎞。ツアーに参加するのが一般的だが1日7便のバスもある。パスを購入すると乗り降り自由でツアーよりかなり安い。

18：15。ホテルの前でバスに乗車。その場で公園入場料25＄を支払う。

リゾートを出ると黒いウルルが見え始めた❽。雲の陰に入ったのだ。ビジターセンターの展示に「雨が降って灰色のウルルが見えたらあなたは幸運です」とあった。黒いウルルは珍しいのだ。やがて日が射し赤いウルルが戻ってきた。

■ウルル一周

18：35。ウルルの西側にある登山口に着く。西日を浴びたウルルが美しい❾。

登山道

山頂への登山道はすでに閉鎖されていた。掲示板には「夏は高温による死亡事故を防ぐため午前8時以降は閉鎖」とある。他にも様々な制約があり登山できるチャンスは意外に少ない。それに元々ここは所有者アボリジニの聖地だ。掲示板には更に「できれば登らないで…」とあった。

❽北から見たウルル。雲の陰に入り、珍しく黒い

日没までまだ時間がある。再びバスに乗りドライバー氏の説明を聞きながらウルルを時計回りに一周する。

表情を変えるウルル

ウルルは場所によって表情が大きく変わる。北西と南東側では縦縞が目立つが、北東と南西側では岩肌は滑らかで

❿南から見たウルル。水辺があり、緑が濃い

❾西から見たウルル。ここには登山口がある

大きな穴が多い。垂直に傾いた地層が北西～南東方向に延びているからだ。

■サンセット

19：00。ウルルの北西約3km、砂丘の上にあるサンセット会場に到着❺。すでに大勢の人。ワイン片手に日没を楽しむツアーグループだ⓫。

日没まであと30分。ウルルはまだ明るい日射しを浴びてオレンジ色に輝いている⓬。撮影ポイントを探しながら砂丘の上を散策する。

ウルルと反対の西方にはもう一つの岩山カタ・ジュタがシルエットとなって浮かび上がっていた⓭。丸みのある入り組んだ姿はウルル以上に浸食が進んだ証だ。ウルルもいずれこんな姿に変わるのだろう。

微妙な変化

19：12。オレンジ色の岩肌に赤味が加わり周囲の灌木に日が当たらなくなった。太陽が雲に隠れる度に色がかすむ。

19：25。赤味が増す。しかし最も赤くなる撮影チャンスを見極めるのは難しい。

19：37。日没。ウルルは輝きを失い鈍《にぶ》いあずき色に変わった。撮影した写真を後から見比べると、日没5、6分前が最も赤く美しかった⓬。

19：50。ウルルはしだいに闇に埋もれてゆく。風も出て肌寒くなり、夕焼け空を見ながら帰路につく。

⓬変化するウルルの表情。上19:10、下19:31

⓫団体バス観光客専用のサンセット会場

⓭西20kmにあるカタ・ジュタ（多くの頭、の意）。丸みを帯びて独特の表情をもつ。手前は砂丘

ウルル・日の出観賞

朝5：15。ホテルの前で予約したバスにピックアップしてもらい日の出観賞に出かける。外はまだ暗闇。少し肌寒いが満天の星が美しい。

5：40。会場に到着。ここはウルルの南東約3㎞、サンセット会場の反対側にある❺。薄明かりの中、ビューポイントへ向かう。

5：50。薄闇にぼんやりとウルルが姿を現す。空も赤く染まり始め明るさを増す。

日の出

6：21。日の出の時間だがウルルに変化はない。

6：26。岩肌にようやく光が射し赤黒い色に染まり始めた。明るく輝きだしたのはそのおよそ5分後だった⓮。日没と比べると赤味はいくぶん薄いように感じる。

ウルルの左奥にはピンク色に霞んだカタ・ジュタも姿を現す⓮⓯。その様は砂漠に浮かぶ蜃気楼のようだ。

⓮赤く輝き始めたウルル。6:31。左奥にカタ・ジュタが見える

ウルル・ウォーキング

6：55。再びバスに乗り、ウルル登山口へ移動。この時間帯は登山が可能なはずだが人影はない。おそらく予想気温が規定の36℃を超えるため閉鎖されているのだ。

公園当局の勧め

登山に代わる当局のお勧めはウォーキングだ。ちょうど

⓯朝日を浴びてピンク色に染まるカタ・ジュタ

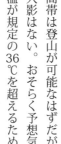

ウルルをぐるっと取り巻くように散策路が整備されている⑯。それには実際に歩いてウルルの所有者アナング族（アボリジニ）が聖地として崇めるウルルの懐の奥深さや神聖さを感じ取って欲しい、との願いも込められている。

ウルル一周コースはベースウォークとよばれ全長約９㎞、所要３時間。高低差はないが日陰のない日中はきつい。

■マラ・ウォーク

登山口にはいくつかウォーキングコースがある。その一つがカンジュ渓谷までのマラ・ウォークだ⑯。往復２㎞、約１時間。ここは朝は日陰になるため歩きやすい。

マラ族の伝記

７：20。歩き始めると数枚の説明板が並んでいた。マラ族の言い伝えを記しものだ。故事を譬《たと》えに「危険の警告には物事を中断して素直に耳を傾けろ」とある。危険な登山や熱中症で命を落とす観光客への警告とも受け取れる。

緑の森と不思議な穴

しばらくするとユーカリの森に入った⑰。思いもよらない緑豊かな森。一体どこに水があるのだろう。

更に進むと岩壁に大小たくさんの不思議な穴が開いていた⑱。おそらく穴の中の石や砂が強風で回転しながら岩を削り大きくなったのだろう。川床にできるポットホールとよく似た仕組みだ。

アボリジニの人たちはこうした洞穴を住居や台所、儀式など様々な用途に使い分けていたという。

例えば古老が若者たちに狩りの仕方や砂漠で生き抜

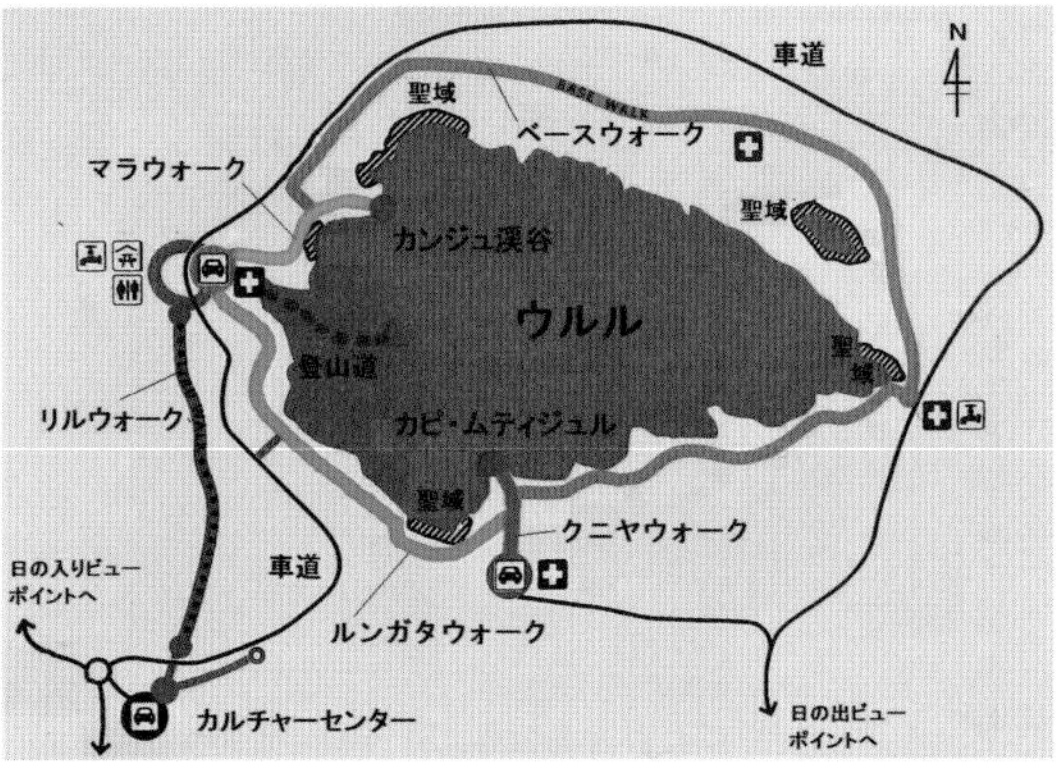

⑯ウルルのトレッキング・コース

⑱強風が造ったと思われる洞穴。ウルルには多数ある

⑰草地からユーカリの森へと入る

く知恵などを教えた「教授の洞」。壁には説明に使った絵がたくさん残っている。

聖域「マラ・プタ」と洞

火を焚き儀式の準備をした「男の洞」を過ぎると「マラ・プタ」と呼ばれる聖域に入る。ここからしばらくは写真撮影も禁止だ。ウルルにはこうした聖域が6ヶ所ある⑯。

聖域を抜けると女性と子どもたちが調理やキャンプをした「台所の洞」、焚き火で天井が煤《すす》けた「長老の洞」などの洞穴が続く。

森の中で木のない草地は山火事の跡だ。時に落雷による火事が発生するのだ。

命の泉

8：20。道が突然行き止まりになり目の前に岩壁が立ちはだかった⑲。カンジュ渓谷の最深部だ。

岩壁の下には小さな泉があった。砂の上には動物の足跡。ここはアボリジニの人たちやカンガルー、エミューなどの動物たちにとって貴重な命の水場だ。

壮大な滝

赤い岩肌に異様に黒い縦筋がついていた⑲。ウルルに大雨が降ると岩の表面を滝のように水が流れ落ちる。その通り道に藻類が生え黒く見えるのだ。この黒い筋はあちらこちらに付いている。大雨が降ると壮大な滝のショーが見られそうだ。

ウルルの存在

泉の周りには人影はなく静けさが漂う。時おり木々の間を吹き抜ける風が心地よい。泉の辺に佇んでいると目の前の巨大なウルルが単なる岩山ではなく何か特別な意思を秘めた存在にも思えてくる。

■ルンガタ・ウォーク

9：30。登山口まで引き返し次のルンガタ・ウォークへ足を伸ばす。ウルルを一周するベース・ウォークの一部でウルルを西から南へと回り込むコースだ⑯。しかしここにも「猛暑のため午後2時以降閉鎖」の看板があった。今日も厳しい暑さになりそうだ。

突然原住民を乗せたジープがやって来て少し先で停まった。レンジャーの車だ。銃を備えた車はどこか物々しい。車を降りた2人は植物でも採取するのか、ブッシュの中に入り何か探し始めた。

⑲小さな泉があるカンジュ渓谷最深部。黒い縦筋は滝の跡

⑳大小複雑な穴があく岩壁。白い部分は鳥のフン

ウルルの岩壁に大小たくさんの穴が開いた場所があった⑳。なぜこんな複雑な穴ができるのか、不思議な穴だ。

10：05。ウルルの最南端に出る。この辺りも写真撮影禁止の聖域だ。岩壁が大きく崩落し巨大な凹みが出来た荒々しい場所だ。

キャンプサイト

10：25。聖域を抜け先住民のキャンプサイトに着く。落石のすき間を利用したキャンプ地だが近くに水場がある。ここはその水場に来る獲物を狩るための格好の隠れ場でもあり木の実も採れる。

10：40。クニヤ・ウォークと合流⑯㉑。

■クニヤ・ウォーク

緑の林を進むこと5分、小さな泉カピ・ムティジュルに出る⑯。この水場はウルルで最も水量が多い。泉の奥は深く切れ込んだV字谷となり雨水が広い範囲からこの泉に集まって来るのだ㉓。水の中ではオタマジャクシが泳いでいた。

突然の雨

11：05。意外にもポツリポツリと雨が降り始めた㉒。2月にしては珍しい。散策を早めに切り上げバス停のあるカルチャーセンターに向かう⑯。

㉓カピ・ムティジュルの泉とV字谷

㉑美しく気持ちの良いクニヤ・ウォーク

㉒雨雲が去った後の景色も幻想的で美しい

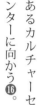

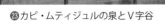

❶クレイドル山（1545m）とドーブ湖。左隅の湖岸の白い岩がグレイシャー・ロック（迷子石）

太古の姿を留める世界一水と空気がキレイな島

㉓ タスマニア原生地域

オーストラリア　2014.02

DATA

■交通：シドニー、メルボルンから飛行機でローンセストン、ホバートまで1～2時間

■ベストシーズン：12月～2月

■登録：1982年（自然遺産）、1989年（文化遺産）

■地形：山地、丘陵、氷食地形

■地質：先カンブリア時代の珪岩、古生代の砂岩・礫岩層、中生代の粗粒玄武岩

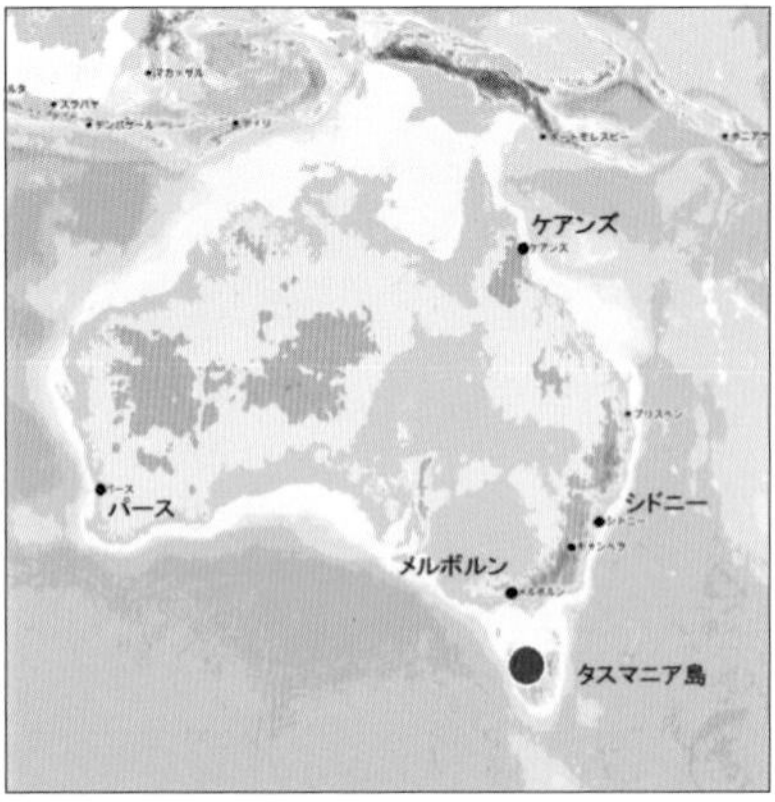

太古の姿を留めるタスマニア島

■大自然の宝庫

オーストラリア大陸の南240㎞に小さな島タスマニアがある。恐ろしげな名前のタスマニアデビルが棲息する自然豊かな島として知られる。

ハート形をしたこの島は北海道の8割ほどの広さをもつ。その35%が国立公園や自然保護区に指定され、島の中央部は「タスマニア原生地域」として世界自然遺産に登録されている。タスマニアは手付かずの自然の宝庫だ。

島の人口はわずか51万人。その6割が州都ホバートとローンセストンに集中し山がちで平地に乏しいこともあって乱開発をまぬがれ豊かな自然が保たれてきた。

■生命のタイムカプセル

タスマニアの動植物にはこの島ならではの固有種が多い。肉食のタスマニアデビルや草食のウォンバットなどの有袋類❷❺。植物ではレインフォレスト（冷温帯雨林）を構成するペンシルパインや南極ブナ、巨大な木性シダ、そしてヤシに似たパンダニなどだ❹。

タスマニアに固有種が多い理由はこの島の由来にある。

大陸の分裂と孤島

タスマニアは2億年ほど前までは南極やアフリカ、南アメリカなどとともにゴ

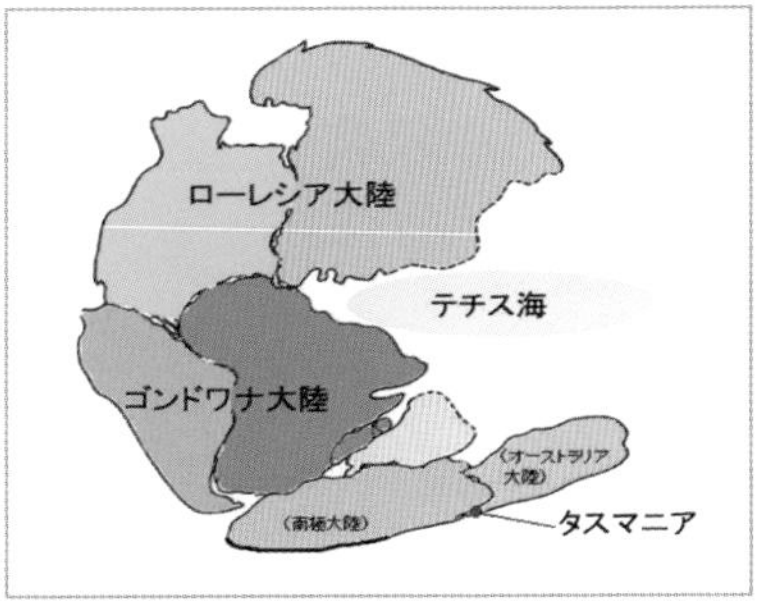

❸2億年前頃のタスマニア。赤い点

❷腐肉を食べる森の掃除屋タスマニアデビル

❺ウォンバット（大陸側にも生息する）

❹ゴンドワナ時代から続く太古の森・レインフォレスト

ンドワナ大陸の一部だった❸。しかし1.8億年前になって超大陸の分裂と移動が始まると比較的早い段階で大陸から分離、孤立した島となった。そのためタスマニアにはゴンドワナの動植物が数多く取り残されることになる。

その後も環境は大きく変わることなくゴンドワナ由来の動植物が維持されている。タスマニアが「生命のタイムカプセル」と言われる所以《ゆえん》だ。

■世界で最もクリーンな島

タスマニアは世界で最も水と空気がきれいな場所としても知られ、雨水を詰めた飲料水が普通に売られている。

島は北海道と同じ中緯度にあり絶えず偏西風が吹いている。その風上にはインド洋が広がり大陸や島がないため空気の汚染源となるものが存在しないのだ。

タスマニアの自然を走る

世界自然遺産「クレイドル山セントクレア湖国立公園」はタスマニア観光の目玉の一つだ。特にクレイドル山のトレッキングは人気が高い。

今回はローンセストン発の日帰りトレッキングツアーに参加した。

■州道1号線

7:30。ホテルでピックアップ。参加者は9人。ガイドは運転手を兼ねた陽気なシニアのロイさん。早速、州道1号線を西に向かう❻。

安定した地質環境

市街地を抜けると広大な丘陵地帯に出る。牛や馬、羊などが放牧され開放的な田舎の風情が漂う。遠くには低くなだらかな山並みが続き険しい山は見あたらない❼。

こうした地形の特徴はこの島がゴンドワナ大陸から分離して以降、大きな地殻変動を受けることなく安定した環境のもとにあった証しとも言える。

ソバ畑

1時間ほど走ったときだった。ところどころに茶色く色づいた収穫間近いソバ畑が見えてきた。タスマニアにソバとはどういうことだろう。

ガイドのロイさんによると日本に輸出するソバだという。タスマニアは中緯度にあり季節は日本と逆。ある製粉会社がこの違いに目をつけ栽培を始めたそうだ。春に味わう新ソバはこの島のものだった。

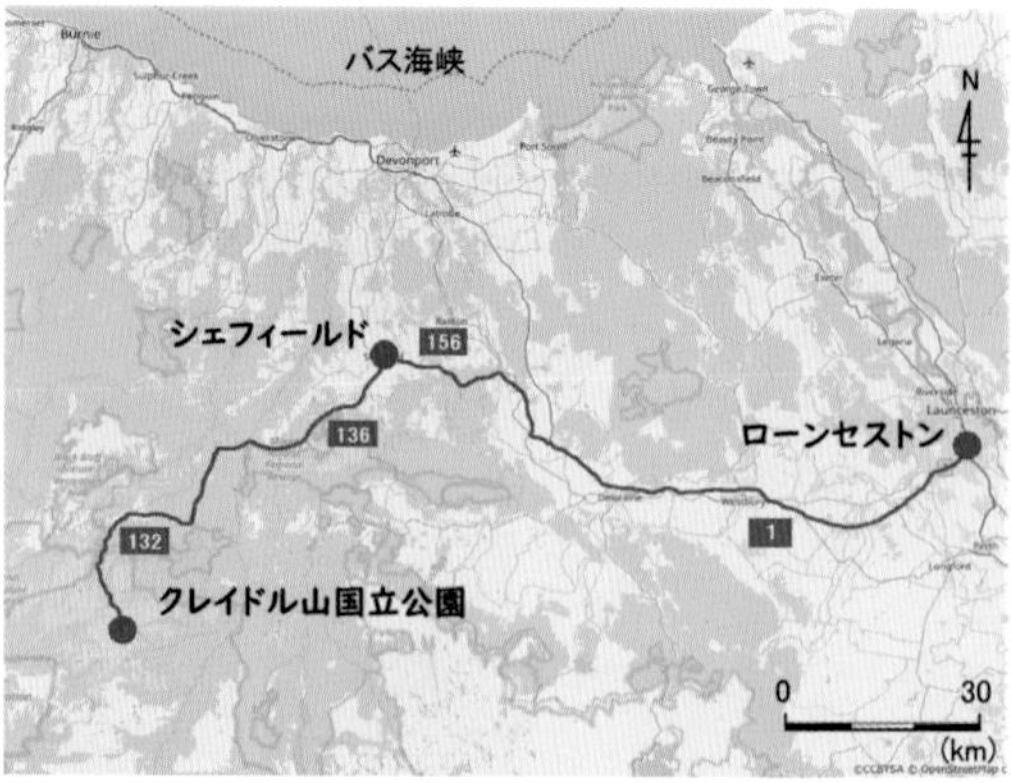

❻クレイドル山のツアーマップ

■豊かな自然、そして…

州道1号線から156号線へと進むと森林地帯に入る。ペンシルパインや南極ブナ、ユーカリなど太古の森が続く。

一方で路上には目を背けたくなるものが目立ち始める。小さな動物たちの轢《れき》死体だ。ウォンバットにワラビー、タスマニアデビル…。夜行性の彼らは車のライトに引き寄せられるように飛び出して来るという。死肉をあさるタスマニアデビルの保護団体は、せめて轢死体を安全な路肩に移すよう呼びかけている。豊かな自然の反映とは言え数が多い。

■壁画の町

8：50。小さな田舎町シェフィールド❻。トイレ休憩と思って車を降りると目の前に巨大な壁画があった❾。向かいの建物にも広場にも、そこかしこに大きな絵。シェフィールドは壁画の町だった。

ロイさんによると過疎化が進んだ30年ほど前に青年たちが町興《おこ》しの一環として始めたという。

その数およそ50。主に町の歴史をモチーフとし荒野を切り拓いてきた先人たちの苦労が描かれている

今ではクレイドル山を訪れる観光客が大勢立ち寄る。過去を見つめなおし、それを絵にすることで小さな町は活気と自信を取り戻したのだ。

■山火事の跡

9：30。136号線を南へ

❼緩やかな丘陵と平らな山並みが続く。ローンセストン郊外

❽山火事の後に再生した草地と生き残ったユーカリ

❾壁画の町として有名なシェフィールド

❿美しいレインフォレストと散策路

進みペンシルパインやユーカリなどが生い茂る森を走る。ところが132号線に入ると突如としてユーカリの疎林に変わった❽。

　それは山火事の跡だった。ユーカリの葉が発するテルペンには引火性があり山火事を起こしやすい。しかしユーカリは樹皮が燃えても内部は保護されるため生き残るのだ。それにしても規模が大きい。

　10：20。クレイドル山ビジターセンターに到着。ここで入園手続きを済ませる。

■太古の森

　園内を15分ほど走ると自然保護管理事務所とレインフォレストの散策路がある❿。

　森の中はタスマニアの固有種ペンシルパインやキングビリーパイン、南極ブナなどがうっそうと生い茂り、光が届きにくい林床《りんしょう》にはシダ植物やコケ、地衣類《ちいるい》が生える❹。この森は恐竜の時代の姿を今に留める原生の森だ。

　森を抜けると玄武岩の溶岩にかかる滝ペンシルパイン・フォールズがある。

クレイドル山トレッキング

■ドーブ湖

　11：20。クレイドル山ドーブ湖駐車場⓫。トレッキングはここから始まる❶。
　ガイドブックにはドーブ湖一周コースが紹介してある。しかしロイさんのお勧めはマリオン展望台に上りクレー

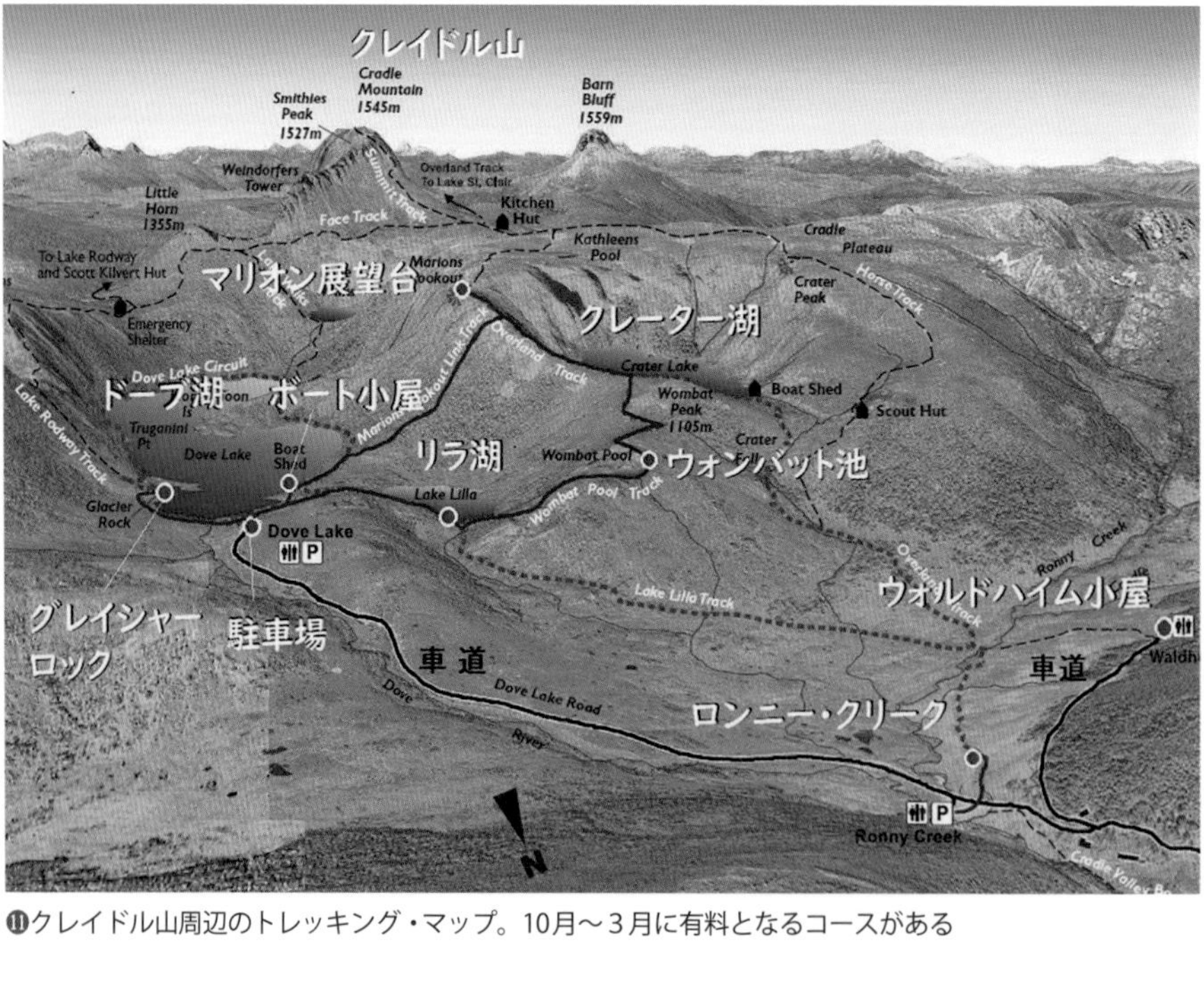

⓫クレイドル山周辺のトレッキング・マップ。10月～３月に有料となるコースがある

ター湖やリラ湖などを見下ろしながら尾根沿いを下りてくるコース⑪。変化のある眺めの良いコースらしい。およそ4㎞、2時間のトレイルだ。

「あの、日本の方ですか」。突然声をかけられる。一人旅の若い日本人女性だった。仕事をやめて新しい仕事につく前の旅行だという。話を聞きながらしばらく一緒に歩く。

ボート小屋

11：45。ドーブ湖畔のボート小屋。ここは風情のある小屋と湖を前景にクレイドル山を写す格好の撮影スポットとして知られる⑫。

湖畔からはマリオン展望台が見える。よく見るとその直下の先カンブリア時代の地層（珪岩）が「く」の字型に大きく曲がっている。島となる前のゴンドワナ時代に大きな力が働いたのだろう。

■マリオン展望台

マリオン展望台へは湖岸沿いを更に200mほど進み、分かれ道を右に取る。左の道は湖岸一周コースだ。

しばらくの間、白い花をつけたマヌカとボタングラスが生い茂る見通しの良い道を歩く。湖の赤黒い色はこのボタングラスが起源だ⑫⑯。根から滲《し》み出したタンニンが酸素と反応して赤黒くなるのだ。

徐々に坂道がきつくなりユーカリの森に変わった。日光が遮られ幾分涼しく感じる。

ドーブ湖やリラ湖を見下ろしながら進み、急な鎖場を抜けると見晴らしの良い広い稜線に出る⑬。ここまで上れば展望台まであと10分とかからない。

今度は右側に紺碧《こんぺき》の水を湛えたクレーター・レイクが見えてくる。この湖は名前どうりの火口湖ではなく氷河が造った氷河湖だ。ここでも地層（珪岩）は大きく褶曲している。

12：50。マリオン展望台に到着。クレイドル山が目の前に迫り、360度の展望がすばらしい⑭。

⑫ドーブ湖畔のボート小屋からクレイドル山を望む

⑬稜線から左にリラ湖、右にドーブ湖を望む

■クレイドル山の成り立ち

公園のシンボル、クレイドル山は周囲の山々とは違う異質な印象を受ける。垂直の割れ目（柱状節理）が入りギザギザした尾根はまるでノコギリの歯のようだ⓮。

クレイドル山は上部3分の1が中生代ジュラ紀の粗粒玄武岩、その下3分の2は古生代ペルム紀の砂礫層と先カンブリア時代の珪岩からなる⓮。

岩床と節理

この玄武岩はマグマが地下で水平な砂礫層の間に割って入り冷え固まったもの。岩床とよばれる溶岩だ。柱状節理はそのマグマが冷え固まる際にできたのだ。

その後、玄武岩の上にあった砂礫層は浸食によって消失。地表に露出した溶岩は氷河などによって節理に沿って削られギザギザ尾根となったのだ。

■氷河湖巡り

13：30。お昼を済ませ展望台を出発。するとすぐロイさんが波の「化石」リップルマークを見つけた⓯。太古の昔、この辺りはさざ波が寄せる穏やかな水辺だったのだ。

尾根道からの眺めもまたすばらしい。ドーブ湖、リラ湖、クレーター湖など氷河湖が一望のもとにある。深い森に囲まれどこか神秘的だ。次の分かれ道で「ウォンバット池経由駐車場」の道を取る。

標高が下がると灌木《かんぼく》帯からアカシアの森へと変わる。

ウォンバット池

14：20。ウォンバット池⓰。

⓮柱状節理が発達した粗粒玄武岩からなるクレイドル山。1545m。その下はペルム紀層と先カンブリア時代の珪岩

この池が異様に赤いのは山火事の跡にボタングラスが大挙進入したからだ。水辺で遊ぶ親子が微笑ましい。

リラ湖

14：35。リラ湖。再びクレイドル山が姿を現す。湖面に映る逆さ像もまた美しい。

10分ほどでドーブ湖に出る。駐車場はすぐそこだがもう少し足を伸ばす。

■グレイシャー・ロック

15：00。迷子石グレイシャー・ロック❶⑪。ここからはクレイドル山の麓がU字型に大きく削られているのがよく分かる⑰。

1万2千年前、この辺りは氷河に覆われていた。その証しはグレイシャーロックの表面に刻まれた鋭い線・擦痕《さっこん》にも見て取れる⑰。

■野生のウォンバット

15：30。駐車場に戻り車でロンニー・クリークへ移動⑪。ここは野生のウォンバットの生息地として知られる。

歩き始めるとすぐウォンバットが現れた。それもすぐ手が届くところにだ⑱。人を全く気にかけずひたすら草を食み続けている。捕食者の少ないタスマニアならではだ。

広い草地は氷河が運んできた砂礫層の上にある。近くにモレーンの丘もあり巣穴にはもってこいだ。ここにはタスマニアの固有種パンダニも自生する。

15：50。公園の開拓者ウォルドハイムが建てた古い小屋を見学し、帰路につく⑪。

⑮珪岩の表面についた波の「化石」リップルマーク

⑯手前のボタングラスの進入で赤く染まるウォンバット池

⑰氷河が削ったグレイシャー・ロック表面の擦痕。縦の筋《すじ》

⑱人が接近しても気にかけず草を食むウォンバット

❶アルパインクロッシングの最高地点とナウルホエ火山。左側はレッド・クレーター。高橋晴美氏提供

絶景トレッキングが人気の活火山

㉔ トンガリロ国立公園

ニュージーランド　2014.02

DATA

■交通：オークランドから330km。鉄道で5.5時間、バスで6時間程度。首都ウエリントンからも鉄道とバスがある

■ベストシーズン：1月～3月の夏

■登録：1990年(自然遺産)、1993年(文化遺産)

■地形：多様な火山地形、氷河地形

■地質：26万年前～現在の火山噴出物

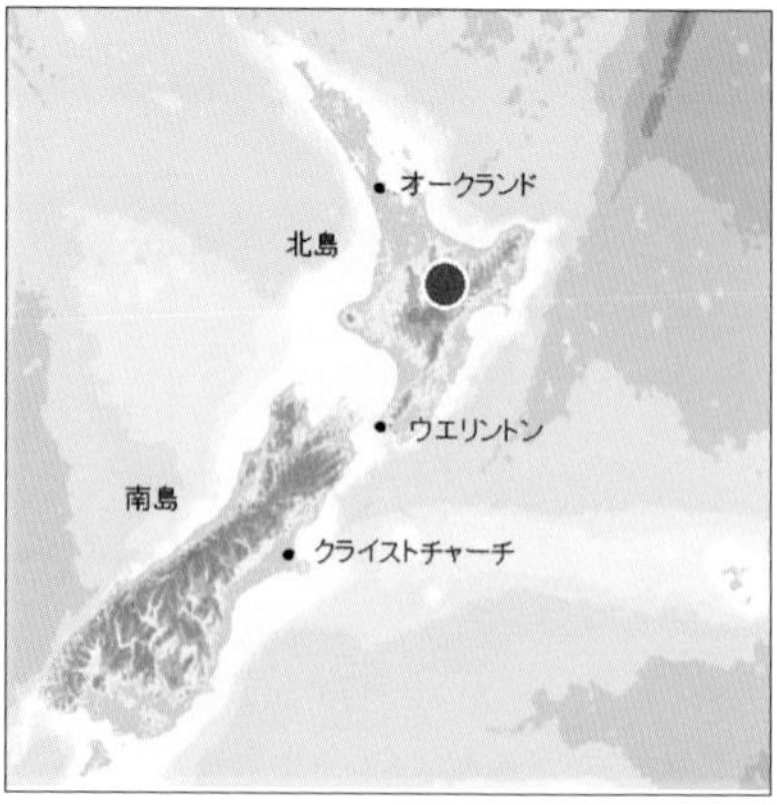

トンガリロ国立公園と火山の成り立ち

南半球の島国ニュージーランド（以下ＮＺと略記）。日本を含む環太平洋造山帯・火山帯の南西端に位置し地震や火山が多い。また周囲を海に囲まれ中緯度の偏西風帯に属し四季の区別が明瞭なこともあって日本とよく似た自然環境にある。

そんな豊かな自然を反映してＮＺには３つの世界自然遺産がある。

■トンガリロ国立公園

北島の火山地帯、トンガリロ国立公園もその一つだ。

最高峰ルアペフ、富士山のようなナウルホエ、火口湖が美しいトンガリロ、の３つの活火山を中心に雄大な眺めが広がり、映画「ロード・オブ・ザ・リング」のロケ地ともなった❶❷❸。

マオリの聖地

ここは先住民マオリ族の聖地でもある。１８８７年、乱開発から自然を守るため当時の首長がこの地を政府に寄付。ＮＺで最初の国立公園となり国の管理下で美しい景観が守られてきた。その後、景観と文化的価値が

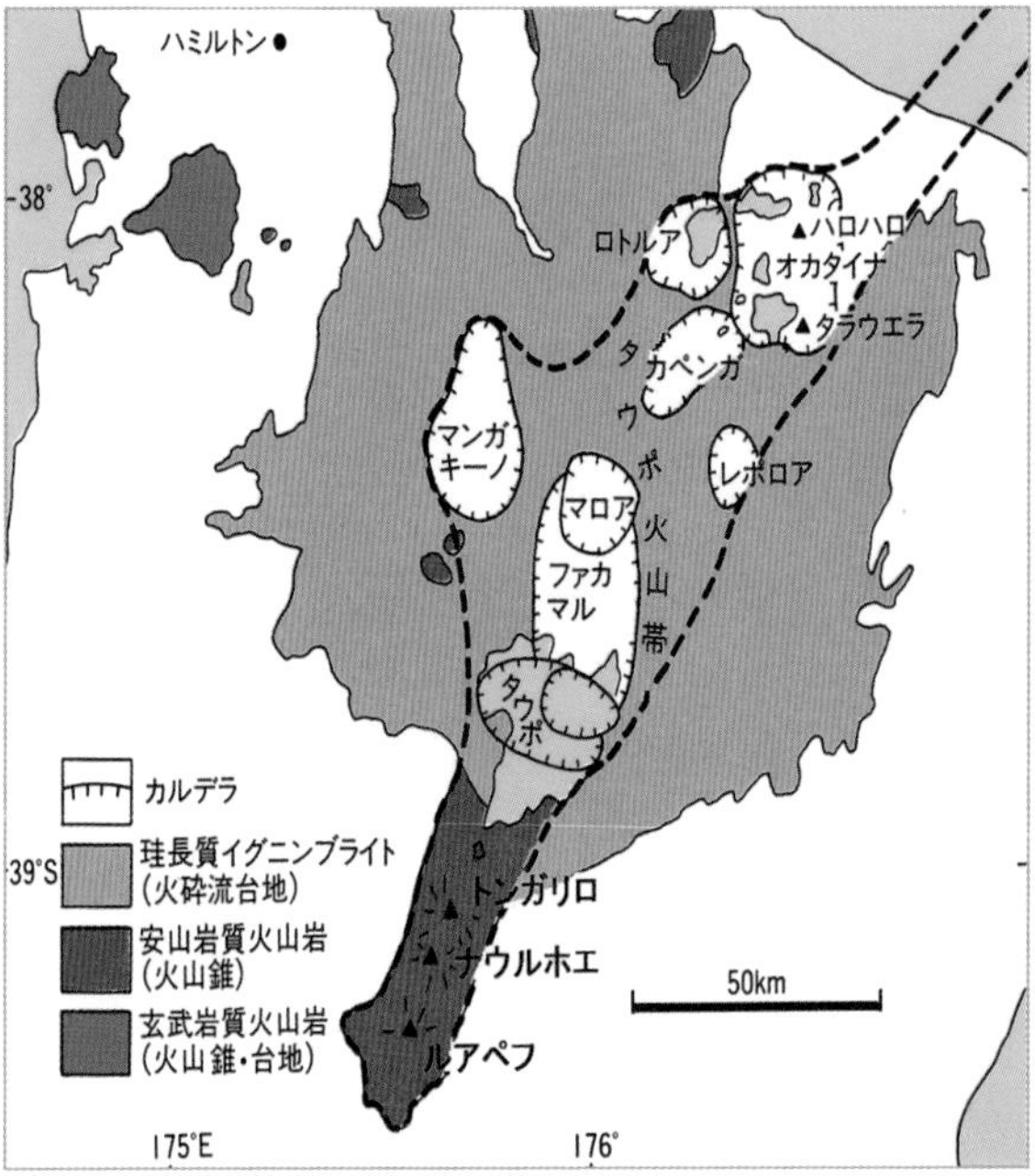

❷タウポ火山帯の地質。町田・白尾 (1998) を一部改変

❸左半分：左からトンガリロ（1967m）、ナウルホエ（2291m）。右半分：ルアペフ（2797m）。©Andyi H

評価され世界複合遺産にも登録された。

■NZの火山の成り立ち

ではトンガリロの火山群はいつどのようにして出来たのだろうか。

NZ北島の中央部にはたくさんの火山が北東~南西方向に並びタウポ火山帯とよばれる火山列をつくっている。3つの活火山はその南端にある❷。

プレートの沈み込み帯

NZは日本と同じプレート境界にあり地震や活火山が多い。日本人留学生が多数犠牲になった2011年のクライストチャーチの地震もその一つだ。

北島では太平洋プレートが東の沖から島の下に沈み込んでいる。この沈み込みによって地下でマグマが発生しタウポ火山帯が形成されたと考えられる。日本の火山帯と同じ仕組みだ。

しかしこの火山帯はタウポ湖(カルデラ)を境にして大きく様子が変わる。

カルデラ火山群

タウポから北の火山群は160万年前頃から活動を始め、粘り気の強い流紋岩やデーサイトを噴出。爆発的な噴火は大規模な火砕流を伴いカルデラと火砕流台地をつくった。図❷でピンク色に塗られた珪長質イグニンブライト(溶結《ようけつ》凝灰岩)と丸い凹地がそれだ。

北島中央部にある人気のリゾート、タウポやロトルアなどの湖や温泉はこの火山活動に関連してできたものだ。

成層火山群

一方タウポから南の火山群は26万年前から活動を始めた比較的新しい火山で有史以降も何度も噴火を繰り返してきた。マグマも中程度の粘り気をもつ安山岩を主に噴出し、円錐形の成層火山を形成する❸。

富士山によく似たナウルホエ山は活動を始めてまだ2500年しか経っていない。

❹流れ山とNZならではの「キーウィに注意」の道路標識

❺ファカパパ・ビジターセンター。毎日開館している

ファカパパ・ビレッジ

■公園駅からビレッジへ

国立公園の観光の拠点はルアペフ山北麓の小さな村ファカパパ・ビレッジだ❻。ビジターセンターやホテル、売店などがあり何かと便利だが宿泊施設が少ない。早めの予約が必要だ。

泥流の通り道

朝8時前にオークランド駅を出発して5時間半、国立公園の駅に着く。ここでホテルの車にピックアップしてもらいビレッジに向かう。

しばらくするとルアペフ山から流れ下った泥流や岩なだれの堆積物からなる広大な原野に出る。ところどころに細長い丘・流れ山も見える❹。宿泊先のファカパパ・ビレッジも実は泥流の通り道、危険区域内にある。

国鳥キーウィ

道路際に珍しい標識が立っていた。NZの国鳥「キーウィに注意！」の警告だ❹。この鳥は飛べないため交通事故や入植者が持ち込んだネコなどの襲撃で絶滅の危機にある。

10分ほどでビレッジのスコテル・リゾートに着く。

■ビジターセンター

ビジターセンターでは公園の地質や歴史などの展示物があり天気と火山活動がチェックできる❺。

スタッフに尋ねるとルアペフ山とトンガリロ山は0～5の活動レベルの1。一部立ち入り禁止区域があるという。

トレッキングに備え地図とガイドブックを購入する。

■ネイチャー・ウォーク

ファカパパ・ビレッジ周辺にはいくつか手軽なトレッキ

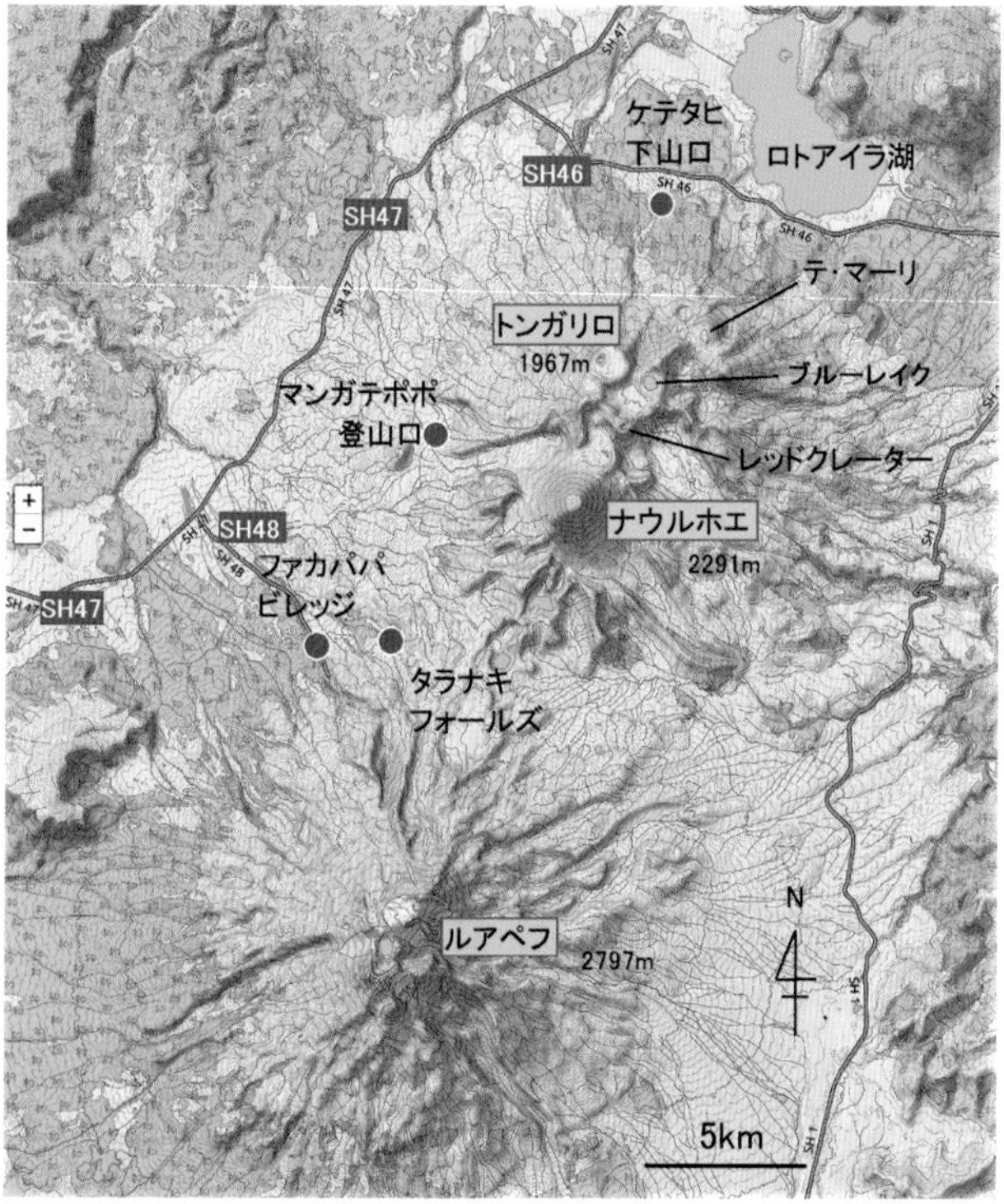

❻トンガリロ国立公園の立体地図。３つの活火山が北東～南西方向に並ぶ

ングコースがある。

ネイチャー・ウォークはビジターセンターの向かい側にある短いコースだ❽。一周15分程度。車椅子でも通れるように整備されている。

コース沿いにはＮＺを代表する植物が植えられ、説明パネルを見ながら歩くと一通り植物の学習ができるようになっている。

■タラナキ・フォールズ

ビレッジの東２㎞にある落差20ｍの滝までのコース❻。遊歩道はアッパーとロウアーの２つに分かれ滝で合流する。一周約２時間。

アッパー・トラックは主にルアペフ山の北麓に広がる草地を進む。見晴らしが良いので晴れていればルアペフやトンガリロの山々が望める。

一方のロウアー・トラックは美しい渓流沿いを進む❼。

タラナキ・フォールズは１万５千年前にルアペフ山から流れ出た溶岩にかかる滝だ。溶岩を深く削って落下する滝は水量が多く迫力がある❾。

❼ロウアー・トラック。晴れていれば正面にルアペフが見える

❾1.5万年前のルアペプ溶岩の末端から流れ落ちるタラナキフォールズ

❽ネイチャー・ウォークの学習の森

トンガリロ・アルパインクロッシングを歩く

トンガリロ国立公園で最も人気のあるトレッキングコース⑫。観光客の多くはこのコースを歩くためにやって来る。様々な表情を見せる生きた活火山と雄大な眺めがその魅力だ。全長19km、所要6～8時間。距離は長いが標高差800mを登った後はなだらかな下りが続く⑫。

■登山口

朝7：00。予約したローム社のバスに乗り登山口に向かう。バスは予約制で朝の7、8、9時の3便がある。

今日も相変わらずの曇り空。山は雲に隠れたままだ。車内で登山者名簿に記入し、トレッキングの注意と天気、火山活動などの説明を聞く。

下山バスは午後3、4、5時の3便。5時の最終便は遭難防止の意味からも予約者は厳守しなければいけない。

7：30。マンガテポポ登山口⑩⑫。準備を整えトレッキ

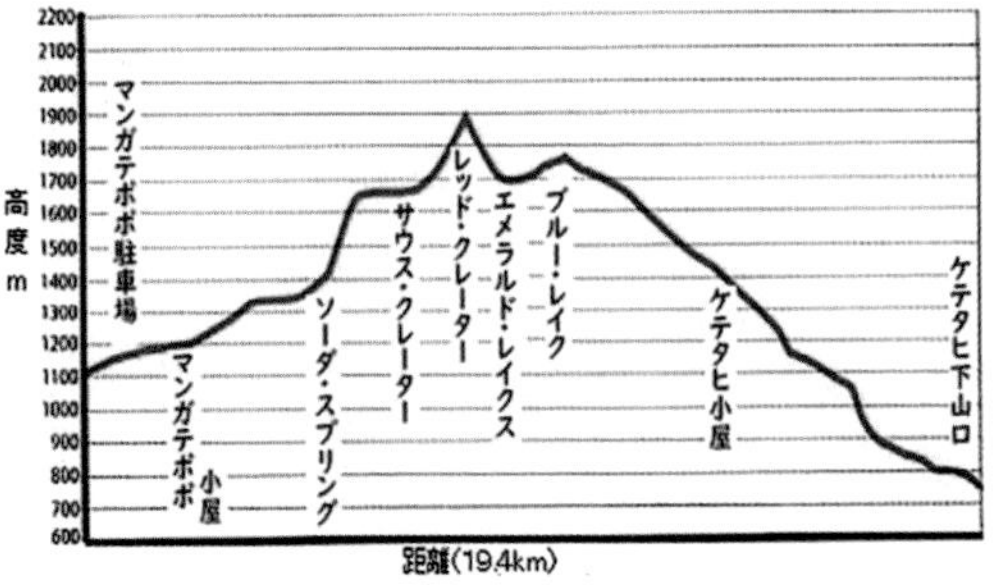

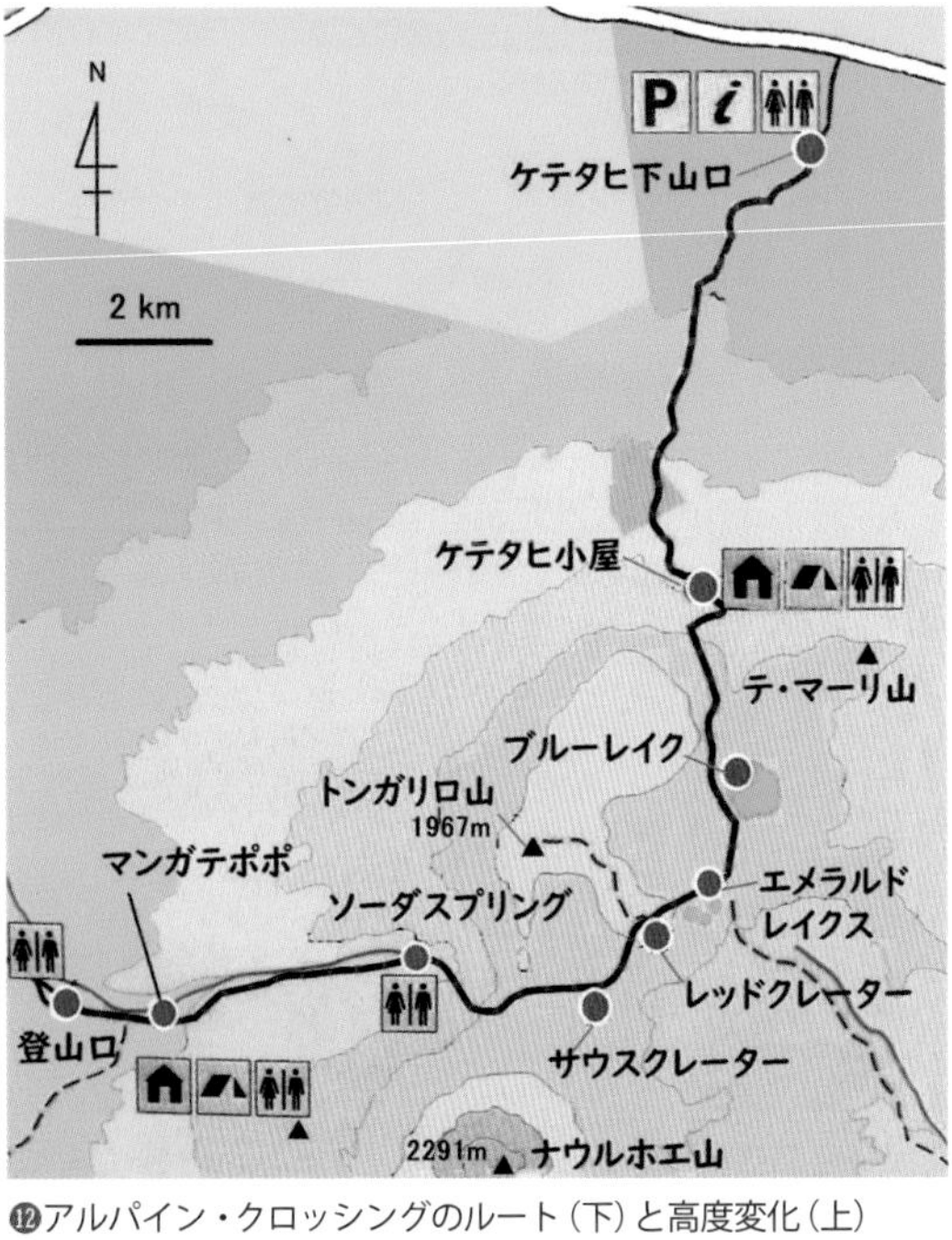

⑫アルパイン・クロッシングのルート（下）と高度変化（上）

⑩マンガテポポ登山口。駐車場とトイレがある

⑪U字谷と右にナウルホエ、左にトンガリロ

ング開始。

■ソーダ・スプリング

まずは5㎞先のソーダ・スプリングが目標だ⑫。

最初は平らな谷間を歩く。ここは1万5千年前の氷期に氷河が削ったU字谷だ。ピンクや黄色の花々が美しい。

突然の晴れ間

山の天気は変わりやすい。それは10分足らずの出来事だった。厚い雲が急に動き始めた。すると突如正面にナウルホエとトンガリロ、右手にルアペフが姿を現したのだ⑪⑭。しかし長くは続かず再び雲の中に消えていった。

ナウルホエの溶岩流

道はやがてゴツゴツした溶岩に阻まれる。溶岩の末端を回り込み迂回すると公園内で最も新しい火山ナウルホエが正面に迫ってくる。山頂は雲に隠れているが山腹に貼りつく黒い筋が生々しい⑮。19世紀から20世紀に噴出した溶岩流の跡だ⑬。

9：25。ソーダ・スプリングへの分岐点に到着。ここからは9㎞先の山小屋までトイレがないのでここで済ませておく。

■サウス・クレーター

いよいよ急な登りが始まる。1870年と1975年の溶岩流や火砕流堆積物を横切って行くことになるが、道はよく整備されている⑬。

標高1600mあたりから霧が出始め雲の中に入る。

10：10。標高1659mのサウス・クレーターの西端に着く。ここはビューポイントの一つだが霧で何も見えない。

氷河が削ったクレーター

この先は平坦な砂利道で歩きやすくなりとてもクレーター（噴火口）の中とは思えない。それもそのはず、ここは噴火口とは名ばかり、氷河の浸食と火山灰の堆積で出来た凹地だった。

15分ほど歩くと再び上り坂になる。サウス・クレーター

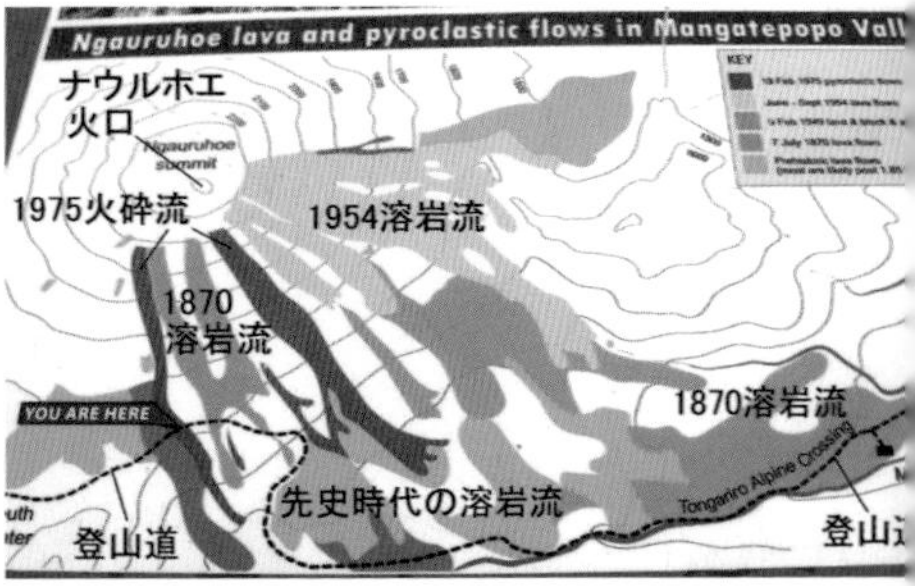

⑬ナウルホエの火砕流・溶岩流の分布

⑮噴出した溶岩流の筋。上部は雲で見えない

⑭突然姿を見せたルアペフ。手前はモレーン

の東端の「火口壁」だ。

■稜線から広場へ

10：35。マンガテポポの稜線に出る。霧の中に浮かぶ岩のシルエットがモンスターのように見えて面白い。

ここから先はザレ場続きの難所、急な尾根道となる。

分岐点広場

11：05。最後の急登を抜けるとトンガリロ山への分岐点となる広いガレ場に出る。大勢の人が霧の中で休息、お昼の人も多い。

「日本の方ですか?」。ランチボックスを開いていると突然声がかかった。レンタカーで北島を回っているという熟年夫婦。公園で初めて出会う日本人だった。

お昼を終えても相変わらずの霧。ところが荷物をまとめ歩き始めると異変が起きた。急に霧が薄れトンガリロとナウルホエが姿を現したのだ。思わずテンションが上がる。

■レッド・クレーター

突然足下に驚きの光景が広がった。色鮮やかな赤と黒、直径300m、深さ80mの巨大な穴が口を開けていた⑯。レッド・クレーターだ。予想外の展開に周りからも歓声があがる。もう5分早く出発していたら見逃していただろう。絶妙のタイミングだった。

レッド・クレーターは時代不詳だが火口壁を切り裂く細長い穴が目を引く⑯。板状に上昇してきたマグマ

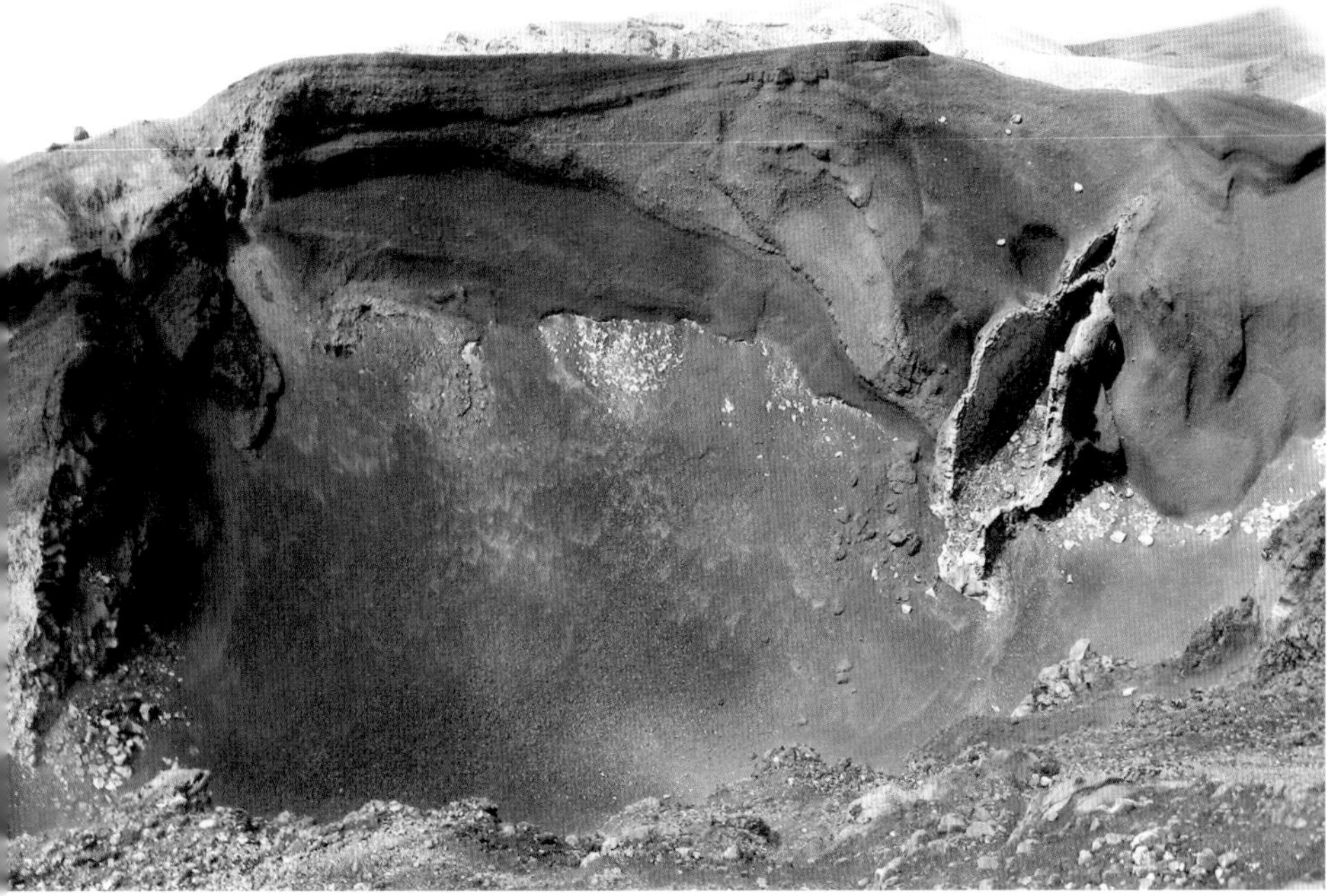

⑯レッド・クレーター。縦長の穴は岩脈の外側部分だけが残り、中のマグマは逆流した跡

の外側が冷えてまず殻を造り、その後、内部のマグマは地下に逆流したため殻の部分だけ残して内部は空洞となったのだろう。

トレイル最高点

１２：００。レッド・クレーター山頂⑰。標高１８８６ｍ。アルパイン・クロッシングの最高点、コース一番の絶景ポイントだ。眼下に美しいエメラルド・レイクス、左奥にブルー・レイク、そして背後にナウルホエが聳え立つ❶。

■火口湖

エメラルド・レイクス

１２：３０。急な砂地をざくざく下って行くとエメラルド・レイクスに着く⑱。色鮮やかな湖は１８００年前の水蒸気噴火で出来た爆裂火口にイオウを含む酸性の水が溜まったものだ。

ここはちょうどアルパイン・クロッシングの中間地点。コースも東から北へ向きが変わる⑫。

ブルー・レイク

１３：０５。ブルー・レイク。直径４００ｍの大きな火口湖だが、日が陰り鉛色に見える。

一方、反対側のセントラル・クレーターでは流れ込んだ新しい溶岩流が生々しい⑲。

ブルー・レイクを過ぎると専ら下り坂となり、ペースが上がる。

■テ・マーリ山の噴火

しばらく進むと赤い看板が立っていた。「火山活動危険地帯」に入る警告板だ。ちょうど1年半前の8月にテ・マーリ山が噴火。未だ活動が続いているのだ。

たまたま居合わせたツアー・ガイド氏の説明によると「登山道まで大きな噴石が飛んで来たが、真夜中だったため幸い事故はなかった」という。やはり水蒸気噴火の事前予測は難しい。

やがて山の中腹から吹き上がる白い煙が見えてきた。テ・マーリの噴気だ㉑。直下には

⑰アルパイン・クロッシングの最高地点1886mへ。右がクレータ

⑱ルーズな砂地をエメラルド・レイクスへと下る

450年前の溶岩流が垂れ下がり今にも噴火しそうな緊張感が漂う。

しかしその奥には雄大なパノラマビューが広がる。ロトアイラ湖にタウポ湖。この先しばらく見通しの良い草原が続く。

ケテタヒ小屋と噴石孔

14：10。ケテタヒ小屋⑫。休んでいる人も多いが16時のバスを考えるとあまり余裕はない。ここはスルーして先を急ぐ。

山小屋を過ぎるとあちらこちらに大きな穴が開いていた。テ・マーリから飛来した噴石の跡だ。大きいもので直径約4m。もしいま噴火が起きたら…。想像するだに恐ろしい。

ケテタヒ温泉

小さな橋の上流から白い湯気が上っていた。ケテタヒ温泉だ。しかしマオリの私有地で立ち入ることはできない。

■下山口へ

どんどん高度が下がり灌木が増えてきた。標高1040mのビューポイントを過ぎると突如トタラの深い森に入る。

泥流の跡

その森の中に泥流が流れた跡があった⑳。まだ新しい。標識には「ここから700mの区間は止まらず急いで歩くこと」とある。

15：50。ケテタヒ下山口に到着⑫。歩き始めて8時間半、19㎞。さほどの疲労感はない。

次々変化する雄大な眺めと今なお活動を続ける火山の躍動感を堪能。満足のトレッキングだった。

⑲左奥のレッド・クレーターから流れ出た溶岩流

㉑活動的なテ・マーリ山。450年前の溶岩流とロトアイラ湖が見える

⑳トタラの森の中を流れ下った2012年の泥流跡

❶渓谷の入口から望むヨセミテ・バレー。左にエルキャピタン、奥にハーフドームの岩山が見える

花こう岩と氷河がつくった「神々が遊ぶ庭」

㉕ヨセミテ国立公園

アメリカ　2008.08

DATA

■交通：サンフランシスコから車で約４時間。フレズノから２時間半

■ベストシーズン：６月〜９月

■登録：1984年

■地形：氷食地形（Ｕ字谷、カール、擦痕）、滝

■地質：中生代の花こう岩、モレーン、高層湿原

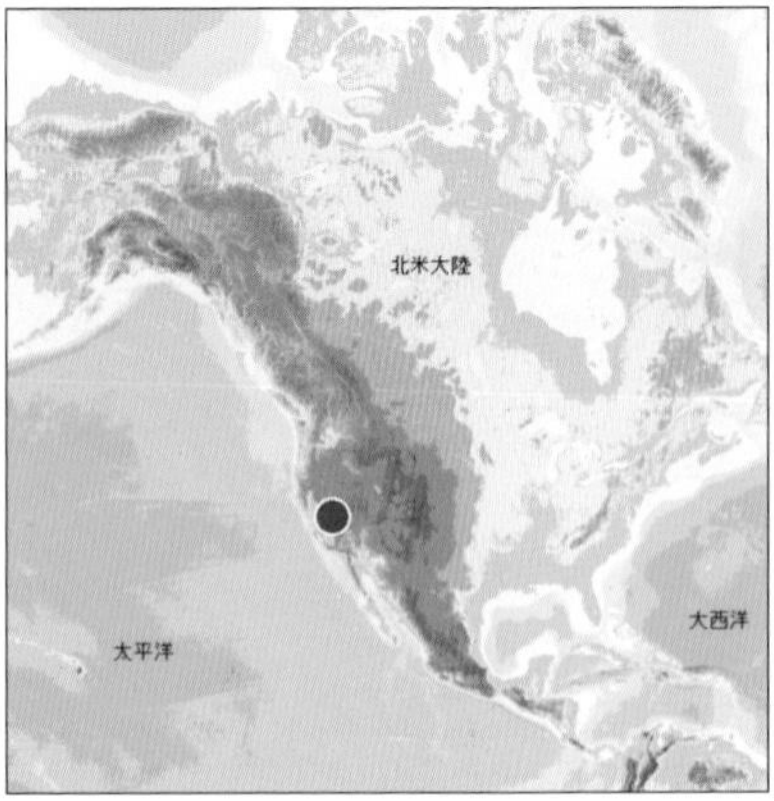

花こう岩と氷河がつくった大渓谷

アメリカ屈指の観光地ヨセミテ。アメリカ西海岸から車で数時間、日帰りも可能とあって年間350万人もの観光客が訪れる。

■ヨセミテの象徴

ヨセミテの魅力は何と言っても原始の姿を今に留める豊かな自然にある。

ジャイアントセコイア

そのヨセミテを象徴するのが世界一の巨木ジャイアントセコイアだ❷。高さ80mを超え平均樹齢3000年に及ぶスギ科の植物だ。およそ1億年前の中生代白亜紀、恐竜の時代に繁栄した裸子植物の生き残りとされる。

ブラックベア

そしてブラックベア❸。毎晩のようにビレッジやキャンプ場に現れる。かつて観光客が食べ物を与えたため人を恐れぬクマが増え深刻な事故がたびたび起きるようになった。

最近では細かいクマ・ルールが呼びかけられ、キャンプ場にはフード・ロッカーが設置されるなどの対策が進み事故は減った。とはいえ人に接近し危険と見なされたクマは殺処分されるという。

■ジョン・ミューア

こうしたヨセミテの豊かな自然は国立公園の父とよばれるジョン・ミューアの功績に負うところが大きい。

観光化による自然破壊が進むヨセミテをアメリカで2番目の国立公園に指定。開発から保護へと転換させたのは1890年のことだ。その面積は東京都の1.4倍にもなる。

■ヨセミテの成り立ち

公園を東西に延びるヨセミテ渓谷❶。深さ1000m、幅1600m。長さは12kmに及ぶ。特に渓谷のシンボル・ハーフドームと巨大な一枚岩エルキャピタンが目を引く。

この雄大な景観を造ったのは花こう岩と氷河だ。

花こう岩

ヨセミテとヨセミテのあるシェラ・ネバダ山脈はおよそ1億年前の花こう岩からなる。

❷生きたジャイアントセコイアを貫通するトンネル

❸クマへの注意を呼びかけた看板。食べ物に要注意

花こう岩は地下深くで冷え固まる際や地表に向かって上昇するときに割れ目ができやすい。また地表では寒暖による膨張収縮を繰り返しタマネギのような割れ目が入る❹。この割れ目に沿って浸食や崩落が進み、エルキャピタンのような切り立った岩壁やハーフドームのような丸いドームができたのだ。

氷河

更に氷河の働きが加わる。ヨセミテは第四紀（260万年前～現在）に何度も氷河に覆われ厚さは最大1200mにも及んだ❻。その氷河がゆっくり流れる際に岩山を削りU字型の谷を造る。ヨセミテ渓谷は氷河が造ったU字谷だ。

グレイシャー・ポイント

ヨセミテのゲートシティーの一つフレズノの空港でレンタカーを借り、まずはグレイシャー・ポイントに向かう❺。

■山火事とセコイア

国立公園に入りマツとセコイアの森を走ると黒く焼け焦げた木々が目立つようになる。山火事の跡だ。

適応進化

実はセコイアやマツには山火事が必要だという。森に下草や陰樹が生い茂ると幼木は育たない。しかし火事で一掃されると日光が当たり成長が促される。また

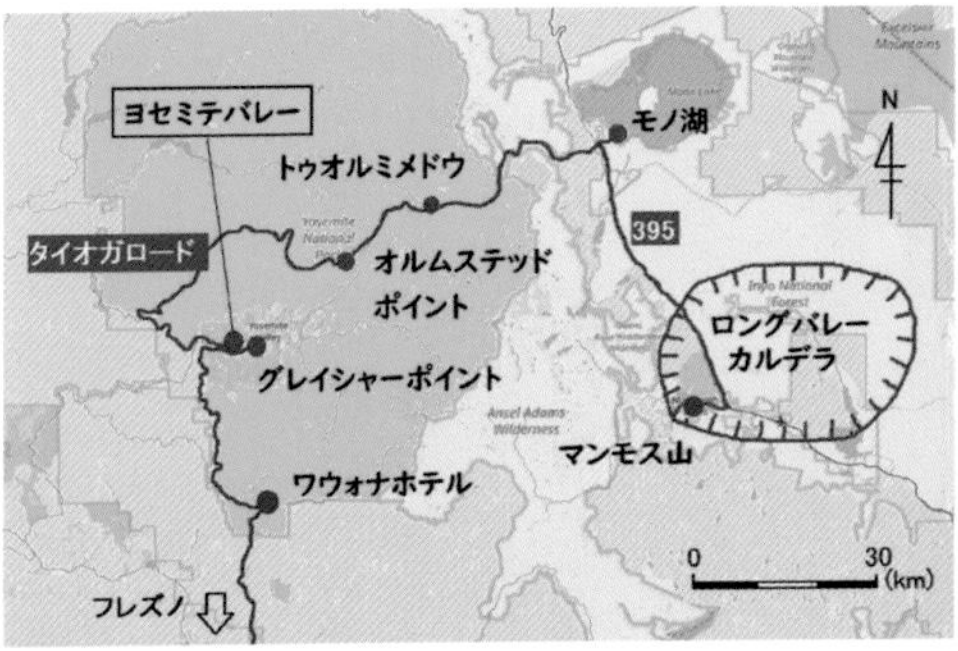

❺ヨセミテ国立公園ルートマップ

❹花こう岩のタマネギ状風化割れ目とドーム地形

❻氷期のヨセミテ渓谷想像図。ハーフドームは氷河の上にある。グレイシャー・ポイントの説明板の図より

タンニンを含む樹皮は燃えにくく、松カサは熱が加わると開いて種が飛び出すようになっている。つまり進化の過程で山火事への対処を織り込んできたのだ。

　こうした仕組みが分かってきた現在では自然の山火事に対しては積極的な消火活動は行われなくなった。

■パノラマ展望台

フレズノから約3時間、グレイシャー・ポイントに着く。

　ここは標高2200mの絶景ポイントだ。目の前にハーフドームが迫りパノラマビューがすばらしい❼。花こう岩の白い岩山と緑の森がうねうねと遙か遠くまで続いている❽。

　足下には深く切れ落ちたヨセミテ渓谷。谷底に箱庭のようなビレッジが見える。

　ここは110年ほど前にジョン・ミューアといっ緒に訪れたルーズベルト大統領がその雄大な眺めに感動し「我が人生最良の日」と語ったことでも知られる。

ハーフドーム

丸いドームをスパッと半分に割った様な不思議な形のハーフドーム❼。

　ドーム状に湾曲した部分は花こう岩のタマネギ状風化によってできたに違いないが、垂直に切れ落ちた西半分はどのようにしてできたのだろう。

　2万年前ころまでヨセミテ一帯は厚い氷河に覆われていたので氷河の浸食によるとする説がある。しかし詳しい調査によるとハーフドームの中腹から山頂までの部分は氷河の上に突き出ていたらしい❻。渓谷側の切り立った岩壁は花こう岩の垂直割れ目に沿った浸食と崩落で出来た可能性が高い。

ネバダ滝とバーナル滝

　ハーフドームの東側にも同じような形の大きな岩山がある。その岩山の下に滝が2つ見える❽。ネバダ滝とバーナル滝だ。耳を澄ますと時おり風に乗ってドオーッという迫力のある音が聞こえてくる。

❼ハーフドーム（2693m）が間近に迫る展望台

❽ネバダ滝（右円内、落差181m）とバーナル滝（97m）

ヨセミテ・バレーを歩く

■トンネルビュー

翌朝10：00。長いトンネルを抜けると正面に巨大な岩山と展望台が見えてきた❾。アメリカ屈指の絶景ポイント、トンネルビューだ❶。

ここはヨセミテ渓谷の入り口。左にエルキャピタン、右にブライダルベール滝。そして谷の奥にハーフドームが聳える。「神々が遊ぶ庭」と称されるだけあって奥深い渓谷は原始の森に埋め尽くされ人《ひと》気《け》を全く感じさせない。

■ブライダルベール滝

トンネルビューから谷底へ下って行くと右手にブライダルベール滝が迫ってくる❿⓫。

落差189m。谷間を吹き抜ける風にあおられて霧のように広がり揺らめく様は花嫁のブライダルベールのように繊細で美しい。

■エルキャピタン

標高差996m。花こう岩の一枚岩としては世界最大、クライマー憧れの岩壁だ

❾トンネルを出て左奥がトンネルビュー展望台

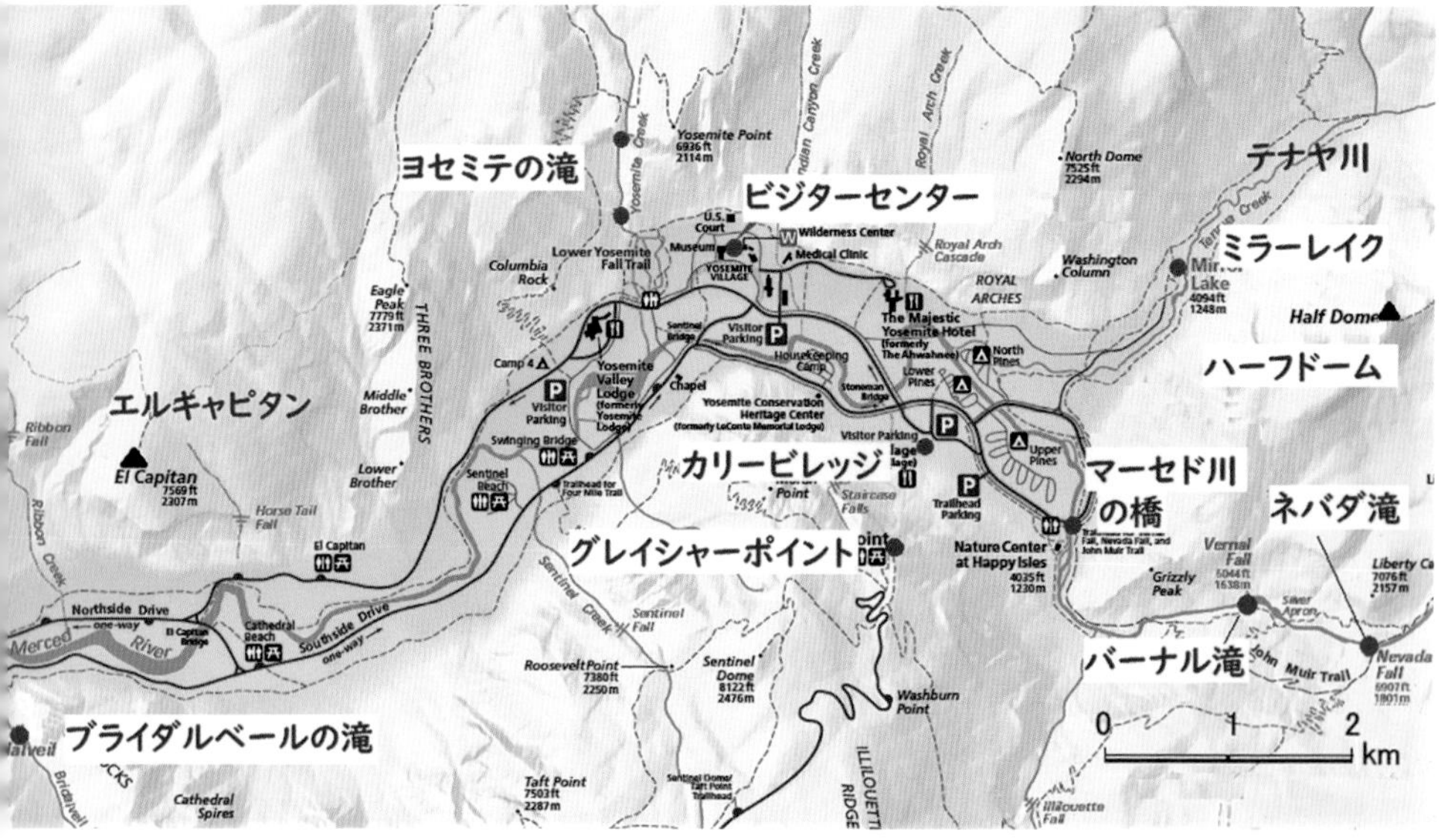

❿ヨセミテ・バレーの地図。谷底の平らなU字谷が東西に細長く延びる

⑫。今も誰かが取り付いているはずだが双眼鏡で探さないと分からないほど岩壁は大きい。一般には2、3日以上かけて登るという。

■ヨセミテ滝

ヨセミテの見どころの一つがヨセミテ滝だ⑩。3段に分かれた滝の落差は739m。アメリカ最大、世界第8位だ。

しかし8月ともなると完全に水が涸れその姿は見られない。轟音《ごうおん》をとどろかせる迫力の姿は雪解け水が豊富な5、6月ころが見頃だ。

■ビレッジ

11：40。ヨセミテビレッジ。駐車場に車を止め、渓谷内はシャトルバスで移動する。

12：10。カフェテリアで昼食を取っているとリスが数匹やって来た。観光客から食べ物を貰ってかなり肥満気味だ。

昼食後は近くのビジターセンターへ⑬。ここで地図とパンフレットをもらい展示を見る。ヨセミテの成り立ちや先住民の暮らしなど興味深い。

■バーナル滝トレイル

ハイキングのメッカ、ヨセミテの人気コースの一つ。

13：50。シャトルバスでマーセド川に架かる橋まで移動⑩。ここはアメリカ本土の最高峰ホイットニー山まで340km続く有名なジョン・ミューア・トレイルの起点でもある。

ブラックベア

入り口に「クマに注意」の看板があった③。トレイルは大自然のまっただ中を行く。

⑪風に揺らめくブライダルベール滝。落差189m

⑫世界最大の花こう岩の一枚岩エルキャピタン

川沿いの道は意外に傾斜がきつく日射しも強い。上りと暑さで体力を消耗する。

14：40。マーセド川を渡る橋に着く。上流にバーナル滝が見えるが滝まで更に700mはきつい⓮。暑さと体力を考え引き返すことにする。

■ミラーレイク

15：30。バス停。日はまだ高い。少し休んでテナヤ川のミラーレイクへ。マツとセコイアの森を歩く短いコースだ。

ピューマ

トレイルの入口でバスを下りると今度は「ピューマに注意」の看板。特に一人歩きと幼児が狙われやすいという。

内水池とハーフドーム

16：10。30分ほどでミラーレイクに着く。しかしそこは湖ではなくテナヤ川の内水池だった。川の水が減る夏の終わりには消失することもあるという。水面の逆さハーフドームはゴミでいまいちだ。

しかしここは間近でハーフドームを仰ぎ見る絶景ポイントでもある⓯。巨大な垂直岩壁は威圧感すら感じさせる。

■カリービレッジ

18：30。宿泊地カリービレッジに着く⓾。

チェックインの後は早速テントのクマ対策。食べ物から歯磨きまで臭いのするもの一切をフードロッカーに収納しなければいけない。

夕食後はたき火を囲みレンジャーからクマの話を聞く。人と野生動物との関係を考えさせられる話だった。

⓯ハーフドームとテナヤ川で水遊びする家族

⓭花こう岩の石壁からなるヨセミテ・ビジターセンター

⓮水量が多く迫力のあるバーナル滝。篠原静香氏提供

タイオガロードからモノ湖へ

■ハイカントリー

ヨセミテ渓谷は谷が深く見通しはよくない。一方、公園を東西に横断するタイオガロードは高原を走るため眺望が開け景色が素晴らしい。

道路は少しずつ高度を上げ時に3000mを超える。時おり感じる息苦さはその為だ。

オルムステッド・ポイント

ビレッジからおよそ2時間。オルムステッド・ポイントに着く❺。谷の奥にハーフドーム、反対側にテナヤ湖が望める⓰。よく磨かれた岩の表面にはナイフで傷つけたような鋭い筋（擦痕）が見られる。その上には大小の迷子石。そして深いU字谷。ここにはかつてヨセミテを覆った氷河の証《あかし》がそろっている。

トゥオルミ・メドウ

公園東出口の手前に高層湿原トゥオルミ・メドウがある❺。その奥に白い岩山と赤茶けた岩山が見える⓱。ここで花こう岩から中古生層へ地質が大きく変わるのだ。

公園ゲートを抜け山道を下って行くと国道395号線とモノ湖に出る❺。

■パノラマ街道

シエラネバダ山脈と並行して南北に走る国道395号線はパノラマ街道とよばれ見所が多い。

その一つがモノ湖だ。北米最古の湖の一つで珍しい石灰石の柱トゥファが見られる⓲。

更にモノ湖の南に列をなす火山群とロングバレーカルデラがある❺。直径30㎞にも及ぶカルデラはイエローストーンと並んで破局噴火が懸念される超巨大火山だ。カルデラの中にあるマンモス山も人気の観光地だ❺。

⓰オルムステッド。手前に迷子石、奥にハーフドーム

⓲珍しい石灰石の柱トゥファの列。モノ湖

⓱トゥオルミ・メドウと花こう岩、中古生層の山

❶悠久の地球の歴史を刻む大峡谷グランドキャニオンの地層。峡谷はコロラド川が掘り進んでできた

15億年の地球史を一望できる大峡谷

㉖グランドキャニオン国立公園

アメリカ　1980.08 ／ 2018.09

DATA

- 交通：ロサンゼルスから列車乗り継ぎで約15時間。ラスベガスから小型飛行機で約1.5時間。フェニックスからバス乗り継ぎで約6時間
- ベストシーズン：4月～5月、9月
- 登録：1979年
- 地形：大峡谷、メサ
- 地質：先カンブリア時代の変成岩、花こう岩、堆積岩。古生代の砂岩、頁岩、石灰岩

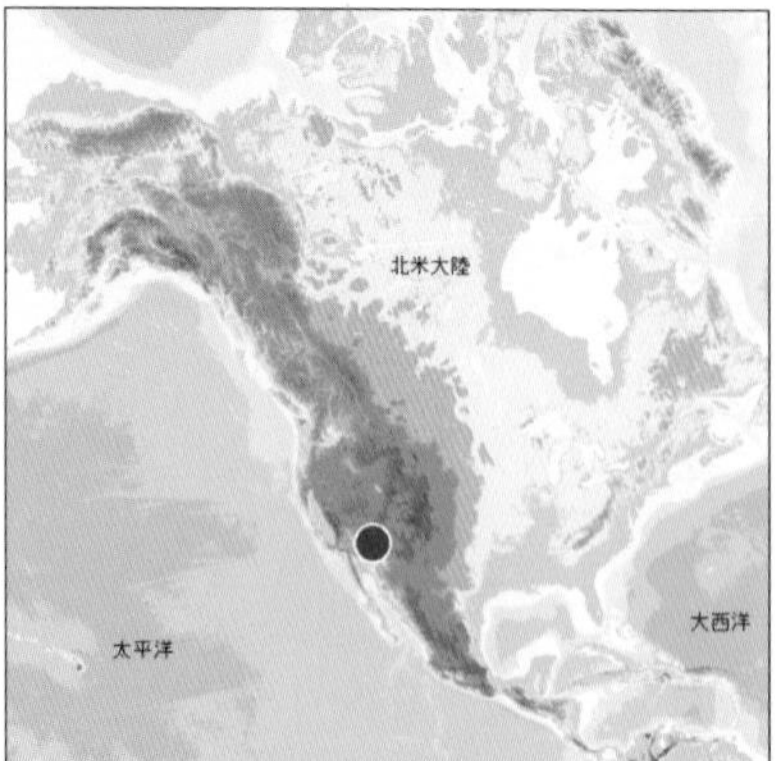

グランドキャニオンの成り立ち

■世界一の大峡谷

どこまでも続く広大な森を進んで行くと突如として大地が途切れ、目の前に巨大な峡谷が出現する。遙か彼方の対岸は霞んで見える。赤茶けた断崖絶壁が遠くまで延々と続く❶。

深さ1500m、幅16km。全長450kmに及ぶ世界最大級の峡谷グランドキャニオンだ。

初めてこの大峡谷を目の当たりにした人たちはあまりの大きさにきっと言葉を失ったことだろう。にわかにはこの世のものと思えなかったかもしれない。

一体どのようにしてこの巨大な峡谷ができたのだろう。

■峡谷の成り立ち

古生層

絶壁の縁にある展望台から峡谷を眺めるとまず赤や白の水平な縞模様が目につく。今から3億～5億年前の古生代に堆積した砂岩や頁岩、石灰岩などからなる地層だ❸。大半は海や川、湖にたまったものだが、中には陸上の砂漠のような環境で堆積したものもある。

先カンブリア時代の地層と岩石

ところがコロラド川が流れる谷底にははっきりとした縞模様は見られず少し違った印象を受ける❷。ここだけ地層の種類が違うのだ。

峡谷の底には7億～12億年前の堆積岩、18億年前ころの変成岩や花こう岩が露出する。つまり

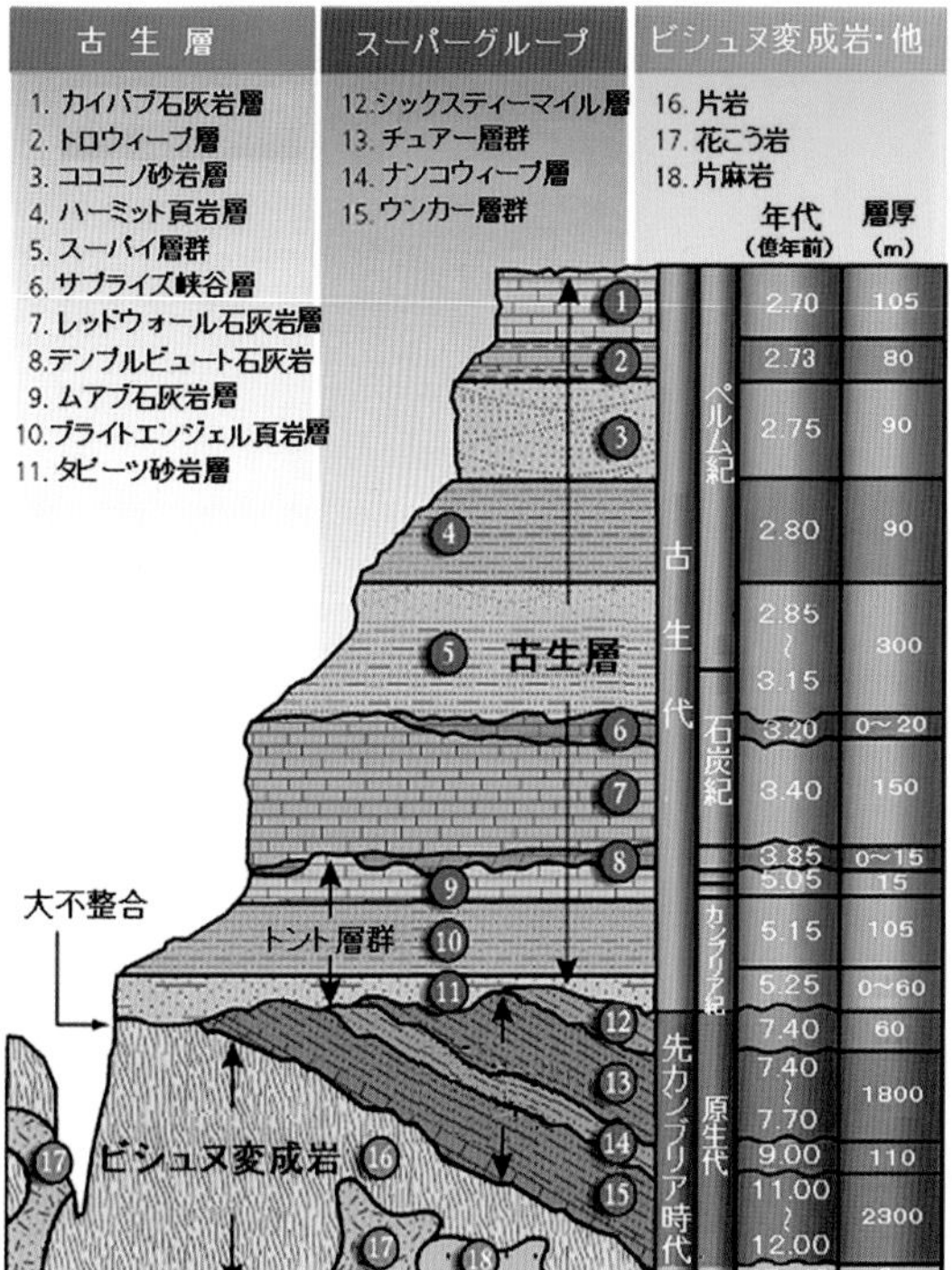

❸グランドキャニオンを構成する地層。NPSの図を改変

❷ファントムランチの縁と先カンブリア時代の基盤岩

その上の水平な縞模様の地層に比べ数億年から10数億年も古いのだ。しかも地殻変動を受けて複雑に曲がったり傾いたりしている。これらの岩石は言わばグランドキャニオンの土台だ❸。

グランドキャニオンは2種類の土台の上に水平な地層が堆積する3層構造になっている。

地球史の博物館

一ヶ所で何億年にも及ぶ地層を連続して観察できる場所は珍しい❹。しかも多種多様な化石を含み地球環境の変化を詳しく記録する。

つまり峡谷の壁面は地質年表のようなものだ。グランドキャニオンが「地球史の博物館」と称される所以だ。

ではこの大峡谷の形成にはどのくらいの歳月がかかっているのだろう。

峡谷の形成

グランドキャニオンが海から陸へと隆起したのはおよそ7000万年前ころとされる。そして峡谷の形成はそのずっと後の600万年前ころから始まったと考えられてきた。

しかし最近の新しい年代測定によると峡谷の西部では、7000万年から5500万年前にかけて現在の半分程度まで浸食が進み、東部では2500万年前から始まったことが分かってきた。グランドキャニオンの形成過程はかなり複雑だ。

❹峡谷の地層には15億年の歴史が刻まれている

■多様な環境と生き物

峡谷のあるコロラド高原は標高約2000m、東京とほぼ同じ緯度にある。昼夜、夏冬の気温差に加え、峡谷の上

❺サウスリムの展望ポイント。シャトルバスはハーミッツレスト〜ヤキポイントの間を走る

と下では10℃に及ぶ温度差がある。真夏の峡谷内は40～50℃の酷暑となる。

多様な生き物

岩肌が露出する峡谷は一見不毛に見えるが意外にも多くの生き物が暮らしている。

峡谷の上のマツやモミの林ではエルク、中腹の灌木帯ではミュールジカやコヨーテ、谷底ではサボテンやサソリなどが棲息する砂漠気候へと変わる。1500mの高低差が2000種に及ぶ多種多様な生き物を育んでいる。

サウスリムを歩く

グランドキャニオンはコロラド川を挟んで北と南の両側から観賞できるが、観光客の多くは眺めの良いサウスリムを訪れる❺。その拠点がサウスリム・ビレッジだ。ホテルやスーパー、診療所など様々な施設が整う。

■ビレッジ周辺

ビジターセンター

公園で最初に訪ねたい場所。園内を走るシャトルバスの起点でもある。ここで無料の地図とパンフレットが貰える。

フロントのレンジャーに峡谷へ下りる日帰りトレッキングのプランを相談してみた。すると目的地をもっと近くした方が良いと強く勧められる。暑さと帰路の上りが厳しいからだ。

❻ヤバパイポイントの地質博物館から見た夕焼け。日中の峡谷❹より立体感・遠近感が増す

マーザーポイント

ビジターセンターから歩いて5分のところにサウスリムで最も眺めの良い展望台がある。

突如目の前に広がる景色は圧倒的だ❶。あまりにも巨大でスケール感が怪しくなる。

対岸のノースリムには延々と水平な縞模様が続く。古生代の堆積物だ。その下には先カンブリア時代の変成岩とコロラド川が見える❷。谷底にある唯一の宿ファントムランチの濃い緑が目を引く。

ヤバパイポイント

マーザーポイントから西へ歩いて10分。１５４０年、スペインの遠征隊13人が初めて大峡谷に出くわした場所だ。

ここには地質博物館がある。グランドキャニオンの成り立ちについての展示が興味深い。館内からガラス越しに見る峡谷と夕日もすばらしい❻。

■イーストリム

サウスリムのビレッジから東の地域はイーストリム、西はウエストリムとよばれ見どころが多い。

ただイーストリム方面へは公園のシャトルバスがヤキポイントまでしか行かないのでツアーを利用することになる。

グランドビュー

標高２２５０ｍ。公園で最も標高が高く文字通り眺めのよい展望ポイントだ。ビレッジ周辺からは見えなかった峡谷の奥深くが見通せる。

コンドル

ガイド氏がコンドルの休息場所に案内してくれた。

空を舞うものも含め全部で５、６羽いる❽。羽には番号を記した標識が見える。今では１００羽に満たず絶滅が危惧されているため手厚く保護観察されているのだ。

モランポイント

蛇行するコロラド川が見える❼。2日前は深緑色だったのに今日は茶色く濁っている。

❼谷底に先カンブリア時代の地層❷は見られない。モランポイント

❾ウォッチタワー。かつてこの奥で空中衝突が起きた

❽保護観察下にあるコンドル。グランドビュー

川岸には古生層が露出しビレッジ周辺から見た先カンブリア時代の変成岩は見当たらない❼。地層全体が東に向かって緩やかに傾斜しコロラド川の標高も高くなっているからだ。

デザートビュー

国立公園の東端にあるビューポイント。先住民の見張り台を再現した石造りのウォッチタワーが目を引く❾。

展望台からは北に広がる砂漠を南下してくるコロラド川が見渡せる。峡谷もかなり浅くなり雰囲気が変わる。

ここは1956年に上空6千mでUA機とTWA機の空中衝突が起きたことでも知られる。両機の乗員乗客全員が犠牲になったという。ここは犠牲者を弔う霊場でもある。

■ウエストリム

ブライトエンジェル・ロッジから西へハーミッツレストまで13kmのトレイルが延びている❺。通して歩くと4〜5時間かかるためシャトルバスに乗り降りしながら展望台を巡る人が多い。

トレイルビュー

最初のビューポイント。コロラド川まで下りるブライトエンジェル・トレイルのほぼ全体が見下ろせる⓱。

対岸のノースリムまで一直線に延びる谷は断層によるものだ。トレイルはその谷間を進む。

ホピポイント

コロラド川と先カンブリア時代の変成岩が比較的近くに見える。日没観賞の場所として人気がある。

ピマポイント

西から北へと向きを変えるコロラド川が近くに見える❿。耳を澄ますとゴーッと川の音が聞こえてくる。午後3時半、だいぶ日も傾き峡谷が青みを帯びてきた。

ハーミッツレスト

観光客が行けるのはここまで。シャトルバスもここで折り返す。木が視界を遮って眺めは良くないが100年前にできた石造りの小屋が見物《みもの》だ⓫。

❿北へ向きを変えるコロラド川。ピマポイント

⓫ハーミッツレストの小屋。観光客が行ける西端

サウス・カイバブトレイルを歩く

イーストリムのヤキポイントの手前からコロラド川へ下りるトレイル。尾根沿いを歩くため眺めはよいが日陰が少ないので日中歩くのはかなり厳しい⑫。

６：20。ビジターセンターから特別便のハイカーズ・エクスプレス・バスに乗車。６分ほどでトレイルヘッドに着く。朝日を浴びて赤く染まり始めた峡谷が美しい。

６：40。トレッキング開始。いきなり垂直の崖のジグザグ道となるが道幅があるので転落の不安はない⑬。日が高くなるにつれて色合いが変化する峡谷が美しい。

オーアッポイント

７：15。ジグザグを抜けしばらく進むと眺めのよい尾根に出る。オーアッポイントだ⑫。眼下に今日の目的地、コロラド川を望むスケルトンポイントが見える。

この辺りからスギの木に代わってウチワサボテンが目につくようになる。高度が下がるにつれ気温が上がり乾燥してきたのだ。長さ10㎝もある針は硬くて痛そうだ。

道は広い尾根筋で再びジグザグを繰り返す。曲がる度に目の前の景色が東西入れ替わり楽しい。

シーダーリッジ

７：45。シーダーリッジ。シーダー

⑬トレイルヘッド直下のジグザグ道。トレッカーが10数人見える

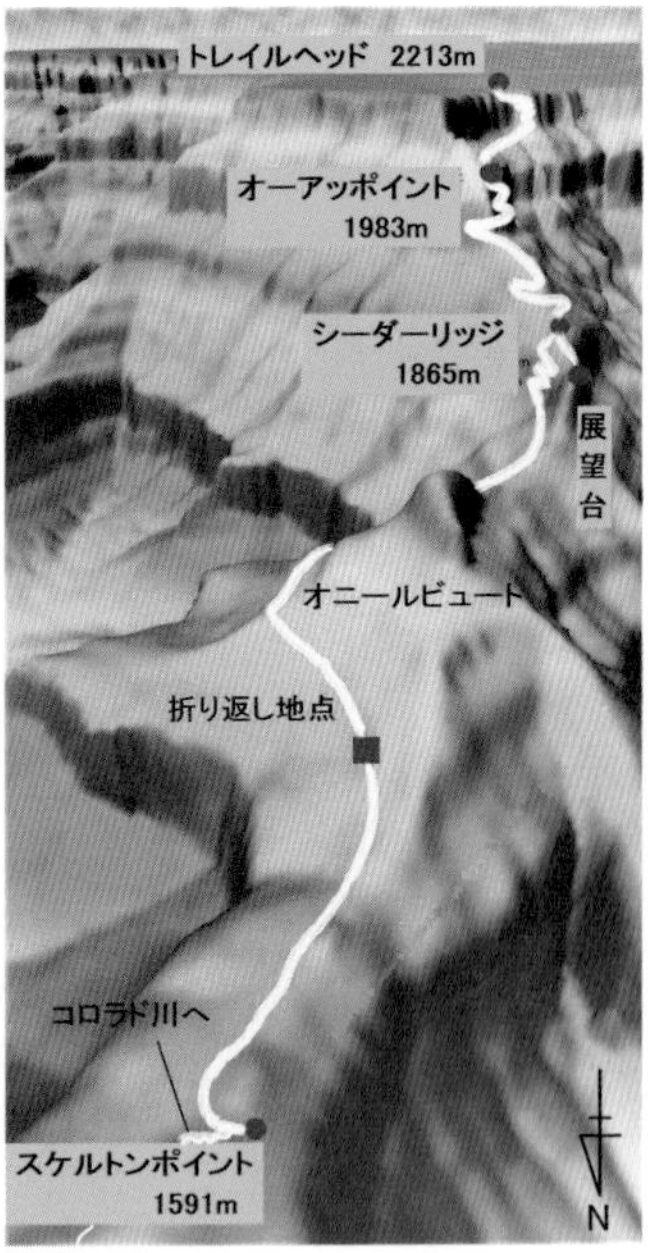

⑫サウス・カイバブトレイル

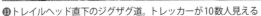

リッジ⑭。広場に生えるスギの木が地名の由来らしい。眺めがよくトイレもある。
　ビジターセンターのレンジャーはここで引き返すことを勧めていた。この先全く日陰がなく帰路も伸びるからだ。
　今日の予想気温は35℃（目的地のスケルトンポイントは39℃）。水3リットルが必要だ。

スケルトンポイント

　8：00。スケルトンポイントに向け出発。朝でも日差しは強烈。猛烈に暑い。ここに来てレンジャーの助言を理解する。行き下り、帰り上りの本格的トレッキングは今回が初めて。不安が頭をよぎる。
　40分ほど進んだ所で体調と帰路を考えその先を諦める⑯。
　11：30。さほどの疲労感もなくトレイルヘッドに戻る。この分《ぶん》だったらスケルトンポイントまで進んでも大丈夫だったのではと少し後悔する。

ブライトエンジェルトレイルを歩く

■地球史を遡る

　グランドキャニオンでは数億年に及ぶ地層が水平に連続して堆積する。従ってこの峡谷を谷底に向かって下りていくことは数億年の地球史をさかのぼりタイムスリップしていくようなものだ。他の場所にはない面白さがある。

トレイルヘッド

　6：00。夜明け。トレッキングはブライ

⑭シーダーリッジ。ここで引き返す人が多い

⑯シーダーリッジを過ぎると対岸が迫力を増す

⑮眺めは良いが帰路に600mの上りとなるのがつらい

トエンジェル・ロッジの横から始まる。

まず最初に現れるのはごつごつしたカイバブ石灰岩⑱。およそ2.7億年前の古生代ペルム紀に熱帯の浅い海で堆積した地層だ❶。この辺りでは最も新しい。

トンネルを2つ過ぎるとココニノ砂岩に変わる⑲。斜交葉理が顕著な砂漠の堆積物で朝日を浴びた岩壁が美しい。

更に下ってゆくと赤いハーミット頁岩との境界面（不整合）が見えてくる⑲。今度は浅い海の堆積物だ。

つまり1千万年の間に熱帯の浅い海→砂漠→浅海、と環境が変わってきたのだ。

1.5マイルレストハウス

7：20。最初のレストハウスに着く。ここには水道と救急電話がある。

少し休んでいると食べ物を狙うジリスがやって来た。うっかり噛まれると狂犬病のリスクがあるという。

崖の色と傾斜

グランドキャニオンの崖の色や傾斜は地層の種類によって大きく変わる。砂岩や石灰岩は固いため急崖をなすのに対し、頁岩は脆く削られやすいので窪みや斜面をつくる傾向がある⑰。この特徴を押さえておくと崖の地層が識別しやすくなる。

この先道はジグザグを繰り返し地層はスーパイ砂岩頁岩層に変わる。頁岩の部分は崩れやすいのでガレ石がたまり緩やかな斜面になっている。

3マイルレストハウス

8：20。2つ目のレストハ

⑱カイバブ石灰岩からなるアッパートンネル

⑲斜交葉理が発達したココニノ砂岩と不整合面

⑰断層に沿って延びるブライトエンジェルトレイル

ウス。すでに650mを下りている。小屋には水道やトイレがあり、観光客の大半はここで引き返す。

さらに進むと赤く切り立った岩壁が迫ってくる。3.4億年前の石炭紀のレッドウォール石灰岩だ。ここまでで1億年の時空を遡ったことになる。

やがて広い谷底に出て歩きやすくなりサボテンが増える。

インディアンガーデン

9：40。かつてハバスパイ族が暮らしていたというインディアンガーデンに到着⑳。ポプラの森に澄んだ小川が流れ涼やかで心地よい。

ここは不透水性のブライトエンジェル頁岩層からなり地下水は表流水へと変わる。この頁岩は5.1億年前、古生代初期のカンブリア紀の堆積物だ。ここはかつて深い海の底だったのだ。気温27℃。涼しい木陰でお昼とする。

■強烈な日射しと帰路

10：40。インディアンガーデンを出ると風景が一変し視界が一気に広がった㉑。しかし肌を刺すような強烈な日射し。日陰がなく暑さに体力を奪われる。

プラトーポイントまであと往復5㎞、2時間㉒。進退の判断が難しい。警告板には「無理をして暑さで命を落とす観光客が絶えない」とある。30分ほど進んで折り返す。

帰路は8㎞、930mの上り。ゆっくり歩いて約5時間。16：00。トレイルヘッド着。さすがに疲労感は否《いな》めない。

㉒プラトーポイントからの眺望。戸田和樹氏提供

⑳インディアンガーデンとレッドウォール石灰岩

㉑乾燥した台地の奥にプラトーポイントがある

おわりに

年間数百万人もの観光客が訪れる中国屈指の観光地・黄山では、主峰の蓮花峰と天都峰が5年ごと交互に閉鎖される。環境を保護し登山道を補修するためだ。大勢の観光客は環境に大きな負荷を与える。

ユネスコは毎年新たな世界遺産を登録する。その都度マスコミでも取り上げられ多くの観光客を呼び込むが、そのことによってそれまで良好に保たれてきた環境が一気に悪化することがある。特に微妙なバランスで成り立っている生態系の場合は深刻だ。

1978年に自然遺産に登録された南米赤道直下のガラパゴス諸島は急激な観光地化と人口増加によって

環境汚染と生態系の破壊が進み、２００７年には危機遺産に転落することになった。その後対策が進み現在は危機リストから取り除かれているが、ガラパゴスの他にも自然遺産への登録後に危機遺産に転落したケースは20件近くに及ぶ。その主な原因の一つがやはり観光地化に伴う環境の悪化だ。観光と環境保護の両立、これは自然遺産の選定基準にある「特に優れた自然景観や生態系、生物多様性」を維持していくうえで重要で難しい課題だ。

本書の校正を行っている最中に新型コロナウイルスのパンデミックが発生した。人々の移動は大幅に制限され経済活動は急激に縮小、１９２９年の世界恐慌以来の深刻な事態に発展した。収束後、海外旅行や観光地はどう変わるのか現時点での予測は難しい。観光客の減少は場所によっては黄山の試みのように自然への負荷を減らし生態系等の維持・回復の機会となり、自然環境の保護と両立した観光のあり方を考えるきっかけとなるかもしれない。今後の推移を見守っていきたい。

本書の出版にあたり本の泉社の新舩海三郎代表取締役、田近裕之氏には大変お世話になった。また図版のキャプションや巻末に示したように多くの方から貴重な写真や地図、図版の提供をいただいた。ブックデザイナーの木椋隆夫氏には本書を見栄えの良いものに仕上げていただいた。以上の方々に感謝の意を表します。

２０２０年5月　　古儀君男

【地質年表】

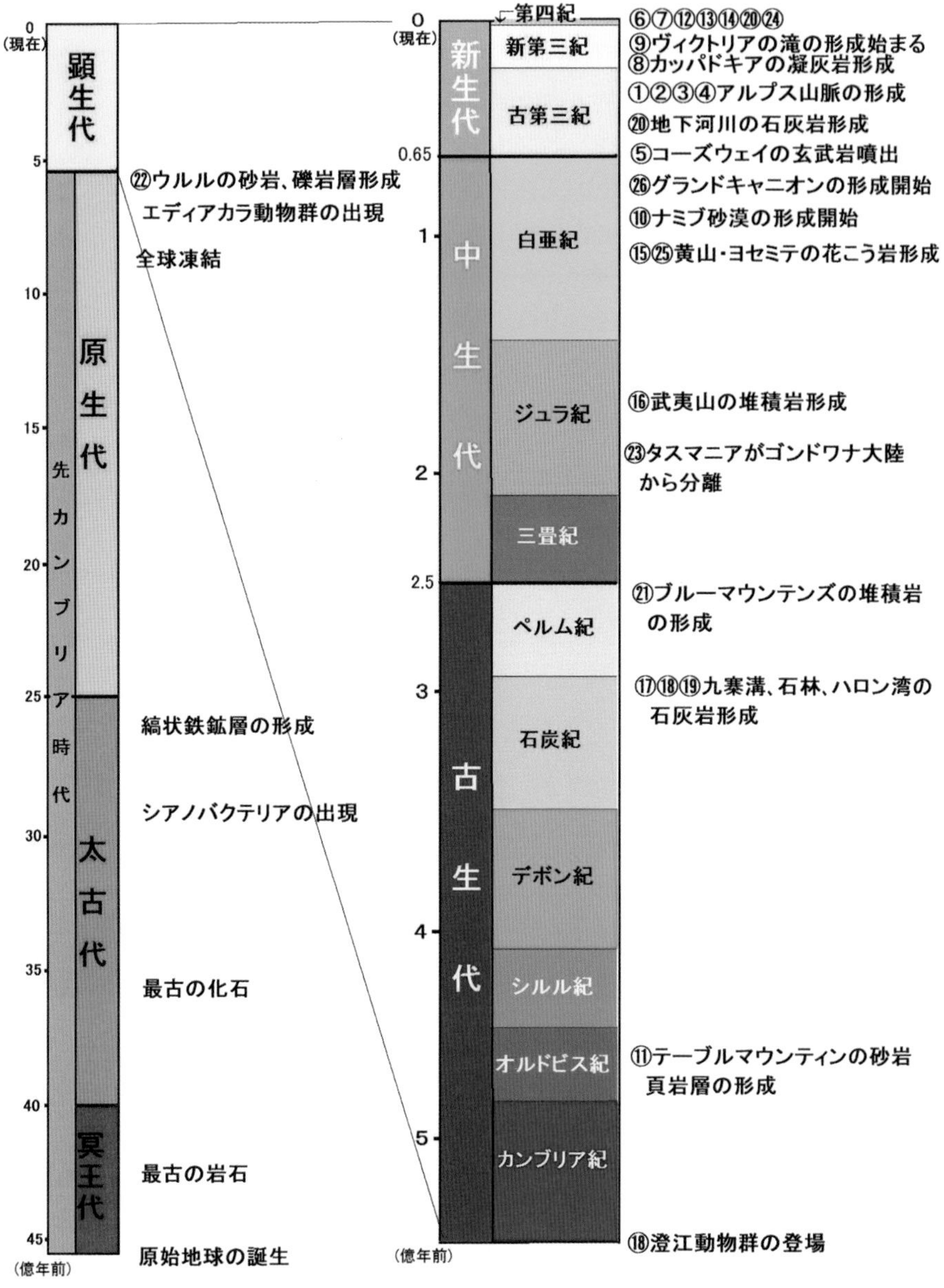
0
(現在)
顕生代
5
原生代
先カンブリア時代
10
15
20
25
30
太古代
35
40
冥王代
45
(億年前)
㉒ウルルの砂岩、礫岩層形成
エディアカラ動物群の出現
全球凍結
縞状鉄鉱層の形成
シアノバクテリアの出現
最古の化石
最古の岩石
原始地球の誕生
0
(現在)
第四紀
新生代
新第三紀
古第三紀
0.65
中生代
1
白亜紀
ジュラ紀
2
三畳紀
2.5
古生代
ペルム紀
3
石炭紀
デボン紀
4
シルル紀
オルドビス紀
5
カンブリア紀
(億年前)
⑥⑦⑫⑬⑭⑳㉔
⑨ヴィクトリアの滝の形成始まる
⑧カッパドキアの凝灰岩形成
①②③④アルプス山脈の形成
⑳地下河川の石灰岩形成
⑤コーズウェイの玄武岩噴出
㉖グランドキャニオンの形成開始
⑩ナミブ砂漠の形成開始
⑮㉕黄山・ヨセミテの花こう岩形成
⑯武夷山の堆積岩形成
㉓タスマニアがゴンドワナ大陸
から分離
㉑ブルーマウンテンズの堆積岩
の形成
⑰⑱⑲九寨溝、石林、ハロン湾の
石灰岩形成
⑪テーブルマウンティンの砂岩
頁岩層の形成
⑱澄江動物群の登場

【使用図版の出典・出所】

①ユングフラウ／アレッチ氷河 ～ ㉖グランドキャニオン国立公園　全 26 ヶ所

冒頭ページの位置図：国土地理院「地理院地図」にサイトマークと一部地名を加筆

①ユングフラウ／アレッチ氷河（スイス）

❸ヨーロッパとアフリカの大陸衝突でできたアルプス山脈：力武常次他（2003）『高等学校地学Ⅱ』（数研出版）を元に作成

❹ユングフラウ地域の概念図：Jungfraubahnen 提供の図に加筆修正

⓰アレッチ台地周辺地図：フィーシュのロープウェイ駅前の案内板の写真に加筆

②サルドナ地殻変動地域（スイス）

❷サルドナ地域の地質図と地質断面図：星野一男・BRIEGEL,Ueli（2000）「スイス東部、グラルス水平衝上断層における断層滑剤層の起源」、地学雑誌、の図を元に作成

❸ナップ（押し被せ構造）のでき方：ユネスコ・Buckingham（2011）の図を元に作成／ www.unesco-sardona.ch

❻フリムス周辺の地図：フリムスのナラウス行きリフト乗り場の案内板の写真に加筆修正

⓫グラールス～エルム周辺の地図：エルムバス停の案内板の写真に加筆

③ドロミテ山塊（イタリア）

❹ドロミテ山塊の鳥瞰図：コルティナ・ダンペッツォ・バスターミナル前の案内板の写真に加筆

❺カティナッチョ連峰のトレッキングコース：パオリーナ・ロープウェイ駅前の案内板の写真に加筆

⓫アルペ・ディ・シウジと歩いたコース：コンパッチョ・ロープウェイ駅前の案内板の写真に加筆

⓰トレ・チーメのトレッキングコース：ラヴァレド小屋前の案内板の写真に加筆

⓱晴れた日のトレ・チーメ：©Walwegs（2007）／ https://commons.wikimedia.org/wiki/File:Drei_zinnen_gross.jpg?uselang=ja

④ピレネー・ガヴァルニー圏谷（フランス）

❷アルプス造山帯の北限境界線とピレネー山脈：NASA の衛星写真に加筆／ https://commons.wikimedia.org/wiki/File:Europe_satellite_orthographic.jpg?uselang=ja

❸ペルデュ山周辺の大規模圏谷群：Thunderforest（データ ©OpenStreetMap contributors）提供の地図に加筆／ https://www.thunderforest.com/maps/landscape/

❽ガヴァルニー圏谷トレッキングコース：©CC-BY-SA ©OpenStreetMap contributors の地図に加筆

⑤ジャイアンツ・コーズウェイ（イギリス）

❷コーズウェイのでき方：The National Trust（2002）『explore ジャイアンツ・コーズウェイ』の図を元に作成

❹コーズウェイの散策路：コーズウェイ散策路の案内板の写真に加筆修正

❻コーズウェイの地質図と断面図：Lyle,P.（2014）『A Geological Excursion Guide to The Causeway Coast』、3rd.edition, Northern Ireland Environment Agency の図を元に作成

❿柱状節理のでき方：The National Trust（2002）『explore ジャイアンツ・コーズウェイ』の図を参考に作成

⑥エオリア諸島（イタリア）

❷エオリア諸島形成の仕組み：ブルカノ島火山博物館（INGV）の展示の写真を元に作成

❸エオリア諸島とイタリアの火山・テクトニック環境：リパリ島博物館の展示の写真を元に作成

❹リパリ島の地質図：Okuma et al.（2006）「High-resolution aeromagnetic anomaly map of the Vulcano-Lipari volcanic complex, Aeolian Islands, Italy」、Bulletin of the Geological Survey of

Japan,57、の図を元に作成／ https://doi.org/10.9795/bullgsj.57.177

❽ブルカノ島の地質図：古川竜太他（2001）「クラテーレを訪ねて―イタリア、ブルカノ火山の地質調査」、地質ニュース 559 号、の図を元に作成

⓰ストロンボリ島の地質図と登山ルート：ストロンボリ島火山博物館（INGV）の展示の写真に加筆修正

⑦エトナ火山（イタリア）

❹エトナ火山ルート図：小山真人（1997）『ヨーロッパ火山紀行』、ちくま新書、の図を元に作成

⑧カッパドキア（トルコ）

❸カッパドキアの地図：©Maximilian Dörrbecker の地図に加筆　※ https://ja.wikipedia.org/wiki/%E3%82%AB%E3%83%83%E3%83%91%E3%83%89%E3%82%AD%E3%82%A2

❹ギョレメ周辺のトレッキングコース：©CC-BY-SA ©OpenStreetMap contributors の地図に加筆

⑨ヴィクトリアの滝（ジンバブエ／ザンビア）

❸洪水玄武岩の分布とヴィクトリア、イグアスの滝：Coffin,M.F and Eldholm,O（1994）「Large Igneous Provinces : Crustal Structure, Dimensions and External Consequences 」、Reviews of Geophysics、32、の図を元に作成

❹かつて架かっていた７つの滝と現在の滝の位置：ヴィクトリアの滝国立公園（ジンバブエ）入り口の説明板の写真を転載

❻ヴィクトリアの滝の展望ポイント：ヴィクトリアの滝国立公園（ジンバブエ）入り口の説明板の写真に加筆修正

⑩ナミブ砂漠（ナミビア）

❷冷たい海流が西岸砂漠をつくる：©Corrientes-oceanicas-en.svg の世界の海流図に加筆修正／ https://ja.wikipedia.org/wiki/%E6%B5%B7%E6%B5%81#/media/

❹ナミブ砂漠２泊３日のツアー・コース：©CC-BY-SA ©OpenStreetMap contributors の地図に加筆

⓯砂丘のでき方：小学館　日本大百科全書（ニッポニカ）の図を参考に作成

⑪ケープ半島自然保護区（南アフリカ）

❷テーブルマウンティンの地質構造：テーブルマウンティンの案内板を元に作成

❸ケープ半島の主な見どころ（ツアーコース）：©CC-BY-SA ©OpenStreetMap contributors の地図に加筆

❺テーブルマウンティンの散策コース：テーブルマウンティンの案内板の写真に加筆修正

⓯世界の植物区：環境省のホームページの図に加筆／ http://www.biodic.go.jp/reports/2-2/aa010.html

⑫レユニオン島（フランス）

❷インド洋のホットスポットと火山島：ＮＨＫ「体感！グレートネイチャー・インド洋絶景列島をゆく～モルディブ、モーリシャス、レユニオン」の図を元に作成

❸２つの大きな火山体からなるレユニオン島とルートマップ：下記のウェブサイトの図に加筆修正　http://wikitravel.org/fr/Image:Carte_R%C3%A9union_libre_de_droit_sous_r%C3%A9serve_de_mentionner_la_s（2007）

⓫３つの陥没カルデラからなるフルネーズ山：下記のウェブサイトの図の一部に加筆／ http://wikitravel.org/fr/Image:Carte_R%C3%A9union_libre_de_droit_sous_r%C3%A9serve_de_mentionner_la_s（2007）

⓬ 2005 年の噴火：©Samuel A. Hoarau（2005）／ https://commons.wikimedia.org/wiki/File:Volcanreunion.jpg

⑬カムチャツカ火山群（ロシア）

❷カムチャツカ半島の火山の分布：IVS FEB RAS（ロシア科学アカデミー）のウェブサイトの図を参考に作成／ http://www.kscnet.ru/ivs/volcanoes/holocene/main/main.htm ／地図は国土地理院「地理院地図」を使用

❹カムチャツカ半島の火山のでき方：国土地理院のウェブサイトの図を改変

❺カムチャツカ半島ツアーのルートマップ：国土地理院「地理院地図」に加筆修正

⑭北海道・知床半島（日本）

❸知床の地質：一般財団法人自然公園財団（2015）『パークガイド・知床』、合地信生・作、の図を元に作成

❾知床五湖トレッキングコース：一般財団法人自然公園財団（2015）『パークガイド・知床』、の図を元に作成

⓭高架木道と知床連山：公益財団法人知床財団提供／ https://www.shiretoko.or.jp/activity/photo/free/

㉑羅臼湖トレッキングマップ：バス停「羅臼湖入口」横の案内板の写真に加筆

⑮中国・黄山（中国）

❸黄山の見どころマップ（概念図）：旅情中国のウェブサイトの図を元に作成／ https://www.chinaviki.com/china-maps/anhui/hsan.html

⑯中国・武夷山（中国）

❸武夷山の見どころマップ（概念図）：China7 のウェブサイトの図を元に作成／ http://www.china7.jp/bbs/board.php?bo_table=2_9&wr_id=87

⑰中国・九寨溝（中国）

❸九寨溝の見どころ概念図：九寨溝諾日朗センター近くの遊歩道の案内板の写真を元に作成

⑱中国・石林＆澄江（中国）

❸カルスト地形：羽山渓の環境省・岡山県の案内板の図を元に作成

❺昆明から２つの世界自然遺産「石林」「澄江」へ：©CC-BY-SA ©OpenStreetMap contributors の地図に加筆

❽昆明魚から始まったとされる私たち脊椎動物の進化・系統樹：澄江古生物研究所野外展示の写真に加筆修正

❾石林風景区の複雑な遊歩道：石林風景区内の案内板の写真に加筆

⓰昆明魚の化石と復元図：〈上の図（化石）〉©Degan Shu（1999）を転載／ https://commons.wikimedia.org/wiki/File:Myllokunmingia_big.jpg?uselang=ja：〈下の図（復元図）〉©Degan Shu（1999）を転載／ https://commons.wikimedia.org/wiki/File:Myllokunmingia_reconstruction.jpg?uselang=ja

⓱上下前後を正しく復元されたハルキゲニア：澄江古生物研究所野外展示の写真

⓳魚類に近い雲南虫（ユンナノズーン）：澄江古生物研究所展示物の写真

⑲ハロン湾（ベトナム）

❶奇岩怪石が林立する波静かなハロン湾のカルスト地形：©Disdero（2013）の写真をトリミング／ https://commons.wikimedia.org/wiki/File:Ha_Long_Bay_on_a_sunny_day.jpg?uselang=ja

❸ハロン湾西部の島々：©CC-BY-SA ©OpenStreetMap contributors の地図に加筆修正

⑳地下河川とチョコレートヒル（フィリピン）

❸プエルトプリンセサから地下河川までの道：©CC-BY-SA ©OpenStreetMap contributors の地図に加筆

❹地下河川地図：地下河川遊歩道沿いの案内板の写真に加筆修正

⓫地下河川断面図と海に注ぐ地下河川：上図は地下河川遊歩道沿いの案内板の写真に加筆、下図は一部をトリミング

⓮チョコレートヒルの分布：Google Earth を元に作成

㉑ブルーマウンテンズ国立公園（オーストラリア）

❷ブルーマウンテンズ国立公園への鉄路：©CC-BY-SA ©OpenStreetMap contributors の地図に加筆

❸スリー・シスターズの形成過程：ブルーマウンテンズ国立公園シーニックワールド遊歩道沿いの説明板の写真を一部修正

❻カトゥーンバ周辺の見どころマップ：©CC-BY-SA ©OpenStreetMap contributors の地図に加筆
⓬シーニック・ワールドの散策コース：©CC-BY-SA ©OpenStreetMap contributors の地図に加筆

㉒ウルル〈エアーズロック〉（オーストラリア）

❹ウルルとカタ・ジュタの地質断面図：エアーズロック・リゾート内のビジターセンターの展示物の写真に加筆
❺ウルル・カタジュタ国立公園の地図：公園のパンフレットを元に作成
⓰ウルルのトレッキング・コース：ウルルのルンガタ・ウォークの案内板の写真に加筆修正

㉓タスマニア原生地域（オーストラリア）

❸２億年前頃のタスマニア：九州大学総合研究博物館のウェブサイトの図を元に作成／ http://www.museum.kyushu-u.ac.jp/publications/annual_exhibitions/FOSSIL2007/0502.html
❻クレイドル山のツアーマップ：©CC-BY-SA ©OpenStreetMap contributors の地図に加筆修正
⓫クレイドル山周辺のトレッキング・マップ：クレイドル山ビジターセンターの案内板の写真に加筆修正

㉔トンガリロ国立公園（ニュージーランド）

❷タウポ火山帯の地質：町田洋・白尾元理（1998）『写真でみる火山の自然史』（東京大学出版会）、の P.130 図 9.1 を一部改変
❸左半分：トンガリロ（1967m）、ナウルホエ（2291m）：左右いずれも ©AndyiH（2014）の写真をトリミング／ https://commons.wikimedia.org/wiki/File:Tongariro_National_Park_-_Mount_Ngauruhoe_（2291_NN）.jpg?uselang=ja
❻トンガリロ国立公園の立体地図：Thunderforest（データ ©OpenStreetMap contributors）提供の地図に加筆／ https://www.thunderforest.com/maps/landscape/
⓬アルパインクロッシングのルート（下）と高度変化（上）：マンガテポポ登山口の案内板の写真に加筆修正
⓭ナウルホエの火砕流・溶岩流の分布：ナウルホエ火山麓の案内板の写真に加筆

㉕ヨセミテ国立公園（アメリカ）

❺ヨセミテ国立公園ルートマップ：©CC-BY-SA ©OpenStreetMap contributors の地図に加筆
❻氷期のヨセミテ渓谷想像図：グレイシャーポイントの説明板の写真
❿ヨセミテ・バレーの地図：アメリカ合衆国国立公園局（NPS）の図に加筆

㉖グランドキャニオン国立公園（アメリカ）

❸グランドキャニオンを構成する地層：アメリカ合衆国国立公園局（NPS）の図を日本語に改変 http://www.nature.nps.gov/geology/parks/grca/age/image_popup/yardstickstratcolumn.png
❺サウスリムの展望ポイント：「まるごとラスベガス」のウェブサイトの図を参考に作成／ https://marugotolv.com/
⓬サウス・カイバブトレイル：グランドキャニオン国立公園ビジターセンター前の案内板の写真に加筆

※上記以外で出典記載のない写真や図版は著者が撮影・作成した
※国土地理院「地理院地図」のウェブサイト／ https://maps.gsi.go.jp/#4/25.021903/86.554690/&base=std&ls=std&disp=1&vs=c1j0h0k0l0u0t0z0r0s0m0f0
※OpenStreetMap「©CC-BY-SA ©OpenStreetMap contributors」のウェブサイト／ https://openstreetmap.jp/

【参考文献】 ※比較的入手しやすいもの

・学研パブリッシング編（2013）『世界遺産に行こう～自然遺産編』、学研
・加藤碵一他編著（2010）『世界のジオパーク』、オーム社
・蟹澤聰史（2010）『石と人間の歴史―地の恵みと文化』、中公新書
・加納隆他（1995）『新版地学教育講座７ 地球の歴史』、東海大学出版会
・川上紳一・東條文治（2006）『最新 地球史がよく分かる本』秀和システム
・古儀君男（2013）『地球ウォッチング～地球の成り立ち見て歩き』、新日本出版社
・後藤和久（2008）『Google Earth でみる地球の歴史』、岩波書店
・小山真人（1997）『ヨーロッパ火山紀行』、ちくま新書
・酒井治孝（2003）『地球学入門』、東海大学出版会
・白尾元理（2002）『火山とクレーターを旅する』、地人書館
・白尾元理・清川昌一（2012）『地球全史～写真が語る 46 億年の奇跡』、岩波書店
・白尾元理（2013）『地球全史の歩き方』、岩波書店
・知床財団（2004）『知床自然観察ガイド』、山と渓谷社
・斜里町立知床博物館編（2009）『知床の地質』、北海道新聞社
・平朝彦（2007）『地質学３ 地球史の探求』、岩波書店
・高木秀雄監修（2018）『世界自然遺産でたどる美しい地球』、新星出版社
・高橋修編（2003）『海外トレッキングベスト 50 コース』、山と渓谷社
・土屋愛寿（2009）『生きた地球をめぐる』、岩波ジュニア新書
・ニュートン別冊（2012）『世界自然遺産鳥瞰イラスト』、ニュートンプレス
・藤岡換太郎（2012）「『山はどうしてできるのか』講談社ブルーバックス
・堀越叡（2010）『地殻進化学』、東京大学出版会
・目代邦康監修（2017）『図解 世界自然遺産で見る地球 46 億年』、実務教育出版

古儀君男（こぎ・きみお）

1951年生まれ。元京都府立高等学校教諭。金沢大学大学院理学研究科修士課程修了。専攻は地質学、火山学。

世界自然遺産や世界各地の地質名所を訪ね歩き、地質や地震・火山などについての学習会を行うなど「地学」の普及に努める。

著書に『火山と原発』（岩波ブックレット）、『地球ウォッチング～地球の成り立ち見て歩き』（新日本出版社）、『写真で見る京都自然紀行』（共著，ナカニシヤ出版）、『新・京都自然紀行』（共著，人文書院）、『京都自然紀行』（共著、人文書院）などがある。

地球ウォッチング2　世界自然遺産見て歩き
成り立ちが分かれば「風景」が変わる

2020年7月26日　初版第1刷発行
著　者　　古儀 君男
発行者　　新船 海三郎
発行所　　株式会社 本の泉社
〒113-0033 東京都文京区本郷2-25-6
TEL.03-5800-8494　FAX.03-5800-5353
印　刷　　新日本印刷 株式会社
製　本　　株式会社 村上製本所
ＤＴＰ　　木椋 隆夫

ISBN978-4-7807-1974-1 C0026　©Kimio Kogi 2020, Printed in Japan